21世纪高等职业教育信息技术类规划教材

21 Shiji Gaodeng Zhiye Jiaoyu Xinxi Jishulei Guihua Jiaocai

网络操作系统
——Windows Server 2008篇

WANGLUO CAOZUO XITONG

刘本军 李建利 主编　　秦工 邵菊 副主编

人民邮电出版社

北京

图书在版编目（CIP）数据

网络操作系统：Windows Server 2008篇 / 刘本军,
李建利主编. -- 北京：人民邮电出版社，2010.10
21世纪高等职业教育信息技术类规划教材
ISBN 978-7-115-23594-7

Ⅰ. ①网… Ⅱ. ①刘… ②李… Ⅲ. ①服务器－操作
系统（软件），Windows Server 2008－高等学校：技术学
校－教材 Ⅳ. ①TP316.86

中国版本图书馆CIP数据核字(2010)第169708号

内 容 提 要

网络操作系统是构建计算机网络的核心与基础，本书以目前流行的 Windows Server 2008 网络操作系统为例，讲解该环境下各种系统服务器的配置与管理。

本书由浅入深，从内容组织上分为 3 部分：第 1 部分是网络操作系统规划与安装，介绍常用的各种网络操作系统，深入学习 Windows Server 2008 以及虚拟机软件的安装与配置；第 2 部分是 Windows Server 2008 系统应用与管理，包括磁盘管理、文件系统管理、用户与组的管理、打印机的管理以及域与活动目录；第 3 部分介绍 Windows Server 2008 应用服务器架设，包括 DNS、DHCP、Web、FTP、E-mail 服务等。

本书可作为高职高专计算机应用、网络技术等专业的教材，也可以作为从事计算机网络工程设计或管理等工程技术人员的参考书。

21 世纪高等职业教育信息技术类规划教材

网络操作系统——Windows Server 2008 篇

- ◆ 主　　编　刘本军　李建利

　　副主编　秦　工　邵　菊

　　责任编辑　王　威

- ◆ 人民邮电出版社出版发行　　北京市崇文区夕照寺街 14 号

　　邮编　100061　　电子函件　315@ptpress.com.cn

　　网址　http://www.ptpress.com.cn

　　三河市海波印务有限公司印刷

- ◆ 开本：787×1092　1/16

　　印张：21　　　　　　　　　　2010 年 10 月第 1 版

　　字数：539 千字　　　　　　　2010 年 10 月河北第 1 次印刷

ISBN 978-7-115-23594-7

定价：35.50 元

读者服务热线：(010)67170985　印装质量热线：(010)67129223
反盗版热线：(010)67171154

前　言

　　网络操作系统（NOS）是网络的心脏和灵魂，是向网络计算机提供服务的特殊的操作系统，对于网络的应用、性能有着至关重要的影响。选择一个合适的网络操作系统，既能实现建设网络的目标，又能省钱、省力，提高系统的效率，满足用户不断提出的应用需求。

　　本书以目前流行的微软公司的网络操作系统 Windows Server 2008 为平台，面向网络的初学者，以网络管理为中心，旨在使读者学完本书后能构建各种类型的网络环境，熟悉各种典型网络服务的配置与管理。为了方便实训教学的需要，特别介绍了虚拟机软件环境下的使用及配置方法。

　　本书从网络管理实际项目出发，采用"项目+任务驱动"的案例教学方式，将本书的内容分为 3 部分：第 1 部分是网络操作系统规划与安装，介绍几种常用网络操作系统，深入学习 Windows Server 2008 以及虚拟机软件的安装与配置；第 2 部分是 Windows Server 2008 系统应用与管理，包括磁盘管理、文件系统管理、用户与组的管理、打印机的管理以及域与活动目录；第 3 部分介绍 Windows Server 2008 应用服务器架设，包括 DNS、DHCP、WWW、FTP、E-mail 服务等。

　　本书内容全面，结构清晰，图文并茂，采用项目式体例，通过具体的任务和操作，理解网络管理中的基本概念和学习基本操作的方法，让读者掌握网络操作系统管理与网络应用的方法和技巧。为了方便读者学习，每个项目都安排有实训以及课后习题。本书还提供了电子课件等教辅资源，读者可到人民邮电出版社网站免费下载。

　　本书由刘本军、李建利任主编，秦工、邵菊任副主编，参与编写的人员还有周琳、武韡、黄亚娴、王敏、向阳。在本书的编写中，湖北三峡职业技术学院信息工程系各位同事给予了大力支持，在此表示衷心的感谢！由于编者水平有限，书中纰漏在所难免，恳请广大读者批评指正。

编者

2010 年 7 月

目 录

第一篇

网络操作系统
规划与安装

项目 1

网络操作系统的规划

项目情境：

如何选择服务器使用的网络操作系统？

三峡瑞思信息技术有限公司是一家主要提供计算机网络建设与维护的网络技术服务公司，技术实力雄厚，成立10年以来，已拥有湖北宜化、三峡证券、三峡机场、三峡职院等各行各业的客户上百余家。

作为瑞思公司的一名技术人员，需要为各个行业的客户提供网络建设咨询服务，并根据不同客户的需求，为其量身定做解决方案。而客户问的最多的问题是：如何选择服务器使用的网络操作系统？

项目描述：在组建网络之前，首先应当对网络进行规划，其中要选定网络中服务器所使用的网络操作系统。本项目从操作系统的基本概念及发展历史入手，讲解各种典型的网络操作系统，为在各种网络环境中进行网络操作系统的规划奠定基础。

项目目标：

- 掌握操作系统相关的基本概念
- 了解网络操作系统的发展历史
- 理解网络操作系统的功能与特性
- 了解常用的几种典型的网络操作系统
- 掌握各种网络环境中网络操作系统的规划方法

1.1 知识准备——网络操作系统概述

操作系统（Operating System，OS）是计算机系统中负责支撑应用程序的运行环境以及用户操作环境的系统软件，同时也是计算机系统的核心与基石。它的职责包括对硬件的直接监管，对各种计算资源（如内存、处理器时间等）的管理，以及提供诸如作业管理之类的面向应用程序的服务等。

操作系统是用户与计算机之间的接口。不同的使用者对操作系统的理解是不一样的。对于普通用户来说，可能只关心运行在操作系统上的应用软件，例如，字处理软件、绘图工具等，而很少涉及计算机管理等方面的内容，即从他的角度来看，操作系统就是能够运行自己应用软件的平台。对于软件开发人员来说，操作系统是提供了一系列的功能、接口等工具来编写和调试程序的平台。对于系统管理员而言，操作系统则是一个资源管理者，包括对使用者的管理，对 CPU 和存储器等计算机资源的管理，以及对打印机、绘图仪等外部设备的管理，即操作系统能够按照管理员的意图控制用户对计算机资源的访问。

网络操作系统（Network Operating System，NOS）是网络的心脏和灵魂，除了实现单机操作系统的全部功能外，还具备管理网络中的共享资源，实现用户间的通信以及方便用户使用网络等功能，所以，网络操作系统可以理解为网络用户与计算机网络之间的接口，是计算机网络中管理一台或多台主机的软硬件资源，支持网络通信、提供网络服务的程序集合。

通常的计算机操作系统上会安装很多网络软件，包括网络协议软件、通信软件和网络操作系统等。网络协议软件主要是指物理层和链路层的一些接口约定（例如著名的 TCP/IP），网络通信软件则是管理各计算机之间的信息传输。

众所周知，计算机网络依据 ISO（国际标准化组织）的 OSI（开放系统互连）参考模型可以分成 7 个层次，用户的数据首先按应用类别打包成应用层的协议数据，接着该协议数据包根据需要和协议组合成表示层的协议数据包，然后依次成为会话层、传送层、网络层的协议数据包，再封装成数据链路层的帧，并在发送端最终形成物理层的比特流，最后通过物理传输媒介进行传输。至此，整个网络的数据通信工作只完成了 1/3。在目的地，和发送端相似的是，需将经过网络传输的比特流逆向解释成协议数据包，逐层向上传递诠释为各层对应的原协议数据单元，最终还原成网络用户所需的并能够为最终网络用户所理解的数据。而在这些数据抵达目的地之前，它们还需要在网络中进行多次的诠释和封装。

可想而知，一个网络用户若要处理如此复杂的细节问题，所谓的计算机网络则大概只能呆在实验室里，根本不可能像现在无处不在。为了方便用户的使用，计算机需要一个能够提供直观、简单，而且屏蔽了所有通信处理细节，并具有抽象功能的环境，即网络操作系统。

1.2 知识准备——网络操作系统的发展简史

从 1946 年第一台计算机诞生以来，它的每一代进化都以减少成本、缩小体积、降低功耗、增大容量和提高性能为目标，而且计算机硬件的发展也加速了操作系统的形成和发展。最初的计算机并没有操作系统，人们只能通过各种操作按钮来控制计算机；后来出现了汇编语言，操作人员通过有孔的纸带将程序输入计算机进行编译，从而完成某些需要的操作。这些将语言内置的计算机，只能由操作人员自己编写程序来运行，不利于设备、程序的共用。为了解决这些问题，操作系统应运而生，这就解决了程序的共用问题，并对计算机硬件资源的管理提供了支持。网络操作系统的发展与网络操作系统赖以运行的计算机网络结构的发展紧密相关。

1954 年，出现了一种称为收发器（Transceiver）的终端，人们使用这种终端首次将穿孔卡片上的数据从电话线路上发送到远地的计算机。此后出现的电传打字机也作为远程终端和计算机相连，使得用户可以在电传打字机上输入自己的程序，然后传输到远程的计算机上，再由计算机将算出的结果传送到电传打字机上打印出来。而支持这种用户操作的处理软件系统，就是最早期的网络操作系统，也可以称它们为面向终端的网络操作系统。

早期的网络模式如图 1-1 所示。在这里，计算机是网络的中心和控制者，终端围绕中心计算机分布在各处，而计算机的主要任务是进行成批次的处理。随着计算机应用的普及，早期的这种网络结构在新增终端用户时，需要对线路控制进行多方的改动，同时通信线路的控制对主机也造成了相当大的额外开销。为此，出现了通信处理机来完成数据通信任务，其中包括集中器或智能复用器等，这些都是一种面向终端的网络操作模式。在这种网络操作模式下，用户在开始通信之前，首先要申请建立一条从发送端到接收端的物理通路，然后双方才能进行通信。在通信的全部时间里，用户始终占用端到端的固定带宽来传输数据。这对当时的人们来说，早已习以为常。

图 1-1　早期的网络模式

然而，当这种通信系统用来传送计算机或终端的数据时，由于计算机的数据是突发式或间歇式地出现在传输线路上，而用户应支付的通信线路费用却是按占用线路的时间计算的，这就产生了问题。而且在计算机通信时，线路上真正用来传输数据的时间往往不到 10%甚至不到 1%，绝大部分时间里，通信线路实际上是空闲的。例如，当用户正在阅读终端屏幕上的信息，或正在从键盘上编辑一份文件，或计算机正在进行处理而结果尚未得出时，宝贵的通信线路资源实际上处于空置状态。

不仅如此，电路交换建立通路的呼叫过程对计算机通信用户来说也太长。例如，呼叫过程一般为 10～20s，而 1000bit 的计算机数据在 2400bit/s 的线路上传送，只需不到 0.5s 的时间，相比之下，呼叫过程占用的时间则太长。

1964 年，巴兰（Baran）在美国兰德（Rand）公司的"论分布式通信"的研究报告中，首次提出了分组的概念。1969 年，美国的分组交换网 ARPANET（因特网的前身）投入使用，计算机网络的发展从此进入了一个崭新的纪元，计算机网络操作系统同时也变得复杂起来，它要完成用户的连接、发送、接收，还必须完成分组的存储、转发以及最佳路由的选择。为此每个分组必须携带一些目的地地址信息和用户合法性信息，既要保证合法数据正确到达目的地，又要防止一些非法数据侵入主机。

　　分组交换网如图 1-2 所示，图中节点 A、B、C、D、E、F 以及连接这些节点的链路 AB、AC……组成了分组交换网，或称通信子网。图 1-2 中 H1～H5 称为主机，主机 H1 和主机 H2 发送数据时，首先要将数据划分为一个个等长的分组（例如，每个分组为 1000bit），然后将分组一个接一个地发往与 H1 相连的 A 节点；节点 A 将收到的分组先放入缓冲区，再按一定的路由算法，确定该分组下一步该发往哪个节点。每个分组交换网可以允许多个主机同时通信，而每一个主机中的多个进程也可以和不同主机中的不同进程同时通信。这一代的计算机网络以通信子网为中心，以用户资源网的管理为主体，成为第二代网络操作系统。

图 1-2　分组交换网

　　随着国际标准化组织（ISO）1977 年出炉的开放系统互连（OSI）参考模型的七层标准框架，第三代计算机网络操作系统开始了互联网的新纪元。目前流行的网络操作系统主要有 UNIX、Linux、NetWare、Windows NT/2000 以及 Windows Server 2003，这些网络操作系统除了具有传统的操作系统的功能之外，还加强了网络通信、资源共享以及用户管理等功能。世界各地的计算机通过网络操作系统可以跨平台、跨地域、跨时间实现数据共享。通过网络操作系统，用户之间也进一步加强了交互的功能，用户可以通过音频、视频等多媒体手段，进行各种交互操作，推动了全球网络的普遍应用，网络用户之间的交互操作也愈加简便。

1.3　知识准备——网络操作系统的功能与特性

　　操作系统功能通常包括处理机管理、存储器管理、设备管理、文件系统管理以及为方便用户使用操作系统而向用户提供的用户接口。网络操作系统除了提供上述资源管理功能和用户接口外，还提供了网络环境下的通信、网络资源管理、网络应用等特定功能，能够协调网络中的各种设备，向客户提供尽量多的网络资源（包括文件和打印机、传真机等外部设备）访问功能，并确保网络中数据和设备的安全性。

　　为了方便用户使用网络，实现用户通信和资源共享，并提高网络资源的利用率和网络的吞吐量，应在网络硬件系统之上覆盖一层网络操作系统，而且该网络操作系统应具有下面几方面的功能。

1. 共享资源管理

网络操作系统应该能够对网络中的共享资源（硬件和软件）实施有效的管理，能够协调用户对共享资源的使用，能够保证共享数据的安全性和一致性。

2. 网络通信

网络通信是网络最基本的功能，其任务是在源主机和目标主机之间实现无差错的数据传输，为此，网络操作系统应采用标准的网络通信协议完成以下主要功能。

- 建立和拆除通信链路：这是为通信双方建立的一条暂时性的通信链路。
- 传输控制：对传输过程中的链路进行必要的控制。
- 差错控制：对传输过程中的数据进行差错检测和纠正。
- 流量控制：控制传输过程中的数据流量。
- 路由选择：为所传输的数据选择一条适当的传输路径。

上述内容在国际标准通信协议中有完整的定义，网络操作系统在网络中的计算机上完成相应功能的具体实现。

3. 网络服务

网络服务在前两个功能的基础上为用户提供多种有效的网络服务，如下所述。

- 电子邮件服务：源用户把电子邮件传送给目标用户。
- 文件传输、存取和管理服务：把用户存放在站点上的源文件传送到指定目标站点并显示（WWW 服务）或存盘，或从目标站点索取文件（FTP 服务）。
- 共享硬盘服务：提供本地资源的扩展、硬盘资源的共享。
- 共享打印服务：为网络用户提供网络打印机共享。

4. 网络管理

网络管理最主要的任务是安全管理，一般通过存取控制来确保存取数据的安全性，以及通过容错技术来保证系统在出现故障时，数据能够被安全恢复。此外，网络操作系统还能对网络性能进行监视，并对使用情况进行统计，以便为提高网络性能、进行网络维护和计费等提供必要的信息。

5. 互操作能力

在客户机/服务器模式的局域网环境下的互操作，是指连接在服务器上的多种客户机和主机，不仅能与服务器通信，而且还能以透明的方式访问服务器上的文件系统；在互连网络环境下的互操作，是指不同网络间的客户机不仅能相互通信，而且也能以透明的方法访问其他网络的文件服务器。

网络操作系统的主要任务是对全网资源进行管理，实现资源共享和计算机间的通信与同步，下面介绍一些网络操作系统的特性。

（1）客户机/服务器模式。客户机/服务器（Client/Server，C/S）是近年来流行的应用模式，它把应用划分为客户机端和服务器端，客户机端把服务请求提交给服务器，服务器负责处理请求，并把处理结果返回至客户机端。例如，Web 服务、大型数据库服务等都是典型的客户机/服务器模式。

以网络数据库为例，服务器端安装运行数据库系统，客户机端运行客户端程序。客户机端应用程序与服务器端网络数据库的数据交换，是通过标准的开放式数据接口与网络通信协议完成的，因此，客户机端的应用程序可以是在任何平台上开发的，甚至可以直接通过浏览器访问数据库，这种模式称为 C/S 模式。

基于标准浏览器访问数据库时，中间往往还需加入运行 ASP 或 Java 平台的 Web 服务器，这通常称为三层模式，也称为 B/S（Browser/Server 或 Web/Server）模式，它是客户机/服务器模式的特例，只是客户机端基于标准浏览器，无需安装特殊软件。客户机/服务器模式把任务按实际的位置分别在客户机或服务器端执行，充分发挥各端的性能，并实现资源的共享。

（2）32 位操作系统。32 位操作系统采用 32 位内核进行系统调度和内存管理，并支持 32 位设备驱动器，这使得操作系统和设备间的通信更为迅速。随着 64 位处理器的诞生，许多厂家已推出了支持 64 位处理器的网络操作系统。

（3）抢先式多任务。网络操作系统一般采用微内核设计结构，微内核始终保持对系统的控制，并给应用程序分配运行时间段，在指定的时间结束时，微内核抢先运行进程并将控制移交给下一个进程。以微内核为基础，网络操作系统可以引入大量的特征和服务，如集成安全子系统、抽象的虚拟化硬件接口、多协议网络支持，以及集成化的图形界面管理工具等。

（4）支持多种文件系统。网络操作系统大部分支持多文件系统，以实现对系统升级的平滑过渡和良好的兼容性，例如，Windows Server 2008 支持 FAT、HPFS 及其本身的文件系统 NTFS。NTFS 是 Windows 自己的文件系统，支持文件的多属性连接以及长文件名到短文件名的自动映射，这在增加了文件安全性的同时，也使得 Windows Server 2008 能够支持管理大容量的硬盘空间。

（5）Internet 支持。今天，网络的覆盖范围与专用性越来越模糊，专用网络与 Internet 标准也日趋统一。因此各品牌网络操作系统都集成了许多标准化应用，如 Web 服务、FTP 服务、网络管理服务等，甚至 E-mail 服务。各种类型的网络几乎都连接到 Internet 上，并对内对外按 Internet 标准提供服务。

（6）并行性。有的网络操作系统支持群集系统，可以在网络的每个节点为用户建立虚拟处理机，并且并行执行各节点的用户作业。一个用户的作业被分配到不同节点上，网络操作系统管理这些节点协作完成用户的作业。

（7）开放性。随着 Internet 的产生与发展，不同结构、不同操作系统的网络需要实现互连，因此，网络操作系统必须支持标准化的通信协议（如 TCP/IP、NetBEUI 等）和应用协议（如 HTTP、SMTP、SNMP 等），支持与多种客户端操作系统平台的连接。只有保证系统的开放性和标准性，才能保证厂家在激烈的市场竞争中生存，并最大限度保障用户的投资（用户系统具有良好的兼容性、迁移性、可升级性、可维护性等）。

（8）可移植性。目前网络操作系统一般都支持广泛的硬件产品，它们不仅支持 Intel 系列处理器，而且可运行在 RISC 芯片上（如 DEC Alpha、MIPSR4400、Motorola PowerPC 等）。网络操作系统往往还支持多处理器技术，如支持对称多处理器技术 SMP，支持处理器的个数从 1～32 个不等甚至更多，这使得系统具有很好的扩展性。

（9）高可靠性。网络操作系统是运行在网络核心设备（如服务器）上的管理网络并提供服务的关键软件，它必须具有高可靠性，保证系统可以每天 24 小时不间断工作，并提供完整的服务。如果由于某些原因（如访问过载）而总是导致系统宕机、崩溃或服务停止，用户则是无法忍受的，因此，网络操作系统必须具有良好的高可靠性。

（10）安全性。物理设备的毁坏，如硬盘磁道损害，会造成数据丢失，同时，病毒和黑客攻击在网络普及应用的今天尤为猖獗，由于网络协议、操作系统的设计都会存在漏洞，这给别有用心的人留下了可乘之机，因此在安全性上对网络操作系统提出了更高的要求。为了保证系统和系统资源的安全性、可用性，网络操作系统往往集成用户权限管理、资源管理等功能，例如，为每种资源都定义自己的存取控制表 ACL（Access Control List），定义用户对某个资源的存取权限，且使用用户标识 SID 唯一区别用户。

（11）容错性。网络操作系统应能提供多级系统容错能力，包括日志式的容错特征列表、可恢复文件系统、磁盘镜像、磁盘扇区备用以及对不间断电源（UPS）的支持。强大的容错性是系统可靠运行（可靠性）的保障。

（12）图形用户界面（GUI）。目前，网络操作系统的研发者非常注重系统的图形用户界面的开发，这是因为良好的图形界面可以为用户提供直观、美观、便捷的操作接口。

1.4 知识准备——典型的网络操作系统

网络操作系统是用于网络管理的核心软件，目前流行的各种网络操作系统，都支持构架局域网、内联网、Internet 服务运营商的网络。在市场上得到广泛应用的网络操作系统有 UNIX、Linux、NetWare、Windows NT Server、Windows 2000 Server、Windows Server 2003 和 Windows Server 2008 等。下面简单介绍典型的网络操作系统。

1.4.1 UNIX

UNIX 操作系统是一个通用的、可交互使用的分时系统，其最早版本是美国电报电话公司（AT&T）贝尔实验室的 K.Thompson 和 M.Ritchie 共同研制的，目的是为了在贝尔实验室内创造一种进行程序设计研究和开发的良好环境。UNIX 从一个非常简单的操作系统，发展成为性能先进、功能强大、使用广泛的操作系统，并成为事实上的多用户、多任务操作系统的标准。

1969～1970 年期间，K.Thompson 首先在 PDP-7 机器上实现了 UNIX 系统。最初的 UNIX 版本是用汇编语言写的。不久，Thompson 用一种较高级的 B 语言重写了该系统。1973 年，Ritchie 又用 C 语言对 UNIX 进行了重写。1975 年，UNIX V.6 版本正式发布，并开始向美国各大学及研究机构颁发 UNIX 的许可证并提供源代码。1978 年，UNIX V.7 版本发布，它是在 PDP11/70 上运行的，1984 年、1987 年、1989 年先后发布了 UNIX SVR2、UNIX SVR3 和 UNIX SVR4。

目前使用较多的是 1992 年发布的 UNIX SVR 4.2 版本。值得说明的是，UNIX 进入各大学及研究机构后，人们在其第 6 版本和第 7 版本的基础上进行了改进，因而形成了许多 UNIX 的变型版本。其中，最有影响的工作是加州大学 Berkeley 分校进行的，他们在原来的 UNIX 中加入了具有请求调页和页面置换功能的虚拟存储器，从而在 1978 年形成了 BSD UNIX 版本；1982 年推出了 4BSD UNIX 版本，后来是 4.1 BSD 及 4.2 BSD 版本；1986 年发布了 4.3 BSD 版本；1993 年 6 月推出了 4.4 BSD 版本。UNIX 自正式问世以来，影响日益扩大，并广泛用于操作系统的教学中。

UNIX 是为多用户环境设计的，即所谓的多用户、多任务操作系统，其内建 TCP／IP 支持，该协议已经成为互联网中通信的事实标准。由于 UNIX 发展历史悠久，具有分时操作、良好的稳定性、健壮性、安全性等优秀的特性，因此适用于几乎所有的大型机、中型机、小型机。UNIX

也可用于工作组级的服务器。在中国，一些特殊行业，尤其是拥有大型机、中型机、小型机的单位一直沿用 UNIX 操作系统。

UNIX 主要特性如下。

（1）模块化的系统设计：系统设计分为核心模块和外部模块，核心模块尽量简化、缩小，外部模块提供操作系统所应具备的各种功能。

（2）逻辑化文件系统：UNIX 文件系统完全摆脱了实体设备的局限，它允许有限个硬盘合成单一的文件系统，也可以将一个硬盘分为多个文件系统。

（3）开放式系统：UNIX 遵循国际标准，UNIX 以正规且完整的界面标准为基础提供计算机及通信综合应用环境，在这个环境下开发的软件具有高度的兼容性、系统与系统间的互通性以及在系统需要升级时多重的选择性。

（4）优秀的网络功能：其定义的 TCP/IP 已成为事实上的 Internet 协议标准。

（5）优秀的安全性：UNIX 的设计有多级别、完整的安全性能，很少被病毒侵扰。

（6）良好的移植性：UNIX 操作系统和核心程序基本上是用 C 语言编写的，这使得系统易于理解、修改和扩充，并具有良好的可移植性。

（7）可以在任何档次的计算机上使用：UNIX 可以运行在笔记本电脑以及超级计算机上。

1.4.2　Linux

Linux 是一种在 PC 上执行的、类似 UNIX 的操作系统。1991 年，芬兰赫尔辛基大学的一位年轻学生 Linus B.Torvalds 发表了第一个 Linux 版本操作系统。Linux 是一个完全免费的操作系统，在遵守自由软件联盟协议下，用户可以自由地获取该操作系统及其源代码，并能自由地使用它们，包括修改和复制等。Linux 提供了一个稳定、完整、多用户、多任务和多进程的运行环境。Linux 是网络时代的产物，在 Internet 上经过了众多技术人员的测试和除错，并不断被扩充。

Linux 具有如下的特点。

（1）完全遵循 POSIX 标准，并扩展支持所有 AT&T 和 BSD UNIX 特性的网络操作系统。由于继承了 UNIX 优秀的设计思想，拥有干净、健壮、高效且稳定的内核，且没有 AT&T 或 Berkeley 的任何 UNIX 代码，所以 Linux 不是 UNIX，但与 UNIX 完全兼容。

（2）真正的多任务、多用户系统。内置网络支持，能与 NetWare、Windows Server、OS／2、UNIX 等无缝连接，网络效能在各种 UNIX 测试评比中最好，同时支持 FAT16、FAT32、NTFS、Ext2FS 等多种文件系统。

（3）可运行于多种硬件平台，包括 Alpha、Sun Sparc、Powe PC、MIPS 等处理器，对各种新型外围硬件，可以从分布于全球的众多程序员那里迅速得到支持。

（4）对硬件要求较低，可在较低档的机器上获得很好的性能，特别值得一提的是，由于 Linux 出色的稳定性，其运行时间往往可以"年"计。

（5）有广泛的应用程序支持。已经有越来越多的应用程序移植到 Linux 上，这其中包括一些大型厂商的关键应用。

（6）设备独立性。设备独立性是指操作系统把所有外部设备统一当做文件来看待，只要安装它们的驱动程序，任何用户都可以像使用文件一样，操纵、使用这些设备，而不必知道它们的具体存在形式。Linux 是具有设备独立性的操作系统，由于用户可以免费得到 Linux 的内核源代码，因此，用户可以修改内核源代码，以适应新增加的外部设备。

（7）安全性。Linux 采取了许多安全技术措施，包括对读/写操作进行权限控制、带保护的子系统、审计跟踪、核心授权等，这为网络多用户环境中的用户提供了必要的安全保障。

（8）良好的可移植性。Linux 是一种可移植的操作系统，能够在从微型计算机到大型计算机的任何环境和平台上运行。

（9）具有庞大且素质较高的用户群，其中不乏优秀的编程人员和发烧级的"hacker"（黑客），他们提供商业支持之外的广泛的技术支持。

正是因为以上这些特点，Linux 在个人和商业领域中的应用都获得了飞速的发展。

1.4.3　NetWare

20 世纪 80 年代初，随着 IBM PC 的问世，人们迎来了 PC 时代。但当时的 PC 由于外部存储设备价格极其昂贵，配置不高，因此人们需要一种能够提供"共享文件存取"和"打印"功能的服务器，使多台 PC 可以通过局域网与文件服务器连接起来，以实现共享大硬盘和打印机的目的。1983 年，伴随着 Novell 公司的面世，NetWare 局域网操作系统出现了，上述需求在 NetWare 面前迎刃而解。

NetWare 最初是为 Novell S-Net 开发的服务器操作系统。从 1983 年～1989 年，Novell 不断推出功能增强的 NetWare 版本，虽然同期出现的局域网操作系统还有 3Com 的 3[+]、IBM 的 PC LAN 以及 Banyan 公司的 Vines 等，但 NetWare 以其独特的设计思想、优秀的性能和良好的用户界面在竞争中胜出。在中国，直到 20 世纪 90 年代初，NetWare 几乎是局域网操作系统的代名词，其 NetWare 3.12、NetWare 4.11 两个版本得到了广泛使用。1998 年，Novell 公司发布了 NetWare 5 版本。2001 年，Novell 公司发布 NetWare 6 版本。

下面通过对 Novell 的 NetWare 6 性能的介绍来了解该操作系统的特性。

（1）NetWare 6 提供简化的资源访问和管理：用户可以在任意位置，利用各种设备实现对全部信息和打印机的访问和连接；可以跨越各种网络、存储平台和操作环境，综合使用文件、打印机和其他资源（电子目录、电子邮件、数据库等）。

（2）NetWare 6 确保企业数据资源的完整性和可用性：NetWare 6 以安全策略为基础，通过高精确度方式，采用单步登录和访问控制手段进行用户身份验证，防止恶意攻击行为。

（3）NetWare 6 以实时方式支持在中心位置进行关键性商业信息的备份与恢复。

（4）NetWare 6 支持企业网络的高可扩展性：可以配置使用 2～32 台规模的集群服务器和负载均衡服务器，每台服务器最多可支持 32 个处理器；利用多处理器硬件的工作能力，提高可扩展性和数据吞吐率；可以方便地添加卷以满足日益增加的需求；能够跨越多个服务器进行配置，最高可支持 8TB 的存储空间；在企业网络环境中支持上百万数量的用户。

（5）NetWare 6 包括 iFolder 功能，用户可以在多台计算机上建立文件夹；该文件夹可以使用任何种类的网络浏览器从任何位置（办公室、家庭或移动之中）进行访问，并可以在一个 iFolder 服务器上完成同步，从而保证用户的信息内容永远处于最新状态。

（6）NetWare 6 包含开放标准及文件协议，无需复杂的客户端软件就可以在混合型客户端环境中访问存储资源。

（7）NetWare 6 使用了名为 IPP 的开放标准协议，具有通过 Internet 安全完成文件打印工作的能力。用户在某个站点中寻找到一台打印机，下载所需的驱动程序后，即可向世界上几乎任何一台打印机发出打印工作。

1.4.4 Windows Server

对于 Windows Server 操作系统，相信用过计算机的人都不会陌生。微软公司开发的 Windows 系统不仅在个人操作系统中占有绝对优势，在网络操作系统中也占有非常大的份额。Windows 网络操作系统在中小型局域网配置中是最常见的，一般用在中低档服务器中。在局域网中，微软的网络操作系统主要有 Windows NT 4.0 Server、Windows 2000 Server、Windows Server 2003 和 Windows Server 2008 等。

1. Windows NT Server

在整个 Windows 网络操作系统中，Windows NT 几乎成为中小型企业局域网的标准操作系统。一是因为它继承了 Windows 家族统一的界面，使用户学习、使用起来更加容易；二是它的功能也确实比较强大，基本上能满足中小型企业的各项网络需求。Windows NT Server 对服务器的硬件配置要求比较低，因此更适合中小企业的 PC 服务器配置需求。

Windows NT Server 可以说是发展最快的一种操作系统，它采用多任务、多流程操作及多处理器系统（SMP）。在 SMP 系统中，工作量均匀分布在各个 CPU 上，从而提供了极佳的系统性能。Windows NT Server 系列从 3.1 版、3.50 版、3.51 版，发展到 4.0 版。

2. Windows 2000 Server

通常我们见到的网络操作系统 Windows 2000 Server 有 3 个版本，如下所示。

- Windows 2000 Server：用于工作组和部门服务器等中小型网络。
- Windows 2000 Advanced Server：用于应用程序服务器和功能更强的部门服务器。
- Windows 2000 Datacenter Server：用于运行数据中心服务器等大型网络系统。

Windows 2000 Server 为重要的商务解决方案提高了整个系统的可靠性和可扩展性。通过操作系统中内置的增强的容错能力，提供了信息和服务对用户的可用性。

Windows 2000 Server 包含了对远程管理所做的大量改进，其中包括新的管理员委托授权支持、终端服务、Microsoft 管理控制台等。Windows 2000 Server 通过 IIS 5.0 为磁盘分配、动态卷管理、Internet 打印以及 Web 服务等提供了新的支持。对文件、打印服务和卷管理的改进使得 Windows 2000 Server 成为一个理想的文件服务器，并且用户在 Windows 2000 Server 上可以更容易地查询或访问信息。

Windows 2000 Server 集成了对虚拟专用网络、电话服务、高性能的网络工作、流式传输的音频/视频服务、首选的网络带宽等的支持，允许客户在单一的、具有有效价值的操作平台上集成所有的通信基础结构。

3. Windows Server 2003

Windows Server 2003 家族包括以下产品。

- Windows Server 2003 标准版：一个可靠的网络操作系统，可支持文件和打印机共享，提供安全的 Internet 连接，允许集中化的桌面应用程序部署。
- Windows Server 2003 企业版：为满足各种规模的企业的一般用途而设计的，是一种全功能的服务器操作系统，最多可支持 8 个处理器。提供的企业级功能有 8 节点群集、支持高达 32GB 内存等；可用于基于 Intel Itanium（安腾）系列的计算机；支持 8 个处理器和 64GB RAM 的 64 位计算平台。

- Windows Server 2003 数据中心版：为运行企业和任务所倚重的应用程序而设计的，这些应用程序需要最高的可扩展性和可用性，是微软迄今为止开发的功能最强大的服务器操作系统。提供支持高达 32 路的 SMP 和 64GB 的 RAM，提供 8 节点群集和负载平衡服务，可用于支持 64 位处理器和 512GB RAM 的 64 位计算平台。
- Windows Server 2003 Web 版：用于 Web 服务和托管。Windows Server 2003 Web 版用于生成和承载 Web 应用程序、Web 页面及 XML Web 服务。

Windows Server 2003 通过提供集成结构，确保商务信息的安全性；通过提供可靠性、可用性和可扩展性，提供用户需要的网络结构；通过提供灵活易用的工具，帮助用户的设计和部署与单位和网络的要求相匹配；通过加强策略、任务自动化处理及简化升级来帮助用户主动管理网络；通过让用户自行处理更多的任务来降低支持开销。

4．Windows Server 2008

与 Windows Server 2003 操作系统相比，Windows Server 2008 代表了下一代操作系统，它主要对客户的需要和 Windows Server 操作系统的全部功能进行了改进，如 Web 服务的改进、虚拟化技术的集成和高安全性等。就核心服务器产品而言，Windows Server 2008 中的很多特性都是最新亮相，本书后面的章节将对其重点介绍。

1.5 知识准备——网络操作系统的规划

网络操作系统对于网络的应用、性能有着至关重要的影响，选择一个合适的网络操作系统，既能实现建设网络的目标，又能省钱、省力，提高系统的效率，而盲目地上一个网络操作系统，则往往会事倍功半，最后甚至不得不将它"束于高阁"。

选择网络操作系统时，要从网络应用出发，分析所设计的网络需要提供什么服务，然后分析各种操作系统提供这些服务的性能与特点，最后确定使用何种网络操作系统。网络操作系统的选择应遵循以下一般原则。

1．标准化

网络操作系统的设计、提供的服务应符合国际标准，而尽量减少使用企业专用标准，这有利于系统的升级和应用的迁移，并最大限度、最长时间地保护用户投资。采用国际标准开发的网络操作系统，可支持国际标准的网络服务，保证异构网络的兼容性，即在一个网络中存在多个不同的操作系统时，能够充分实现资源的共享和服务的互容。

2．可靠性

网络操作系统是保护服务器正常运行，提供关键服务的软件系统，它应具有健壮性、可靠性、容错性等，能提供 24 小时全天候服务。因此，选择技术先进、产品成熟、应用广泛的网络操作系统，可以保证其具有良好的可靠性。微软的网络操作系统，由于在稳定性和可靠性方面相对逊色，一般只用在低档服务器中，而 UNIX 凭借其稳定性以及高可靠性，在大、中、小型机上得到了广泛应用。

3．安全性

由于网络环境方便了病毒的传播和黑客攻击，因此，为了保证网络操作系统不易受到侵扰，应选择健壮的、并能提供各种级别的安全管理（如用户管理、文件权限管理、审核管理等）的网络操作系统。各个网络操作系统都自带有安全服务，例如，UNIX、Linux 网络操作系统提供了用户账号、文件系统权限和系统日志文件；NetWare 提供了四级的安全系统：登录安全、权限安全、属性安全、服务安全；Windows NT/2000/2003/2008 Server 提供了用户账号、文件系统权限、Registry 保护、审核、性能监视等基本安全机制。从网络安全性来看，NetWare 网络操作系统的安全保护机制较为完善和科学，UNIX 的安全性也是有口皆碑，而 Windows NT/2000/2003/2008 Server 则存在着安全漏洞，这主要包括服务器/工作站安全漏洞和网络浏览器安全漏洞两部分，当然微软也在不断推出补丁来解决安全问题。微软底层软件对用户的可访问性，一方面使得在其上开发高性能的应用成为可能，另一方面也为非法访问入侵开了方便之门。

4. 网络应用服务的支持

网络操作系统应能提供全面的网络应用服务，例如 Web 服务，FTP 服务，DNS 服务等，并能良好地支持第三方应用系统，从而保证提供完整的网络应用。

5. 易用性

应选择易管理、易操作的网络操作系统，提高管理效率，简化管理复杂性。现在有些用户对新技术十分敏感和好奇，因此在网络建设过程中，往往忽略实际应用要求，而盲目追求新产品、新技术。人类社会的发展从来没有像今天这样快，科学技术的发展也从来没有像今天的计算机技术这样迅速！10 年以后计算机、网络技术会发展成什么样，谁都无法预测。因此，面对今天越来越热的网络市场，不要盲目追求新技术、新产品，要从自己的实际需要出发。再者，就目前的国情而言，并不是把世界上最先进的产品堆到一起，就是好网络，建立一套既能真正适合当前实际应用需要，又能保证今后顺利升级的网络，才是明智之举。

在实际的网络建设中，我们在选择网络操作系统时还应考虑以下因素。

（1）成本因素。

成本因素是选择网络操作系统的一个主要因素，如果拥有强大的财力和雄厚的技术支持能力，当然可以选择可靠性更高的网络操作系统。但如果不具备这些条件，就应从实际出发，根据现有的财力、技术维护力量，选择经济适用的系统。同时，考虑到成本因素，在选择网络操作系统时，也要和现有的网络硬件环境相结合，在财力有限的情况下，尽量不购买需要很大程度地升级硬件的操作系统。在购买成本上，免费的 Linux 当然占有很大的优势，而 NetWare 由于适应性较差，仅能在 Intel 等少数几种处理器硬件系统上运行，因而对硬件的要求比较高，这可能会引起很大的硬件扩充费用。但是在成本问题上，尽管购买操作系统的费用会有所区别，但对于一个网络来说，从长远来看，购买网络操作系统的费用只是整个成本的一小部分，网络管理的大部分费用是技术维护的费用，人员费用在运行一个网络操作系统的花费中占到 70%（国际上通常认为）。所以，网络操作系统越容易管理和配置，其运行成本越低。一般来说，Windows NT/2000/2003 Server 比较简单易用，适合用于技术维护力量较薄的网络环境中，而 UNIX 由于其命令比较难懂，易用性则稍差一些。

（2）可集成性。

可集成性就是对硬件及软件的容纳能力。硬件平台无关性对操作系统来说非常重要。在构建网络时，很多用户具有不同的硬件及软件环境，而网络操作系统作为这些不同环境集成的管理者，应该尽可能多地管理各种软硬件资源。例如，NetWare 硬件适应性较差，所以其可集成就比较差，

UNIX 系统一般都是针对自己的专用服务器和工作站进行优化,其兼容性也较差,而 Linux 对 CPU 的支持比 Windows NT/2000/2003/2008 Server 要好得多。现在的系统应当是开放的系统,只有开放才能兼容并蓄,才能真正实现网络的功能,因为网络本身就要求系统必须是开放的。

（3）可扩展性。

可扩展性就是对现有系统的扩充能力。当用户应用的需求增大时,网络处理能力也要随之增加、扩展,可扩展性可以保证用户在早期的投资不至于浪费,也为用户网络以后的发展打好基础。对 SMP 技术的支持,表明系统可以在有多个处理器的系统中运行,这是拓展现在网络能力所必需的。

当然购买时,最重要的还是要和自己的网络环境相结合起来。如在中小型企业及网站建设中,多选用 Windows NT/2000/2003/2008 Server；做网站的服务器和邮件服务器时多选用 Linux；而在工业控制、生产企业、证券系统的环境中,多选用 NetWare；而在安全性要求很高的情况下,如金融、银行、军事及大型企业网络上,则推荐选用 UNIX。

总之,选择网络操作系统时要充分考虑其自身的可靠性、易用性、安全性及网络应用的需要。

1.6 实训——校园网网络操作系统规划

一、实训目标

对如图 1-3 所示的某大学校园网络拓扑图,进行网络操作系统的规划。

图 1-3 校园网络拓扑图

二、实训内容

能够运用本项目所学的知识,简单地规划校园网络服务,实现校园内部信息管理与服务,并可以连接到 Internet 发布自身信息或访问外部信息。根据校园网拓扑图,指出以下规划中说法是否合理?

从如图 1-3 所示的网络拓扑图可以看到,该网络应该提供 Web、DNS、E-mail、FTP、数据库、备份、代理等服务,根据网络操作系统的选择原则,可以选择 Windows Server 2008 操作系统构建整个网络应用，这样的好处如下所示。

（1）易于构架：对于绝大多数管理员来讲，他们都比较熟悉 Windows 操作界面，因此无需重新熟悉新操作系统的管理命令、界面、操作。

（2）易于管理：利用 Windows Server 2008 的活动目录、管理控制台，可以实现全网所有资源的统一管理，在一台服务器或一台客户机上可以管理本地和远程的所有资源。

（3）丰富的服务：Windows Server 2008 本身内置提供 DNS、Web、FTP、RAS、WINS、备份等功能齐全的网络服务。

（4）应用软件的支持：微软拥有自己的数据库产品 SQL Server、电子邮件产品 Exchange、代理服务器软件 Proxy 等，这些容易与 Windows Server 2008 网络操作系统整合，实现资源的统一管理。同时，基于 Windows Server 2008 上的第三方应用系统也特别丰富，用户可以灵活选择。

（5）稳定性：微软从发布 Windows NT 3.5 到 4.0，再到 Windows 2000 Server 及 Windows Server 2008，对操作系统做了大量的完善和改进，因此具有良好的稳定特性。

（6）安全性：Windows Server 2008 提供了更完善、更深层次的安全管理，包括文件、文件夹权限管理，用户、域的组织等，而且在不需要第三方安全手段的情况下也能防御病毒和黑客攻击，从而确保网络的安全。

1. 在应用软件支持方面，也可以在一个网络环境中使用多种类型的网络操作系统。例如，E-mail 服务用 Linux 构建，因为 Linux 内置 Send Mail 电子邮件服务器软件，无需花钱购买，而微软的 Exchange 软件对校园网用户来说，价格较高。

2. 除了网络协议等一些固有的漏洞，Windows Server 2008 在提供强大功能的同时，与微软的其他产品一样，也不断暴露出漏洞和后门，管理员必须不断打补丁或通过第三方安全手段完善其安全性。

1.7　习题

一、填空题

（1）操作系统是＿＿＿＿与计算机之间的接口，网络操作系统可以理解为＿＿＿＿与计算机网络之间的接口。

（2）网络通信是网络最基本的功能，其任务是在＿＿＿＿＿＿＿＿和＿＿＿＿＿＿＿＿之间实现无差错的数据传输。

（3）1964 年，巴兰（Baran）在美国兰德（Rand）公司的"论分布式通信"的研究报告中首次提出了＿＿＿＿的概念。

（4）Web 服务、大型数据库服务等都是典型的＿＿＿＿模式，是近年来流行的应用模式。

二、问答题

（1）常用的网络操作系统有哪几种？各自的特点是什么？

（2）网络操作系统有哪些基本功能？

（3）选择网络操作系统构建计算机网络时应考虑哪些问题？

（4）在一个网络环境中选择多个网络操作系统是否可行？

项目 2
网络操作系统的安装

项目情境：

公司服务器操作系统出了问题，怎么办？

三峡瑞思信息技术有限公司是一家主要提供计算机网络建设与维护的网络技术服务公司，2005 年为三峡坝区中心医院建设了医院的内部局域网络，架设了一台医院信息系统服务器并代客户维护，该服务器使用 Windows Server 2003 网络操作系统。

在昨天晚上的一次突然停电中，医院 UPS 出现故障，这导致服务器发生故障——服务器不能正常启动。作为技术人员，上门检查后，发现硬盘"0"磁道损坏，需要更换新的硬盘，同时医院机房的管理员抱怨 Windows Server 2003 有些功能较欠缺，建议在更换硬盘的时候同时升级服务器的操作系统，你该如何去做？

项目描述： 在组建各种网络之前，要根据系统的需求来确定每台计算机应当安装网络操作系统的版本，以及允许使用的安装方式、文件系统格式等，最后才能开始系统的安装。本项目讲述了如何安装网络操作系统 Windows Server 2008 以及基本工作环境的配置。

项目目标：

- 理解 Windows Server 2008 各个版本的特点及有关新特性
- 理解 Windows Server 2008 安装条件以及注意事项
- 掌握 Windows Server 2008 的各种不同的安装模式
- 掌握 Windows Server 2008 基本工作环境的配置

2.1 知识准备——Windows Server 2008 简介

Windows Server 2008 是微软最新推出的一个服务器操作系统，在进行开发及测试时的代号为"Windows Server Longhorn"，于 2008 年 3 月 13 日正式发布。该操作系统主要面向企业用户，作为 Windows 2000 Server 、Windows Server 2003 的升级版本，它融入了很多 Windows Vista 操作系统的特性，同时它也是微软最后一个 32 位的服务器操作系统。

2.1.1 Windows Server 2008 的版本

纵观微软公司的 Windows 服务器操作系统的发展历程，Windows 2000 Server、Windows Server 2003 均提供了多个不同的版本，Windows Server 2008 也继承了这一点，提供了多个不同的版本，它们都各有不同的特性。Windows Server 2008 在 32 位和 64 位计算机平台中分别提供了标准版、企业版、数据中心版、Web 服务器版和安腾版这 5 个版本的服务器操作系统。

- Windows Server 2008 Standard Edition（Windows Server 2008 标准版）：提供了大多数服务器所需要的角色和功能，也包括全功能的 Server Core 安装选项。
- Windows Server 2008 Enterprise Edition（Windows Server 2008 企业版）：在标准版的基础上提供了更好的可扩展性和可用性，并附带了一些企业技术和活动目录联合服务。
- Windows Server 2008 Datacenter Edition（Windows Server 2008 数据中心版）：可以在企业版的基础上支持更多的内存和处理器，以及无限量使用虚拟镜像。
- Windows Server 2008 Web Server（Windows Server 2008 Web 服务器版）：一个特别版本的应用程序服务器，只包含 Web 应用，其他角色和 Server Core 都不存在。
- Windows Server 2008 Itanium（Windows Server 2008 安腾版）：针对 Itanium（安腾）处理器技术的服务器操作系统。

除了以上 5 个版本，Windows Server 2008 在标准版、企业版和数据中心版的基础上还开发了另外两类版本的系统：一类是不拥有虚拟化的 Hyper-V 技术的服务器，称为无 Hyper-V 版；另外一类是以命令行方式运行的 Server Core 版本，这种版本的服务器系统能够以更少的系统资源提供各种服务。

2.1.2 Windows Server 2008 的新特性

Windows Server 2008 无论是底层架构还是表面功能都有了飞跃性的进步，它对服务器的管理能力、硬件组织的高效性、命令行远程硬件管理的便捷性、系统安全模型的增强，都让众多用户非常感兴趣。这里总结了 Windows Server 2008 中最引人关注的十大新特性。

1. Server Core

Server Core 是 Windows Server 2008 最大的改进。Windows 服务器操作系统长期以来的不足之处就是安装根本不需要的图形驱动、DirectX、ADO、OLE 等组件，因为作为管理员并不需要运行这些程序，而且图形界面一直是影响 Windows 稳定性的重要因素。从 Windows Server 2008 开始，管理员在 Server Core 命令行模式下就能够架设和管理文件服务器、域控制器、DHCP 服务器、DNS 服务器等，从而使得架设安全稳定的小型专用服务器并非难事。

2. PowerShell 命令行

PowerShell 原计划作为 Windows Vista 的一部分，但只是作为免费下载的增强附件，后来成了

Exchange Server 2007 的关键组件，在 Windows Server 2008 中则已经成为不可缺少的一个成员。这个新的命令行工具可以作为图形界面管理的补充，也可以彻底取代图形界面。

3. 虚拟化技术

在 Windows Server 2008 中，命名为"Hyper-V"的虚拟化技术绝对是一个亮点。虽然目前 VMWare 在虚拟化领域中独树一帜，但 Hyper-v 技术能够让 Intel 和 AMD 都提供基于硬件的虚拟化支持，并且提供虚拟硬件支持平台，而这是 WMware 目前难以做到的。在 Windows Server 2008 中使用虚拟化技术，能够加强闲置资源的利用，减少资源浪费。

4. Windows 硬件错误架构

目前 Windows 系统错误报告的一大问题就是设备报错的方式多种多样，各种硬件系统之间没有统一标准，因此编写应用程序的时候很难集合所有的错误资源并统一呈现，这就意味着要编写许多针对各种特定情况的特定代码。在 Windows Server 2008 中，所有的硬件相关错误都使用同样的界面汇报给系统，通过这种应用程序向系统汇报发现错误的标准化方法，第三方软件就能轻松管理和消除错误。

5. 随机地址空间分布

随机地址空间分布在 64 位的 Windows Vista 版本中已经出现，它可以确保操作系统的任何两个并发实例每次都会载入到不同的内存地址上。根据微软公司的解释，恶意软件其实就是一段不守规矩的代码，不会按照操作系统要求的正常程序执行，但如果它想在用户磁盘上写入文件，就必须知道系统服务所处的位置。在 32 位 Windows XP SP2 系统中，如果恶意软件需要调用 Kernel32.dll，该文件每次都会被载入同一个内存空间地址，因此非常容易被恶意利用。如果使用了随机地址空间分布，每一个系统服务的地址空间都是随机的，因此恶意软件想要找到这些地址难度就很大，所以可以提升系统的安全性。

6. SMB2 网络文件系统

很久以前，Windows 就引入了 SMB（Samba 文件共享/打印服务），但是由于这个网络文件系统已经过于陈旧，所以 Windows Server 2008 采用了 SMB2，以便更好地管理体积越来越大的媒体文件。据称，SMB2 媒体服务器的速度可以达到 Windows Server 2003 的 4～5 倍，相当于 400% 的效率提升，因此 Windows Server 2008 服务器系统的运行效率将会有着明显的提升。

7. 核心事务管理器

核心事务管理器对开发人员来说非常重要，因为它可以大大减少甚至消除由于多个线程试图访问同一资源而经常导致的系统注册表或者文件系统崩溃。在 Windows Vista 中也有核心事务管理器这一新组件，其目的是方便进行大量的错误恢复工作，而且该过程几乎是透明的。之所以可以做到这一点，是因为它可以作为事务客户端接入的一个事务管理器进行工作。

8. 快速关机服务

Windows 的一大历史遗留问题就是关机过程缓慢，例如在 Windows XP 中，关机开始后系统就会开始一个 20s 的倒计时，之后提醒用户是否需要手动关闭程序，而在 Windows Server 中，这一问题的影响会更加明显。在 Windows Server 2008 中，20s 的倒计时被一种新服务取代，可以在应用程序需要被关闭时随时且一直发出信号，从而加快关闭计算机的速度。

9. 并行会话创建

如果有一个终端服务器系统，有多个用户同时登录了系统，这些就是并行会话（Session）。在 Windows Server 2008 之前，会话的创建都是逐一操作的，这对于大型系统而言就是个瓶颈。在 Windows Server 2008 中加入了新的会话模型，可以允许同时创建至少 4 个会话，如果服务器有 4 个以上的处理器，还可以同时创建更多的会话，而且系统的速度不会受到影响。

10. 自修复 NTFS 文件系统

从 DOS 时代开始，文件系统出错就意味着相应的卷必须下线修复。在 Windows Server 2008 中，一个新的系统服务会在后台工作，检测文件系统错误，并且可以在无需关闭服务器的状态下自动将其修复。有了这一新服务，在文件系统发生错误的时候，服务器只会暂时无法访问部分数据，而整体运行基本不受影响，所以 CHKDSK 这个功能基本就可以退休了。

2.1.3 Windows Server 2008 安装前的准备

安装 Windows Server 2008 之前，应该了解一下计算机系统应具备的基本条件。按照微软公司官方的建议配置，安装 Windows Server 2008 系统的硬件需求主要有以下几方面要求。

硬　　件	需　　求
处理器	最低：1 GHz（x86 处理器）或 1.4 GHz（x64 处理器） 建议：2 GHz 或以上
内存	最低：512 MB RAM　　　　　　　建议：2 GB RAM 或以上 最佳：（完整安装）2 GB RAM 或以上 　　　　（服务器核心 Server Core 安装）1 GB RAM 或以上 最大：（32 位系统）4 GB（标准版）或 64 GB（企业版或数据中心版） 　　　　（64 位系统）32 GB（标准版）或 2 TB（企业版、数据中心版及安腾版）
可用磁盘空间	最低：10 GB 建议：40 GB 或以上
光驱	DVD-ROM 光驱
显示器	支持 Super VGA（800×600）或更高分辨率的屏幕
其他	键盘及 Microsoft 鼠标或兼容的指向装置

①Itanium-Based Systems 版本需要 Intel Itanium 2 处理器；②内存大于 16 GB 的系统，需要更多的磁盘空间用于页面文件、休眠文件和存储文件；③在安装时必须确定计算机是 32 位 x86，还是 64 位 x64 的系统，如果计算机是 32 位的系统，则只能安装 32 位版本的 Windows Server 2008；如果计算机是 64 位的系统，则可以选择安装 32 位版本或 64 位版本的 Windows Server 2008；而对于 Itanium-Based 的系统，只能安装 Windows Server 2008 for Itanium-Based Systems 的版本。

为了确保可以顺利安装 Windows Server 2008，开始安装之前应该做好如下准备工作。

（1）切断非必要的硬件连接：如果计算机与打印机、扫描仪、UPS 等非必要外设连接，则在运行安装程序之前请将其断开，因为安装程序会自动监测连接到计算机串行端口的所有设备。

（2）查看硬件和软件兼容性：升级启动安装程序时，执行的第一个过程是检查计算机硬件和软件的兼容性。安装程序在继续执行前将显示报告，使用该报告以及 Relnotes.htm（位于安装光盘的\Docs 文件夹）中的信息来确定在升级前是否需要更新硬件、驱动程序或软件。可以通过访问网址 http://www.microsoft.com/windows/catalog/，来检查 Windows Catalog 中的硬件和软件兼容性信息，从而判断是否兼容。

（3）检查系统日志错误：如果计算机以前安装有 Windows 操作系统，建议使用"事件查看器"查看系统日志，寻找可能在升级期间引发问题的最新错误或重复发生的错误。

（4）备份文件：如果从其他操作系统升级到 Windows Server 2008，建议在升级前备份当前的文件，包括含有配置信息（例如系统状态、系统分区和启动分区）的所有内容，以及所有的用户和相关数据。建议将文件备份到各种不同的介质，例如，备份到磁带驱动器或网络上其他计算机的硬盘，尽量不要保存在本地计算机的其他非系统分区。

（5）重新格式化硬盘：虽然 Windows Server 2008 在安装过程中可以进行分区和格式化，但是，如果在安装之前就完成这项工作，那么在执行新的安装时，磁盘的效率有可能得到提高（与不执行重新格式化相比）。另外，重新分区和格式化时，还可以根据自己的需要调整磁盘分区的大小或数量，以便更好地满足需求。

2.1.4　Windows Server 2008 安装的注意事项

了解 Windows Server 2008 的安装注意事项是非常有必要的，由于服务器网络操作系统毕竟不同于个人计算机系统，因此无论是安全性还是稳定性都要仔细考虑。

1. 选择安装方式

Windows Server 2008 可以有多种不同的安装方式，如下所示。

（1）利用安装光盘启动进行全新安装：这种安装方式是最常见的，可以让用户利用图形用户界面（GUI）来使用和管理 Windows Server 2008。如果计算机上没有安装 Windows Server 2008 以前版本的 Windows 操作系统（例如 Windows Server 2003 等），或者需要把原有的操作系统删除时，这种方式就很合适。为了保证计算机能够通过光盘进行启动，除了要保证光盘是可用的，还要在安装前将计算机的 BIOS 设定为从 DVD-ROM 启动系统。

（2）升级安装：如果原来的计算机已经安装了 Windows Server 2003，则可以在不破坏以前的各种设置和已经安装的各种应用程序的前提下对系统进行升级，这样可以大大减少重新配置系统的工作量，同时可保证系统过度的连续性。

只有 Windows Server 2003 版本才可以升级至 Windows Server 2008 系统，如果使用其他版本的 Windows 操作系统（例如 Windows 2000 Server），则无法直接升级。需要注意的是，Windows Server 2003 无法升级到 Windows Server 2008 的 Server Core 模式。

（3）服务器核心安装：在安装 Windows Server 2008 过程中，用户将会发现一种"Server Core"

的新安装模式，即服务器核心安装模式。该模式的最大特点就是安装完后没有图形化界面，登录系统后桌面上没有开始菜单，也没有任务栏等常见的桌面图标和工具，只是在屏幕中间开了一个命令行窗口。这种模式提供了一个最小化的环境，它降低了对系统的需求，同时提高了执行效率，并且更加稳定和安全。但是系统在这种模式下仅支持部分服务器的功能，如活动目录域服务（Active Directory Domain Services）、DHCP 服务、DNS 服务、文件打印服务、流媒体服务等功能。

（4）从网络进行安装：这种安装方式的特点是安装程序不在本地的计算机上，而是事先在网络服务器上把 DVD-ROM 共享出来，或者把光盘的 i386、i486 或 ia64（用于基于 Itanium）目录复制到服务器上再共享出来，然后使用共享出的文件夹下的文件开始安装。这种方式适合于需要在网络中安装多台 Windows Server 2008 的场合。

（5）无人参与安装：就像以前版本的安装一样，使用"无人参与"安装方式可以很方便地实现服务器操作系统的安装。无人参与安装是事先配置一个名为"unattend.xml"的应答文件，该文件中保存了安装过程中需要输入的信息，安装程序在安装过程中从该文件中读取所需的信息，这样管理员就无需在计算机前等待输入各种信息。

（6）硬盘克隆安装：在需要对大量同类型的计算机进行安装时，可以采用硬盘克隆的方法，即按照上面的任何一种方法安装好一台计算机，然后使用克隆软件制作该硬盘的映像文件，使用该硬盘的映像文件克隆到其他计算机的硬盘上，从而实现快速安装和配置的目的。

（7）硬盘保护卡安装：有条件的网络管理中心可以购置"硬盘保护卡"硬件，利用硬盘保护卡来安装和维护网络。这种方法无疑是一种较好的方法，当网络传输速度较快时，完成整个计算机房的安装甚至比重新安装一台计算机所需的时间还少。

2. 选择文件系统

硬盘中的任何一个分区都必须被格式化成合适的文件系统后才能正常使用。安装程序提供两种格式化方式——快速格式化与完全格式化。

- 快速格式化：安装程序不会检查扇区的完整性，而只是删除分区中的文件；如果用户确保硬盘中没有坏扇区，且以前没有任何文件损坏的记录，就可以选择"快速格式化"。
- 完全格式化：安装程序会检查硬盘是否有坏扇区，以避免系统将数据存储到坏扇区中；如果硬盘中有坏扇区，或者以前有文件损坏的记录，最好选择"完全格式化"。如果用户无法判断是否有坏扇区，最好也选择"完全格式化"。

目前 Windows 系统中常用的文件系统有 FAT、FAT32 和 NTFS 等 3 种，但目前 NTFS 已逐步取代了其他两种文件系统，因为它支持更大的磁盘分区、提供更好的数据安全保护能力、磁盘限额、热修复以及文件压缩等许多功能。Windows Server 2008 只能安装在 NTFS 文件系统的分区中，否则安装过程中会出现错误提示而无法正常安装。

3. 硬盘分区的规划

若执行全新安装，则需要在运行安装程序之前，规划磁盘分区。磁盘分区是一种划分物理磁盘的方式，以便每个部分都能够作为一个单独的单元使用。当在磁盘上创建分区时，可以将磁盘划分为一个或多个区域，并可以用 NTFS 文件系统格式化分区。主分区（或称为系统分区）是安装加载操作系统所需文件的分区。

运行安装程序执行全新安装之前，需要决定安装 Windows Server 2008 的主分区大小。没有固定的公式来计算分区大小，基本规则就是为一同安装在该分区上的操作系统、应用程序及其他文件预留足够的磁盘空间。如安装 Windows Server 2008 的文件，则需要至少 10GB 的可用磁盘空间，建议要预留比最小需求多得多的磁盘空间，如 40GB 的磁盘空间。这样为各种应用程序预留了空间，如可选组件、用户账户、Active Directory 信息、日志、未来的 Service Pack、操作系统使用的分页文件以及其他应用程序。

在安装过程中，只需创建和规划要安装 Windows Server 2008 的分区。系统安装完之后，可以使用磁盘管理来新建和管理已有的磁盘和卷，包括利用未分区的空间创建新的分区，删除、重命名和重新格式化现有的分区，添加和卸掉硬盘以及在基本和动态磁盘格式之间升级和还原硬盘。

4. 是否使用多重引导操作系统

计算机可以被设置为多重引导，即在一台计算机上安装多个操作系统。例如，可以对服务器进行设置，使其大部分时间运行 Windows Server 2008，偶尔运行 Windows Server 2003。在系统重新启动的过程中，会列出系统选择选项，如果用户没有做出选择，将运行默认的操作系统。在安装多重引导的操作系统时，还要注意版本的类型，一般应先安装版本低的，再安装版本高的，否则不能正常安装。例如，在一台计算机上同时安装 Windows 2000 Server 和 Windows Server 2003 网络操作系统时，应当先安装 Windows 2000 Server 再安装 Windows Server 2003。

设置多重引导操作系统的缺点是，每个操作系统都将占用大量的磁盘空间，并使兼容性问题变得复杂，尤其是文件系统的兼容性。此外，动态磁盘格式并不在多个操作系统上起作用。所以一般情况下不推荐使用多重引导操作系统，如果在比较特殊的环境中确实需要在一台计算机上使用多版本的操作系统，建议使用虚拟机软件来实现多个版本操作系统的安装。下一项目中将具体介绍相关的内容。

2.2 任务 1——Windows Server 2008 的安装

【任务描述】

在安装服务器操作系统之前，根据不同的网络与硬件平台确定要安装的操作系统版本后，还应做好安装前的各项准备工作，正确地选择一种安装方式，同时能够应用各种不同的安装方法来启动安装程序，在安装过程中根据组建网络的需要输入必要的信息，独立地完成各种版本的安装过程。

【任务目标】

熟练掌握 Windows Server 2008 的各个版本和各种方式下的安装，并且能够正确设置安装过程中的各项信息。

2.2.1 全新安装 Windows Server 2008

在条件许可的情况下，建议用户尽可能采用全新安装的方法来安装 Windows Server 2008。在进行 Windows Server 2008 全新安装时，在完成安装前的准备工作之后，将 Windows Server 2008

系统光盘放入 DVD 光驱中，重新启动计算机并由光驱引导系统，然后参照以下步骤完成 Windows Server 2008 的安装操作。

（1）当系统通过 Windows Server 2008 光盘引导之后，将出现如图 2-1 所示的加载界面。

（2）在如图 2-2 所示的窗口中需要选择安装的语言、时间格式和键盘类型等设置，一般情况下直接采用系统默认的中文设置即可，单击"下一步"按钮继续操作。

图 2-1　Windows 预加载阶段

图 2-2　设置语言格式

（3）在如图 2-3 所示的窗口中单击"现在安装"按钮，开始 Windows Server 2008 系统的安装操作。

（4）在如图 2-4 所示的窗口中选择需要安装的 Windows Server 2008 的版本，例如，选择"Windows Server 2008 Enterprise（完全安装）"一项，单击"下一步"按钮，开始安装 Windows Server 2008 企业版。

图 2-3　"现在安装"按钮

图 2-4　选择安装版本

①如图 2-4 所示的 Windows Server 2008 各个版本中标有"服务器核心安装"标识，则表示该版本为 Server Core 版本；②如图 2-4 所示的 Windows Server 2008 各个版本的体系结构，若为"x64"，代表服务器 CPU 为 64 位系统，若为"x86"，则代表服务器 CPU 为 32 位系统。

（5）在如图 2-5 所示的许可条款对话框中提供了 Windows Server 2008 的许可条款，勾选底部"我接受许可条款"复选框之后，单击"下一步"按钮继续安装。

（6）由于是全新安装 Windows Server 2008，因此在如图 2-6 所示的窗口中直接单击"自定义"选项就可以继续装操作。此时"升级"选项是不可选的，因为计算机内必须有以前版本的 Windows Server 2003 系统才可以升级安装。

| 图 2-5 接受许可条款 | 图 2-6 全新安装 Windows Server 2008 |

（7）如图 2-7 所示，在安装过程中需要选取安装系统文件的磁盘或分区，此时从列表中选取拥有足够大小且为 NTFS 结构的分区即可。

　　如果需要对磁盘分区和格式化，可以选择"驱动器选项（高级）"按钮激活磁盘管理工具，对磁盘进行分区、格式化等操作；如果磁盘比较特殊，需要安装驱动程序才可使用的话，可选择"加载驱动程序"按钮进行驱动程序的安装。

（8）Windows Server 2008 系统开始安装操作，此时经历复制 Windows 文件和展开文件两个步骤，如图 2-8 所示。

| 图 2-7 选取系统安装分区 | 图 2-8 复制和展开文件 |

（9）在复制和展开系统安装必需的文件完毕之后，计算机会重新启动。在重新启动计算机之后，Windows Server 2008 安装程序会自动继续，并且依次完成安装功能、安装更新等步骤。

（10）完成安装后，计算机将会自动重启 Windows Server 2008 系统，并会自动以系统管理员用户 Administrator 登录系统。从安全角度考虑，第一次启动会出现如图 2-9 所示的界面，要求更改系统管理员密码，单击"确定"按钮继续操作。

（11）在如图 2-10 所示的界面中，分别在密码输入框中输入两次完全一样的密码，完成之后单击"→"按钮确认密码。

图 2-9　首次登录必须更改密码

图 2-10　设置用户密码

在这里输入的管理员密码必须牢记，否则，将无法登录系统。对于管理员密码，Windows Server 2008 的要求非常严格，管理员密码要求必须符合以下条件：①至少 6 个字符；②不包含用户账户名称超过两个以上的连续字符；③包含大写字母（A～Z）、小写字母（a～z）、数字（0～9）、特殊字符（如#、&、～等）4 组字符中的 3 组。例如，使用类似于 Yc@net008 这样的密码，这个密码中有字符、数字和特殊符号，长度还在 6 位以上，这样的密码才能满足策略要求。如果是单纯的字符或数字，不管你的密码设置多长都不会满足密码策略要求。

（12）如果看到如图 2-11 所示的窗口，则表示用户密码已经设置成功，此时单击"确定"按钮开始登录 Windows Server 2008 系统。在第一次进入系统之前，系统还会进行诸如准备桌面之类的最后配置，如图 2-12 所示，稍等片刻即可进入系统。

图 2-11　成功设置密码

图 2-12　正在准备桌面

登录成功后将先显示如图 2-13 所示的"初始配置任务"窗口，通过此窗口用户可以根据需要对系统进行配置。关闭"初始配置任务"窗口后，接着还会出现如图 2-14 所示的"服务器管理"窗口，此窗口关闭后将显示 Windows Server 2008 的桌面。

图 2-13 "初始配置任务"窗口

图 2-14 "服务器管理"窗口

通过上述操作步骤，可以发现 Windows Server 2008 和以前版本的 Windows 服务器操作系统安装过程区别并不是很大，但是在安装时间上相比，Windows Server 2008 的系统安装比以前版本要快很多，过程也简单许多，通常 20min 之内就可以完成系统的安装。

Windows Server 2008 安装光盘的 Sources 目录中包含一个名为 install.wim 的文件，这个文件是通过微软公司的 Windows Imaging 技术进行打包压缩的镜像文件，安装过程中系统首先将 wim 文件复制到硬盘，然后对这个文件进行解压缩操作。这其实和使用 Ghost 封包的预安装系统具有相同原理，而这就是 Windows Server 2008 安装过程较快的主要原因。

2.2.2 升级安装 Windows Server 2008

Windows Server 2008 支持通过旧版本的升级安装。可以利用光盘直接启动来进行升级，也可以在当前的 Windows Server 2003 系统中运行 Windows Server 2008 光盘来进行升级。升级安装和全新安装的过程基本差不多，只有个别选项不同，下面将采用后一种方法来介绍升级安装 Windows Server 2008 的过程，具体的操作步骤如下。

（1）启动并登录到现有的 Windows Server 2003 系统，将 Windows Server 2008 光盘放入到光驱中，如果当前 Windows Server 2003 系统的"自动运行"功能启动的话，系统将会自动启动光盘的安装程序，如图 2-15 所示。

（2）在如图 2-15 所示的窗口中单击"现在安装"按钮，开始 Windows Server 2008 系统的安装操作。

（3）在图 2-16 中，为了保证安装过程中能获得 Windows Server 2008 最新的更新程序，以确保安装成功，应选择"联机以获取最新安装更新（推荐）"选项，此时应确定计算机能接入 Internet。

（4）在如图 2-4 所示的窗口选择需要安装的 Windows Server 2008 的版本，单击"下一步"按钮，开始安装 Windows Server 2008。

（5）在如图 2-5 所示的许可协议对话框中提供了 Windows Server 2008 的许可条款，勾选底部"我接受许可条款"复选框之后，单击"下一步"按钮继续安装。

图 2-15　启动安装程序　　　　　　　　　图 2-16　选择安装的重要更新

（6）在如图 2-17 所示的窗口中选择"升级"选项（当然此时也可以选择"自定义（高级）"选项进行全新安装）。

（7）如图 2-18 显示的是系统的兼容性报告，由于 Windows Server 2008 正式发布的时间不长，因此有些第三方应用程序会存在兼容性问题，导致升级完成后无法使用原有的应用程序或存在硬件无法使用的故障。因此这个窗口会提示用户是否要继续升级安装。如果没有显示兼容性问题的话，可以单击"下一步"按钮继续操作，否则最好解决问题后再进行安装。

图 2-17　选择安装类型　　　　　　　　　图 2-18　兼容性报告

（8）安装程序开始升级安装，后续的安装过程和全新安装一样，在此不再重复。

2.2.3　安装 Windows Server Core

Windows Server Core（服务器核心）是 Windows Server 2008 新的默认组件，类似于没有安装 X-Windows 的 Linux，不推荐普通用户使用。它的安装过程和前面介绍的全新安装相似，只是在选择版本时不同。安装完毕登录后，可以看到一个命令行界面，如图 2-19 所示。

显示 Windows Server Core 可用的命令，具体的操作步骤如下。

（1）在命令行界面输入"cd\"。

（2）在 C 盘根目录下输入"cd windows\system32"。

（3）在 c:\windows\system32 目录下，输入"cscript scregedit.wsf /cli"，将会列出 Windows Server

Core 中提供的常用命令行汇总，如图 2-20 所示。

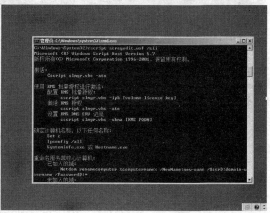

图 2-19　登录后的界面　　　　　　　　　　图 2-20　显示常用的命令

2.2.4　激活 Windows Server 2008

Windows Server 2008 安装完成后，为了保证能够长期正常使用，必须和其他版本的 Windows 操作系统一样进行激活，否则只能够试用 60 天，这也是微软防止盗版的一种方法。Windows Server 2008 为用户提供了两种激活方式：密钥联网激活和电话激活。前者可以让用户输入正确的密钥，并且连接到 Internet 进行校验激活，后者则是在不方便接入 Internet 的时候通过客服电话获取代码来激活 Windows Server 2008。

用鼠标右键单击上桌面上的"计算机"图标，在弹出的菜单中选择"属性"命令，打开如图 2-21 所示的窗口，在此窗口中单击"立即激活 Windows"链接，可打开如图 2-22 所示的"Windows 激活"对话框，在此对话框中可看到 Windows Server 2008 激活前还可使用的剩余天数。如果在安装时没有输入产品密钥，可以在图 2-21 中单击"更改产品密钥"链接，然后输入产品密钥并激活 Windows Server 2008。如果当前无法上网的话，可以拨打客服电话，通过安装 ID 号来获得激活 ID。

图 2-21　激活 Windows Server 2008　　　　图 2-22　"Windows 激活"对话框

在安装 Windows Server 2008 的时候可以不输入产品序列号，这将存在 60 天的激活期限，60 天之后未激活的计算机系统将进入简化功能模式，用户的操作将会被强制退出。若试用期限已到，而又不想激活，还可以使用命令 slmgr –rearm 将系统再延长 60 天的试用期限，最多可以延长 3 次。通过"开始"→"运行"命令，在打开的"运行"文本框中输入 cmd 命令，然后在打开的"命令提示符"窗口中输入 slmgr-rearm 命令后按 Enter 键即可。

2.3 　任务 2——配置 Windows Server 2008 的工作环境

【任务描述】

与 Windows Server 2003 等以前版本的服务器操作系统相比，Windows Server 2008 有了比较大的变化。安装完 Windows Server 2008 之后，用户要进行初始配置，针对网络环境、计算机名称和所属工作组、虚拟内存以及工作界面等方面进行设置，以便 Windows Server 2008 系统能够更好、更稳定地运行。

【任务目标】

熟练掌握 Windows Server 2008 的初始配置任务，理解各项参数配置的含义，并且能够正确设置初始配置的各项信息。

2.3.1　提供计算机信息

系统登录成功后将显示"初始配置任务"窗口，通过此窗口用户可以根据需要对系统进行配置，包括 3 个阶段：提供计算机信息、更新此服务器、自定义此服务器。第 1 个阶段——提供计算机信息包括设置时区、配置网络、提供计算机名和域 3 个方面。

1. 设置时间

单击位于"初始配置任务"窗口的"提供计算机信息"区域中的"设置时区"链接，弹出如图 2-23 所示的"日期和时间"对话框，其中有 3 个选项卡，其作用分别如下。

- 日期和时间：计算机的时钟用于记录创建或修改计算机中文件的时间，可以更改时钟的时间和地区。
- 附加时钟：Windows 最多可以显示 3 种时钟：第一种是本地时间，另外两种是其他时区时间。
- Internet 时间：可以使计算机时钟与 Internet 时间服务器同步。这意味着可以更新计算机上的时钟，使其与时间服务器上的时钟匹配，这有助于保证计算机上的时钟是

图 2-23　设置日期和时间

准确的。时钟通常每周更新一次，如果要进行时钟同步，必须将计算机连接到 Internet。

2. 配置网络

单击位于"初始配置任务"窗口的"提供计算机信息"区域中的"配置网络"链接，将打开"控制面板"下的"网络连接"对话框，如图 2-24 所示。右键单击"本地连接"选项，在弹出的快捷菜单中选择"属性"按钮，弹出"本地连接属性"对话框，如图 2-25 所示。选中"Internet 协议版本 4（TCP/IPv4）"，单击"属性"按钮，出现"Internet 协议版本 4（TCP/IPv4）属性"对话框，如图 2-26 所示，可以根据需要更改 IP 地址。

图 2-24　网络连接　　　　　图 2-25　"本地连接 属性"对话框　　　　　图 2-26　"Internet 协议版本 4（TCP/IPv4）属性"对话框

　　　　细心的读者可能会感觉到，在 Windows Server 2008 环境下无论是上网还是进行共享传输，网络速度都没有以前那样一气呵成的感觉，好像总比平时慢半拍似的，这是什么原因呢？按理说，Windows Server 2008 系统在网络连接方面的功能应该更加强大，网络传输速度应该更快才对。其实这种现象是由于 Windows Server 2008 系统新增加了 TCP/IPv6 通信协议引起的。在上网或共享传输时，Windows Server 2008 系统在默认状态下会优先使用 TCP/IPv6 通信协议进行网络连接，而目前对应 TCP/IPv6 协议通信协议的网络连接是无效的，因为许多网络设备还不支持使用该协议进行通信，在发现使用 TCP/IPv6 协议通信失败后，系统会尝试使用 TCP/IPv4 协议进行通信，由此可见，Windows Server 2008 系统的网络连接过程比以前多走了一些弯路，从而导致了网络传输速度比平时慢半拍。要想使网络连接速度恢复到以前的水平，则应取消 TCP/IPv6 协议的选中状态，以便让 Windows Server 2008 系统直接使用 TCP/IPv4 协议进行通信传输。

使用网络和共享中心也可以配置 Windows Server 2008 网络，它是系统新增的一个单元组件。通过选择"控制面板"→"网络和共享中心"命令可以打开"网络和共享中心"窗口，如图 2-27 所示。在该窗口中可以看到当前网络的连接状况、当前计算机使用的网卡以及各种资源的共享情况。Windows Server 2008 中的网络连接功能非常人性化，不仅可以迅速完成网络连接操作，还能够便捷地对网络中存在的故障进行自我修复，为用户使用网络提供诸多便捷。

3. 提供计算机名和域

在安装 Windows Server 2008 的时候，系统没有提示用户设置计算机名称和所属工作组，如果此时没有正确设置相关内容，虽然不会影响系统的安装，但是安装之后就会出现因为工作组名称不匹配而在使用局域网时造成麻烦。因此，建议在安装 Windows Server 2008 之后，对计算机名称以及所属工作进行相应的设置。

（1）计算机名：单击位于"初始配置任务"窗口的"提供计算机信息"区域中的"提供计算机名和域"链接，将打开"系统属性"对话框，如图 2-28 所示。单击"计算机名"选项卡，可以查看当前的计算机名称以及工作组名称，单击"更改"按钮，弹出"计算机名/域更改"对话框，如图 2-29 所示，分别设置计算机名称和所属工作组名称，如在此将计算机名称设置为"WIN2008"。

图 2-27　网络和共享中心

图 2-28　"系统属性"对话框

（2）硬件："系统属性"对话框的第 2 个选项卡是"硬件"，主要是用于控制系统硬件和资源设置的功能，如图 2-30 所示。单击"设备管理器"按钮，弹出"设备管理器"对话框，如图 2-31 所示，显示所有设备的列表。单击"Windows Update 驱动程序设置"按钮，打开"Windows Update 驱动程序设置"对话框，如图 2-32 所示，设置是否进行驱动程序的检查。在 Windows Server 2008 中，驱动程序可以具有微软的数字签名，证明驱动程序已经被测试并达到微软定义的兼容性标准。

图 2-29　"计算机名/域更改"对话框

图 2-30　"硬件"选项卡

图 2-31　设备管理器

（3）高级："系统属性"对话框的第 3 个选项卡是"高级"，如图 2-33 所示，用于配置计算机的性能选项、查看并设置用户配置文件、配置系统启动和恢复选项。

图 2-32 "Windows Update 驱动程序设置"对话框

图 2-33 "高级"选项卡

单击"高级"选项卡"性能"区域中的"设置"按钮,弹出如图 2-34 所示的"性能选项"对话框。Windows 为了增强外观采取了一系列的方法,例如滑动打开组合框、在菜单中显示阴影等,然而这些措施是以增加系统的负担、降低系统的运行性能为代价的。用户可以选择多个项目,但要注意平衡 Windows 外观和系统性能之间的矛盾。

在"高级"选项卡中为应用程序或后台服务分配处理器资源,如图 2-35 所示,如果选择"程序"单选按钮,系统会分配更多的 CPU 时间给在前台运行的应用程序,这样系统对用户的响应会较快;如果选择"后台服务"单选按钮,则系统会分配更多的 CPU 时间给后台服务器,如 Web 服务、FTP 服务等,这样在前台运行程序的用户可能得不到计算机的及时响应。单击"更改"按钮可以进行虚拟内存设置,如图 2-36 所示,在这个窗口中可以对虚拟内存的大小和存放位置进行设置。首先在上部取消选中"自动管理所有驱动器的分页文件大小"复选框,然后在"驱动器"列表中选择用于存放页面文件的盘符位置,接着单击"自定义大小"单选按钮之后,可以在"初始大小"和"最大值"文体框中分别输入页面文件的数值,最后单击"设置"按钮即可。

图 2-34 "性能选项"对话框

图 2-35 "高级"选项卡

图 2-36 虚拟内存设置

在 Windows 中，如果内存不够，系统会把内存中暂时不用的一些数据写到磁盘上，以腾出内存空间给别的应用程序使用，在系统需要这些数据时，再重新把数据从磁盘读回内存中。在调整虚拟内存大小的时候，建议将当前系统内存容量的 1.5 倍设置为页面文件的初始大小，这对整个系统的运行是没有什么影响的，而且效果应该会更好些，在操作系统崩溃或是死机前可以将内存中的全部内容复制到硬盘上，唯一的损失也许就是硬盘的可用空间相应减少。至于页面文件的最大值，可以设置得越大越好，通常建议将它设置为最小值的 2～3 倍。由于 Windows Server 2008，能够对页面文件进行智能化管理，由系统本身动态设置，仅仅在系统需要时才会自动扩充页面的大小，这样可以避免页面文件占用太多的硬盘空间，并避免在复杂操作中因内存不足而出现错误。如果计算机上有多个物理磁盘，建议把虚拟内存放在不同的磁盘上，以增加虚拟内存的读写性能。要设置某一驱动器上的虚拟内存大小，可在驱动器列表中选中该驱动器，输入页面文件（即虚拟内存）大小后，单击"设置"按钮即可。虚拟内存的大小可以自定义，即管理员手动指定，或者由系统自行决定。页面文件所使用的文件名是根目录下的 pagefile.sys，不要轻易删除该文件，否则可能导致系统的崩溃。

在"数据执行保护"选项卡的通过设置帮助避免计算机在保留内存区域中插入恶意代码，如图 2-37 所示。与防病毒程序不同，DEP（数据执行保护）技术的目的并不是防止在计算机上安装有害程序，而是监视已安装的程序，帮助确定它们是否正在安全地使用系统内存。如果已将内存指定为"不可执行"，但是某个程序试图通过内存执行代码时，Windows 将关闭该程序以防止恶意代码的攻击。而且无论代码是否恶意，Windows 都会执行此操作。

图 2-37　"数据执行保护"选项卡

单击"高级"选项卡"用户配置文件"区域中的"设置"按钮，弹出如图 2-38 所示的"用户配置文件"对话框。用户配置文件其实是一个文件夹，这个文件夹位于\Documents and Settings 下，并且以用户名来命名。该文件夹是用来存放用户的工作环境的，如桌面背景、快捷方式等。当用户注销时，系统会把当前用户的这些设置保存到用户配置文件中，下次用户在该计算机登录时，会加载该配置文件，使得用户的工作环境又会恢复到上次注销时的样子。列表框中列出了本机已经存储的配置文件，如果要删除某个配置文件，选中它，单击"删除"按钮即可；如果要更改配置文件的类型，选中它，单击"更改类型"按钮，弹出"更改配置文件类型"对话框，从中进行更改即可；如果要复制配置文件，可单击"复制到"按钮，弹出"复制到"对话框，选择目录后单击"确定"按钮即可。

单击"高级"选项卡"启动和故障恢复"区域中的"设置"按钮，弹出如图 2-39 所示的"启动和故障恢复"对话框，可以配置启动选项、系统如何处理故障、如何处理调试信息等。在"系统启动"区域可以让用户指定默认使用哪个启动选项，显示操作系统启动列表的时间。这些设置都保存在启动驱动器根文件 Boot.int 中，如果想修改这些值，可以用文本编辑器手动编辑该文件。

虽然管理员精心管理 Windows Server 2008，但是系统还是有可能崩溃，在"系统失败"区域中，可以控制系统在失败时如何处理失败。选中"自动重新启动"复选框后，系统失败后会重新引导系统，这对系统管理员不是 24 小时值守，而系统需要 24 小时运行时十分有用，当然，系统管理员也可能因此而看不到系统故障时的状态。

系统故障的原因常常难以一下查找清楚，可以让系统在失败时把内存中的全部或者部分数据写到文件中，以便事后由专业人员进行详细的分析。要保存的内存数据在"写入调试信息"区域进行控制，可以选择"（无）"、"小内存转储（64KB）"、"核心内存转储"或"完全内存转储"，转储的文件名在"转储文件"文本框中输入。

在"高级"选项卡中，单击"环境变量"按钮可以打开"环境变量"对话框，如图 2-40 所示。在两个列表框中，列出了当前已经设置的环境变量名和变量的值。需要添加新的变量时，单击"Administrator 的用户变量"或者"系统变量"选项区域中的"新建"按钮，弹出新的对话框，输入变量名和变量的值，单击"确定"按钮即可。

图 2-38　用户配置文件

图 2-39　启动和故障恢复

图 2-40　"环境变量"对话框

在系统变量中，Path 变量定义了系统搜索可执行文件的路径，Windir 定义了 Windows 的目录。不是所有的变量都可以在"环境变量"对话框中设定，有的系统变量因为不能更改而不在对话框中列出。要查看所有的环境变量，可以选择"开始"→"运行"命令，在"运行"文本框中，输入 cmd 命令打开命令提示符窗口，输入 set 命令查看。如图 2-41 所示，set 命令不仅可以显示当前的环境变量，也可以删除和修改变量，具体的使用方法可以用 help set 命令获取。

（4）远程："系统属性"对话框的第 4 个选项卡是"远程"，如图 2-42 所示，控制"远程协助"和"远程桌面/终端服务"访问服务器。"远程协助"区域设置用户通过该功能连接到服务器，它在 Windows Server 2008 中为可选组件，默认情况下是不安装的，必须先安装远程协助才能使用它。远程桌面其实是"终端服务"的精简版本，在"远程桌面"区域启用允许选项，可以让远程用户

图 2-41　set 命令

图 2-42　"远程"选项卡

使用"远程桌面"或"终端服务"连接到服务器。单击"选择用户"按钮可以指定通过此服务登录的用户。Windows XP 和 Windows Vista 中有内置"远程桌面"客户端，可用于连接到 Windows Server 2008，而且用户可以用"终端服务"客户端通过"远程桌面"连接到服务器。

2.3.2　更新此服务器

第 2 个阶段——更新此服务器包括启用自动更新和反馈、下载并安装自动更新两个方面。

1．启用自动更新和反馈

单击位于"初始配置任务"窗口的"更新此服务器"区域中的"启用自动更新和反馈"链接，弹出如图 2-43 所示的对话框。推荐选择"启用 Windows 自动更新和反馈"功能，也可以单击"手动配置设置"按钮，打开"手动配置设置"对话框，如图 2-44 所示，要设置的参数如下所示。

图 2-43　启用自动更新和反馈

图 2-44　"手动配置设置"对话框

- Windows 自动更新：系统将检查 Microsoft Update 网站找到适用于计算机操作系统的可用更新，而且可根据首选项自动安装更新，或等待批准安装更新后进行安装。推荐的设置为"自动安装更新"。
- Windows 错误报告：系统允许 Windows 将服务器的问题说明发送给微软并寻找为解决问题所采取的措施。默认情况下，Windows 错误报告处于启用状态。
- 客户体验改善计划：微软公司会收集系统配置、Windows 某些组件的性能以及某些类型事件的统计信息，系统会定期向微软上载包含所收集信息摘要的小文件。

2．下载并安装自动更新

单击位于"初始配置任务"窗口的"更新此服务器"区域中的"下载并安装自动更新"链接，打开"控制面板"的"Windows Update"对话框，如图 2-45 所示。单击"检查更新"即可连接到基于 Web 的 Windows 自动更新工具，并验证系统是否安装了最新版本的 Windows 操作系统组件。注意服务器必

图 2-45　"Windows Update"对话框

须具备可用的 Internet 连接才能下载更新，或配置 Windows 自动更新。

2.3.3 自定义此服务器

第 3 个阶段——自定义此服务器包括启用添加角色、添加功能、启用远程桌面、配置 Windows 防火墙 4 个方面。

1. 添加角色

角色是出现在 Windows Server 2008 中的一个新概念，也是 Windows Server 2008 管理特性的一个亮点。字面意思指的是角色，实质指的是服务器角色，它是软件程序的集合，在安装并配置之后，允许计算机为网络内的多个用户或其他计算机执行特定功能。

图 2-46 显示了 Windows Server 2008 的所有角色，对于管理员来说，可以一目了然地看到服务上安装的所有角色和角色的运行情况，而且所有的配置都在一个界面中，管理起来相当方便，这比 Windows Server 2003 确实强大了许多。在此之前一直需要将不同的管理工具手动添加到一个 MMC 控制台中，而现在 Windows Server 2008 已经为用户整合好了，而且从这里得到的信息量也比以前多。

图 2-46　Windows Server 2008 服务器角色

在 Windows Server 2008 中，总共有 18 个服务器角色，相关的角色描述如下。

- Active Directory Rights Management Services：Active Directory 权限管理服务（AD RMS）是一项信息保护技术，可与启用了 AD RMS 的应用程序协同工作，帮助保护数字信息免遭未经授权的使用。内容所有者可以准确地定义收件人可以使用信息的方式，例如，谁能打开、修改、打印、转发或对信息执行其他操作。组织可以创建自定义的使用权限模板，如"机密-只读"，此模板可直接应用到诸如财务报表、产品说明、客户数据及电子邮件之类的信息。
- Active Directory 联合身份验证服务：提供了单一登录（SSO）技术，可使用单一用户账户在多个 Web 应用程序上对用户进行身份验证。Active Directory 联合身份验证服务通过以下方式完成此操作：在伙伴组织之间以数字声明的形式安全地联合或共享用户标识和访问权限。
- Active Directory 轻型目录服务：对于其应用程序需要用目录来存储应用程序数据的组织而言，可以使用 Active Directory 轻型目录服务作为数据存储方式。Active Directory 轻型目录服务作为非操作系统服务运行，因此，并不需要在域控制器上对其进行部署。作为非操作系统服务运行，可允许多个 Active Directory 轻型目录服务实例在单台服务器上同时运行，并且可针对每个实例单独进行配置，从而服务于多个应用程序。
- Active Directory 域服务：存储有关网络上的用户、计算机和其他设备的信息。Active Directory 域服务帮助管理员安全地管理此信息并促使在用户之间实现资源共享和协作。此外，为了安装启用目录的应用程序（如 Microsoft Exchange Server）并应用其他 Windows Server 技术（如"组策略"），还需要在网络上安装 Active Directory 域服务。

- Active Directory 证书服务：提供可自定义的服务，用于创建并管理在采用公钥技术的软件安全系统中使用的公钥证书。组织可使用 Active Directory 证书服务通过将个人、设备或服务的标识与相应的私钥进行绑定来增强安全性。Active Directory 证书服务还包括允许在各种可扩展环境中管理证书注册及吊销的功能。 Active Directory 证书服务所支持的应用领域包括安全/多用途 Internet 邮件扩展（S/MIME）、安全的无线网络、虚拟专用网络（VPN）、Internet 协议安全（IPSec）、加密文件系统（EFS）、智能卡登录、安全套接字层/传输层安全（SSL/TLS）以及数字签名。

- DHCP 服务器：动态主机配置协议服务，将 IP 地址分配给作为 DHCP 客户端启用的计算机和其他设备，也允许服务器租用 IP 地址。通过在网络上部署 DHCP 服务器，可为计算机及其他基于 TCP/IP 的网络设备自动提供有效的 IP 地址及这些设备所需的其他配置参数（称为 DHCP 选项），这些参数允许它们连接到其他网络资源，如 DNS 服务器、WINS 服务器及路由器。

- DNS 服务器：提供了一种将名称与 Internet 数字地址相关联的标准方法。这样，用户就可以使用容易记住的名称代替一长串数字来访问网络计算机。在 Windows 上，可以将 Windows DNS 服务和动态主机配置协议（DHCP）服务集成在一起，这样在将计算机添加到网络时，就无需添加 DNS 记录。

- UDDI 服务：UDDI 服务用于在组织的内部网、外部网上的业务合作伙伴之间以及 Internet 上共享有关 Web 服务的信息。UDDI 服务通过更可靠和可管理的应用程序提高开发人员和 IT 专业人员的工作效率。UDDI 服务通过加大现有开发工作的重复利用，可以避免重复劳动。

- Web 服务器（IIS）：使用 IIS 可以共享 Internet、内部网或外部网上的信息。它是统一的 Web 平台，集成了 IIS 7.0、ASP.NET 和 Windows Communication Foundation。IIS 7.0 还具有安全性增强、诊断简化和委托管理等特点。

- Windows Server Update Services：允许网络管理员指定应安装的微软更新、为不同的更新组创建不同的计算机组，以及获取有关计算机兼容级别和必须安装的更新的报告。

- Windows 部署服务：可以在带有预启动执行环境（PXE）启动 ROM 的计算机上远程安装并配置 Microsoft Windows 操作系统。WdsMgmtMicrosoft 管理控制台（MMC）管理单元可管理 Windows 部署服务的各个方面，实施该管理单元将减少管理开销。Windows 部署服务还可以为最终用户提供与使用 Windows 安装程序相一致的体验。

- 传真服务器：可发送和接收传真，并允许管理这台计算机或网络上的传真资源，例如作业、设置、报告以及传真设备等。

- 打印服务：管理打印服务器和打印机。打印服务器可通过集中打印机管理任务来减少管理工作负荷。

- 网络策略和访问服务：提供了多种方法，可向用户提供本地和远程网络连接及连接网络段，并允许网络管理员集中管理网络访问和客户端健康策略。使用网络访问服务，可以部署 VPN 服务器、拨号服务器、路由器和受 802.11 保护的无线访问，还可以部署 RADIUS 服务器和代理，并使用连接管理器管理工具包来创建允许客户端计算机连接到网络的远程访问配置文件。

- 文件服务：提供了实现存储管理、文件复制、分布式命名空间管理、快速文件搜索和简化的客户端文件访问等技术。

- 应用程序服务器：提供了完整的解决方案，用于托管和管理高性能分布式业务应用程序。诸如.NETFramework、Web 服务器支持、消息队列、COM+、Windows Communication

Foundation 和故障转移群集之类的集成服务有助于在整个应用程序生命周期(从设计与开发直到部署与操作)中提高工作效率。

- 终端服务：所提供的技术允许用户从几乎任何计算设备访问安装在终端服务器上的基于 Windows 的程序，或访问 Windows 桌面本身。用户可连接到终端服务器来运行程序并使用该服务器上的网络资源。
- Hyper-V：Windows Server 虚拟化提供服务，可以使用这些服务创建和管理虚拟机及其资源。每个虚拟机都是一个在独立执行环境中运行的虚拟化计算机系统，这允许同时运行多个操作系统。只能在 64 位的 Windows Server 2008 版本中安装此服务。

2. 添加功能

功能是一些软件程序，这些程序虽然不直接构成角色，但可以支持或增强一个或多个角色的功能，或增强整个服务器的功能，而不管安装了哪些角色。图 2-47 显示了 Windows Server 2008 的所有功能，总共有 35 个服务器功能，相关的功能描述如下。

图 2-47　Windows Server 2008 服务器角色

- .NETFramework 3.0 功能：将.NETFramework 2.0 API 的强大功能与新技术组合在一起，以构建功能强大的应用程序，这些应用程序提供引人注意的用户界面，保护客户的个人标识信息，支持无缝、安全的通信，并提供为一系列业务过程建模的功能。
- BitLocker 驱动器加密：通过加密整个卷并检查早期启动组件的完整性，来帮助保护已丢失、已盗或解除授权不当的计算机上的数据。只有成功验证这些组件且已加密的驱动器位于原始计算机上时，数据才会被解密。完整性检查需要兼容的受信任的平台模块（TPM）。
- BITS 服务器扩展：后台智能传送服务（BITS）服务器扩展允许服务器接收客户端使用 BITS 上载的文件。BITS 允许客户端计算机在前台或后台异步传送文件，保持对其他网络应用程序的响应，并在网络出现故障和计算机重新启动后恢复文件传送。
- HTTP 代理上的 RPC：由通过超文本传输协议（HTTP）接收远程过程调用（RPC）的对象使用。客户端可借助此代理发现这些对象，即使这些对象在服务器之间移动，或者即使它们存在于网络的离散区域中（通常出于安全原因）。
- Internet 存储命名服务器：为 Internet 小型计算机系统接口（iSCSI）存储区域网络提供了

发现服务。Internet 存储命名服务器可以处理注册请求、注销请求，以及来自 Internet 存储命名服务器客户端的查询。

- Internet 打印客户端：使客户端可以使用 Internet 打印协议（IPP）连接和打印到网络或 Internet 上的打印机。

- LPR 端口监视器：Line Printer Remote（LPR）端口监视器使计算机能打印到使用任何 Line Printer Daemon（LPD）服务共享的打印机。LPD 服务通常由基于 UNIX 的计算机和打印机共享的设备使用。

- SAN 存储管理器：存储区域网络可帮助在 SAN 中支持虚拟磁盘服务（VDS）的光纤通道子系统和 iSCSI 磁盘驱动器子系统上创建和管理逻辑单元号（LUN）。

- SMTP 服务器：支持在电子邮件系统之间传送电子邮件。

- SNMP 服务：简单网络管理协议（SNMP）是 Internet 标准协议，用于在管理控制台应用程序（如 HPOpenview、NovellNMS、IBMNetView 或 SunNetManager）和托管实体之间交换管理信息。托管实体可以包括主机、路由器、网桥和集线器。

- Telnet 服务器：允许远程用户（包括那些运行基于 UNIX 的操作系统的用户）执行命令行管理任务并通过使用 Telnet 客户端来运行程序。

- Telnet 客户端：可使用 Telnet 协议连接到远程 Telnet 服务器并运行该服务器上的应用程序。

- TFTP 客户端：普通文件传输协议（TFTP）用于从远程 TFTP 服务器中读取文件，或将文件写入远程 TFTP 服务器。TFTP 主要由嵌入式设备或系统使用，它们可在启动过程中从 TFTP 服务器检索固件、配置信息或系统映像。

- Windows Power Shell：是一种命令行 Shell 和脚本语言，可帮助 IT 专业人员提高工作效率。它提供了新的侧重于管理员的脚本语言和 130 多种标准命令行工具，可使系统管理变得更轻松并可加速实现自动化功能。

- Windows Server Backup 功能：允许对操作系统、应用程序和数据进行备份和恢复。可以将备份安排为每天运行一次或更频繁，并且可以保护整个服务器或特定的卷。

- Windows 进程激活服务：通过删除对 HTTP 的依赖关系，可统一 IIS 进程模型。通过使用非 HTTP 协议，以前只可用于 HTTP 应用程序的 IIS 的所有功能现在都可用于运行 Windows Communication Foundation（WCF）服务的应用程序。IIS7.0 还使用 WAS 通过 HTTP 实现基于消息的激活。

- Windows 内部数据库：Windows 内部数据库是仅可供 Windows 角色和功能（如 UDDI 服务、Active Directory 权限管理服务、Windows 服务器更新服务和 Windows 系统资源管理器）使用的关系型数据存储。

- Windows 系统资源管理器：是 Windows Server 操作系统管理工具，可控制 CPU 和内存资源的分配方式。对资源分配进行管理可提高系统性能并减少应用程序、服务或进程因互相干扰而降低服务器效率和系统响应能力的风险。

- WINS 服务器：提供分布式数据库，为网络上使用的计算机和组提供注册和查询 NetBIOS 名称动态映射的服务。WINS 将 NetBIOS 名称映射到 IP 地址，并可解决在路由环境中解析 NetBIOS 名称引起的问题。

- 对等名称解析协议：允许应用程序通过您的计算机进行注册和解析名称，以使其他计算机可与这些应用程序进行通信。

- 多路径 I/O：Microsoft 多路径 I/O（MPIO）与 Microsoft 设备特定模块（DSM）或第三方 DSM 一起，为 Microsoft Windows 上的存储设备使用多个数据路径提供支持。

- 故障转移群集：允许多台服务器一起工作，以实现服务及应用程序的高可用性。故障转移群集常用于文件和打印服务、数据库和电子邮件应用程序。

- 基于 UNIX 应用程序的子系统：将基于 UNIX 应用程序的子系统（SUA）和 Microsoft 网站可供下载的支持实用程序包一起使用，就能够运行基于 UNIX 的程序，并能在 Windows 环境中编译并运行自定义的基于 UNIX 的应用程序。

- 简单 TCP/IP 服务：支持 CharacterGenerator、Daytime、Discard、Echo 和 QuoteoftheDay 等 TCP/IP 服务。简单 TCP/IP 服务用于向后兼容，只应在需要时进行安装。

- 可移动存储管理器：对可移动介质进行管理和编录，并对自动化可移动介质设备进行操作。

- 连接管理器管理工具包：可生成连接管理器配置文件。

- 网络负载平衡：使用 TCP/IP 网络协议在多台服务器中分配流量。当负载增加时，通过添加其他服务器来确保无状态应用程序（如运行 Internet 信息服务 IIS 的 Web 服务器）可以伸缩，此时网络负载平衡特别有用。

- 无线 LAN 服务：不管计算机是否具有无线适配器，无线 LAN（WLAN）服务都可配置并启动 WLAN 自动配置服务。WLAN 自动配置可枚举无线适配器，并可管理无线连接和无线配置文件，这些配置文件包含配置无线客户端以连接到无线网络所需的设置。

- 消息队列：提供安全可靠的消息传递、高效路由和安全性，以及在应用程序间进行基于优先级的消息传递。消息队列还适用于在下列情况下的应用程序之间进行消息传递：这些应用程序在不同的操作系统上运行，使用不同的网络设施，暂时脱机，或在不同的时间运行。

- 优质 Windows 音频视频体验：是 Internet 协议家庭网络上音频和视频流应用程序的网络平台。通过确保视频应用程序的网络服务质量，增强了视频流的性能和可靠性。它提供了许可控制、运行时监控和强制执行、应用程序反馈以及通信优先级等机制。在 Windows Server 平台上，它只提供流率和优先级服务。

- 远程服务器管理工具：可以从运行 Windows Server 2008 的计算机上对 Windows Server 2003 和 Windows Server 2008 进行远程管理，可以在远程计算机上运行一些角色、角色服务和功能管理工具。

- 远程协助：能让用户（或支持人员）向具有计算机问题或疑问的用户提供协助。远程协助允许用户查看和共享用户桌面的控制权，以解答疑问和修复问题。用户还可以向朋友或同事寻求帮助。

- 桌面体验：包括 Windows Vista 的功能，如 Windows Media Player、桌面主题和照片管理。桌面体验在默认情况下不会启用任何 Windows Vista 功能，必须手动启用它们。

- 组策略管理：可以更方便地了解、部署、管理组策略的实施并解决疑难问题。标准工具是组策略管理控制台（GPMC），这是一种脚本化的 Microsoft 管理控制台（MMC）管理单元，它提供了用于在企业中管理组策略的单一管理工具。

- NFS 服务：网络文件系统（NFS）服务是可作为分布式文件系统的协议，可允许计算机轻松地通过网络访问文件，就像在本地磁盘上访问它们一样。只能在 64 位的 Windows Server 2008 版本中安装此功能；在其他版本的 Windows Server 2008 中，NFS 服务将作为文件服务角色的角色服务。

通常，管理员添加的功能不会作为服务器的主要功能，但可以增强安装的角色的功能。像故障转移集群，是管理员可以在安装了特定的服务器角色后安装的功能（如文件服务），以将冗余添加到文件服务并缩短可能的灾难恢复时间。Windows Server 2008 中的角色和功能，相当于 Windows Server 2003 中的 Windows 组件，其中重要的组件划分为 Windows Server 2008 角色，不太重要的服务和增加服务器的功能被划分为 Windows Server 2008 功能。

3. 启用远程桌面

单击位于"初始配置任务"窗口的"自定义此服务器"区域中的"启用远程桌面"链接，弹出如图 2-42 所示的对话框。在前面"系统属性"对话框里已介绍过，这里不再详述。

4. 配置 Windows 防火墙

单击位于"初始配置任务"窗口的"自定义此服务器"区域中的"配置 Windows 防火墙"链接，弹出如图 2-48 所示的"Windows 防火墙"窗口。单击"更改设置"链接，弹出如图 2-49 所示的"Windows 防火墙设置"对话框，从中可以启用防火墙，也可关闭防火墙。

图 2-48　"Windows 防火墙"窗口

图 2-49　"Windows 防火墙设置"对话框

防火墙可以是软件，也可以是硬件，它能够检查来自 Internet 或网络的信息，然后根据防火墙设置阻止或允许这些信息通过计算机。防火墙有助于防止黑客或恶意软件（如蠕虫）通过网络或 Internet 访问计算机。防火墙还有助于阻止计算机向其他计算机发送恶意软件。

　　　　如图 2-49 所示，如果选择了启用防火墙，也选中了"阻止所有传入连接"复选框，则其他计算机主动访问计算机的请求都将被拒绝，这就相当于计算机在网上隐身了，但并不影响这台计算机访问其他计算机。

2.3.4　其他配置内容

与 Windows Server 2003 等以前版本的服务器操作系统相比，Windows Server 2008 操作界面发生了比较大的变化，其风格类似于 Windows Vista，现简要介绍一些常用的配置。

1. 桌面

第一次进入 Windows Server 2008 系统时，桌面上只有一个"回收站"图标，如"我的电脑"、

"网上邻居"等用户所熟悉的图标都没有显示在桌面上,可以在桌面上添加这些图标以便用户使用,具体的操作步骤为如下。

（1）在桌面空白处单击鼠标右键,在弹出的快捷菜单中选择"个性化"命令,弹出"个性化"窗口,如图 2-50 所示。Windows Server 2008 中的"个性化"窗口类似于 Windows Server 2003 系统中的显示属性窗口,所不同的是,Windows Server 2008 系统中提供更为细致的属性设置分类,能够对系统显示方面进行单独的设置。

（2）在进行桌面图标设置的时候,可以单击图 2-50 所示窗口左上部的"更改桌面图标"链接,并在如图 2-51 所示的对话框中,选择需要在桌面上显示图标的复选框,单击"确定"按钮,返回桌面即可发现桌面上已经出现刚才选取的图标。

图 2-50 "个性化"窗口

图 2-51 "桌面图标设置"对话框

2. 控制面板

Windows Server 2008 需要管理很多软件和硬件,这些管理大多是通过控制面板来完成的,这和以前的 Windows 版本一致。通过"控制面板"可以完成对 Windows 设置的更改,这几乎控制了有关 Windows 外观和工作方式的所有设置。有多种可以打开"控制面板"的方法,最常用的方法是:单击"开始"→"控制面板",打开"控制面板"窗口,如图 2-52 所示。控制面板中有许多图标用来管理系统,如下所示。

- Bluetooth 设备:用于添加蓝牙的无线设备,并进行蓝牙无线设备相关的设置。
- Internet 选项:用于设置 IE 浏览器。
- iSCSI 发起程序:Microsoft 提供的 iSCSI(Internet Small Computer System Interface,Internet 小型计算机系统接口)发起程序,可让 Windows 客户端将以太网卡仿真成 iSCSI 发起器,以便对网络上的 iSCSI 目标设备发起存取需求,建立 iSCSI 联机。
- Windows Updates:检查软件和驱动程序更新,选择自动更新的设置或查看安装的更新,使系统更加稳定和安全。
- Windows 防火墙:设置防火墙安全选项以保护计算机不受黑客和恶意软件的攻击。

图 2-52　控制面板

- 查看 32 位控制面板项：查看并配置 32 位控制面板的设置，Windows Server 2008 把所有 32 位版本的控制面板项都放到了"查看 32 位控制面板项"。
- 程序和功能：用于添加或删除计算机上的程序，例如 Windows Server 2008 的角色和功能等，相当于 Windows Server 2003 下的"添加或删除程序"。
- 打印机：用于安装和设置打印机。
- 电话和调制解调器选项：当 Windows Server 2008 通过拨号上网时，利用该选项可以设置电话的拨号规则、使用哪个调制解调器等。
- 电源选项：用于配置计算机的节能设置。
- 个性化：类似于 Windows Server 2003 系统中的显示属性窗口，所不同的是它提供更为细致的属性设置分类，能够对系统显示方面进行单独的设置。
- 管理工具：是计算机上各种管理工具的集合。在"控制面板"窗口中，双击"管理工具"图标，可以打开"管理工具"窗口。有许多管理工具可以用来对计算机进行配置，管理工具根据所安装的 Windows 程序和服务的不同而不同，将在以后的章节中逐一进行介绍。
- 键盘：用于设置键盘的属性。
- 默认程序：指定打开某种特殊类型的文件（例如音乐文件、图像或网页）时 Windows 所使用的程序。例如，如果在计算机上安装了多个电子邮件客户端软件，可以选择 Outlook 作为默认电子邮件客户端软件。
- 轻松访问中心：对以前 Windows 版本的"辅助功能"进行了升级，更名为"轻松访问中心"。主要针对身体有障碍的用户，用于设置键盘、鼠标和颜色等的特殊用法。
- 区域和语言选项：用于设置计算机使用的语言、数字、货币、日期和时间的显示属性。
- 任务栏和【开始】菜单：自定义任务栏和"开始"菜单，例如要显示的项目的类型以及如何显示。
- 日期和时间：用于设置计算机使用的日期、时间和时区等信息。
- 设备管理器：用来更新硬件设备驱动程序（或软件）、修改硬件设置和解决疑难问题。
- 声音：用于设置计算机的声音方案和使用的音频设备。

- 鼠标：用于设置鼠标的使用参数。
- 索引选项：此选项将直接影响到用户在使用搜索时的效率，加入到索引选项中的文件夹相比未加入索引选项的文件夹，其搜索速度的差异非常大，它可以将搜索的范围大大减小，从而加快搜索速度、减少搜索花费的时间。
- 添加硬件：用于启动硬件安装向导，在计算机上安装新的硬件。
- 脱机文件：通过脱机文件，即使未与网络连接，也可以继续使用网络文件和程序。如果断开与网络的连接或移除便携式计算机，指定为可以脱机使用的共享网络资源的脱机视图与连接到网络时完全相同，可以像往常一样继续工作，对这些文件和文件夹的访问权限与先前连接到网络时相同。当连接状态变化时，"脱机文件"图标将出现在通知区域中，通知区域中会显示一个提示气球，通知这一变化。
- 网络和共享中心：这是 Windows Server 2008 中新增的一个单元组件，利用此组件可以查看到当前网络的连接状况、当前计算机使用的网卡以及各种资源的共享情况。
- 文本到语音转换：更改文本到语音转换和语音识别的设置。
- 文件夹选项：控制着资源管理器中的文件与文件夹的显示，不同用户常常有自己习惯的风格，通过它可以设置适合自己的文件夹选项。
- 问题报告和解决方案：该功能界面显示了 Windows 错误报告中的信息，并且通过 Windows 错误报告与 Internet 进行通信，能与解决方案一起协作，从而可以更方便地联机查找计算机问题的解决方案。
- 系统：用于对计算机系统的各项信息进行配置。
- 颜色管理：用于更改显示器、扫描仪和打印机的高级颜色管理设置。
- 用户账户：用于更改共享计算机的用户的用户账户名和密码等。
- 自动播放：是 Windows 给用户提供的一个方便的功能，当移动设备接入电脑时，它会对这个设备进行扫描，让用户进行选择用何种方式打开，也可以选择以后每次使用相同方式打开同类文件。
- 字体：用于在计算机中安装新的字体或者删除字体。

3. 微软管理控制台

Windows Server 2008 提供了许多管理工具，用户在使用这些管理工具时需要分别去打开。为了使用户能够更加快捷地使用这些工具，微软提供了管理工作台（Microsoft Manager Console，MMC）。通过微软管理工作台，用户可以将常用的管理工具集中到一个窗口界面中，从而通过一个窗口就可以管理不同的管理工具。

MMC 允许用户创建、保存并打开管理工具，这些管理工具可以用来管理硬件、软件和 Windows 系统的网络组件等。MMC 本身并不执行管理功能，它只是集成管理工具而已。使用 MMC 添加到控制台中的主要工具类型称为管理单元，其他可添加的项目包括 ActiveX 控件、网页的链接、文件夹、任务板视图和任务等。

使用 MMC 可以管理本地或远程计算机。例如，可以在计算机上安装 Exchange 2007 的管理工具，然后通过 MMC 管理远程的 Exchange 2007 服务器。当然，也可以在一台普通计算机上，通过安装 Windows Server 2008 的管理工具，实现对服务器的远程管理。

用户可通过添加管理工具的方式来使用 MMC。下面以在 MMC 中添加"计算机管理"和"磁盘管理"这两个管理工具来说明，具体的操作步骤如下所示。

（1）选择"开始"→"运行"，打开"运行"文本框，输入 mmc 命令，打开管理控制台，如图 2-53 所示。

（2）在"控制台"窗口中选择"文件"→"添加/删除管理单元"，然后在打开的"添加或删除管理单元"对话框中，选择需要的"计算机管理"单元，如图 2-54 所示，再单击"添加"按钮。

图 2-53 "控制台"窗口

图 2-54 "添加或删除管理单元"对话框

（3）在打开的"计算机管理"对话框中选择"本地计算机"选项，如图 2-55 所示，再单击"完成"按钮。运用同样的方法添加"磁盘管理"这个管理工具。

（4）管理单元添加完成后自动返回"控制台"窗口，此时可以看到"计算机管理"单元已被添加进来，如图 2-56 所示。如果需要经常使用添加到窗口中的管理单元，可通过"文件""保存"→命令，将此 MMC 保存起来，以后可以直接通过此文件打开这个 MMC。

图 2-55 "计算机管理"对话框

图 2-56 添加了管理单元的"控制台"窗口

MMC 有统一的管理界面。MMC 控制台由分成两个窗格的窗口组成。左侧窗格为控制台树，显示控制台中可以使用的项目；右侧窗格则列出左侧项目的详细信息和有关功能，包括网页、图形、图表、表格和列。每个控制台都有自己的菜单和工具栏，并与主 MMC 窗口的菜单和工具栏分开，从而有利于用户执行任务。每一个管理工具都是一个"精简"的 MMC，即使不使用系统自带的管理工具，通过 MMC 也可以添加所有的管理工具。例如，"管理工具"只列出了一些最常用的命令（或管理工具），要使用其他的管理工具或者管理非本地的计算机，就需要使用 MMC 来添加这些管理工具。在 MMC 中，每一个单独的管理工具称为一个"管理单元"，每一个管理单元完成一个任务。在一个 MMC 中，可以同时添加许多"管理单元"。

2.4 实训——Windows Server 2008 的安装与基本配置

一、实训目标

（1）了解 Windows Server 2008 各种不同的安装方式，能根据不同的情况正确选择不同的方式来安装 Windows Server 2008 操作系统。

（2）熟悉 Windows Server 2008 安装过程以及系统的启动与登录。

（3）掌握 Windows Server 2008 的各项初始配置任务。

二、实训设备

（1）网络环境：已建好的 100Mbit/s 的以太网络，包含交换机（或集线器）、五类（或超五类）UTP 直通线若干、3 台及以上数量的计算机（计算机配置要求 CPU 最低 1.4 GHz 以上，x64 和 x86 系列均有 1 台及以上数量，内存不小于 1024MB，硬盘剩余空间不小于 10GB，有光驱和网卡）。注意：如果不作特殊说明，本书以后出现的"网络环境"都应包括以上条件。

（2）软件：Windows Server 2008 安装光盘，或硬盘中有全部的安装程序。

三、实训内容

在 3 台计算机裸机（即全新硬盘中）中完成下述操作。

（1）进入 3 台计算机的 BIOS，全部设置为从 CD-ROM 上启动系统。

（2）在第 1 台计算机（x86 系列）上，将 Windows Server 2008 安装光盘插入光驱，从 CD-ROM 引导，并开始全新的 Windows Server 2008 安装，要求如下：①安装 Windows Server 2008 企业版，系统分区的大小为 20GB，管理员密码为 Nosadmin2008；②对系统进行如下初始配置：计算机名称 nos – win2008，工作组为"office"；③设置 TCP/IP 协议，其中要求禁用 TCP/IPv6 协议，服务器的 IP 地址为 192.168.1.1，子网掩码为 255.255.255.0，网关设置为 192.168.1.254，DNS 地址为 202.103.0.117、202.103.6.46；④设置计算机虚拟内存为自定义方式，其初始值为 1560MB，最大值为 2130MB；⑤激活 Windows Server 2008，启用 Windows 自动更新；⑥启用远程桌面和防火墙；⑦在微软管理控制台中添加"计算机管理"、"磁盘管理"和"DNS"这 3 个管理单元。

（3）在第 2 台计算机上（x64 系列），将 Windows Server 2008 安装光盘插入光驱，从 CD-ROM 引导，并开始全新的 Windows Server 2008 安装，要求如下：①安装 Windows Server 2008 企业版，系统分区的大小为 20GB，管理员密码为 Nosadmin2008bak；②对系统进行如下初始配置，计算机名称 nos – win2008，工作组为"office"；③设置 TCP/IP 协议，其中要求禁用 TCP/IPv6 协议，服务器的 IP 地址为 192.168.1.10，子网掩码为 255.255.255.0，网关设置为 192.168.1.254，DNS 地址为 202.103.0.117、202.103.6.46；④设置计算机虚拟内存为自定义方式，其初始值为 1560MB，最大值为 2130MB；⑤激活 Windows Server 2008，启用 Windows 自动更新；⑥启用远程桌面和防火墙；⑦在微软管理控制台中添加"计算机管理"、"磁盘管理"和"DNS"这 3 个管理单元。

（4）分别查看第 1 台和第 2 台计算机上的"添中角色"和"添加功能"向导以及控制面板，找出两台计算机中不同的地方。

（5）在第 3 台计算机上（x64 系列），安装 Windows Server Core，系统分区的大小为 20GB，管理员密码为 Nosadmin2008core，并利用 cscript scregedit.wsf /cli 命令，列出 Windows Server Core 中提供的常用命令行。

2.5　习题

一、填空题

（1）Windows Server 2008 只能安装在＿＿＿＿＿＿文件系统的分区中，否则安装过程中会出现错误提示而无法正常安装。

（2）Windows Server 2008 要管理员密码要求必须符合以下条件：①至少 6 个字符；②不包含用户账户名称超过两个以上连续字符；③包含＿＿＿＿＿、小写字母（a～z）、数字（0～9）、＿＿＿＿＿＿＿＿4 组字符中的 3 组。

（3）Windows Server 2008 中的＿＿＿＿＿＿＿＿，相当于 Windows Server 2003 中的 Windows 组件。

（4）Windows Server 2008 安装完成后，为了保证能够长期正常使用，必须和其他版本的 Windows 操作系统一样进行激活，否则只能够试用＿＿＿＿＿＿＿＿。

二、选择题

（1）在 Windows Server 2008 系统中，如果要输入 DOS 命令，则在"运行"文本框中输入（　　）。

　A．CMD　　　　　　B．MMC　　　　　C．AUTOEXE　　　　D．TTY

（2）Windows Server 2008 系统安装时生成的 Documents and Settings、Windows 以及 Windows\System32 文件夹是不能随意更改的，因为它们是（　　）。

　A．Windows 的桌面

　B．Windows 正常运行时所必需的应用软件文件夹

　C．Windows 正常运行时所必需的用户文件夹

　D．Windows 正常运行时所必需的系统文件夹

（3）有一台服务器的操作系统是 Windows Server 2003，文件系统是 NTFS，无任何分区，现要求对该服务进行 Windows Server 2008 的安装，保留原数据，但不保留操作系统，应使用下列（　　）种方法进行安装才能满足需求。

　A．在安装过程中进行全新安装并格式化磁盘

　B．对原操作系统进行升级安装，不格式化磁盘

　C．做成双引导，不格式化磁盘

　D．重新分区并进行全新安装

（4）下面（　　）不是 Windows Server 2008 的新特性。

　A．Active Directory　　B．Server Core　　　C．Power Shell　　　　D．Hyper-V

三、问答题

（1）Windows Server 2008 有哪几个版本？各个版本安装前应注意哪些事项？

（2）如果服务器主要是提供 Web 服务，则在系统性能选项中处理器计划应如何设置？

（3）Windows Server 2008 中角色和功能有什么区别？

（4）Windows Server 2008 中虚拟内存的设置应注意什么？

项目 3

虚拟机技术及应用

项目情境：

如何使用虚拟机构建和模拟网络实验环境？

三峡瑞思信息技术有限公司是一家主要提供计算机网络建设与维护的网络技术服务公司，2009 年计划为湖北三峡职业技术学院信息工程系建设计算机专业的网络实训室，用于向教师和学生提供网络操作系统等课程的实训环境。

由于网络实训室建设资金有限，仅能配置 30 台联想台式机和部分网络设备，很多网络实验环境无法提供，同时有的实验具有一定的破坏性，这使得网络实训室的管理非常麻烦。作为公司的技术人员，你如何设计方案，使其利用现有设备和虚拟机构建和模拟网络实验环境，来满足计算机专业的教师和学生进行网络操作系统实训的需求？

项目描述： 由于很多实验具有破坏性，因此有些网络实验做起来相对比较麻烦，同时也有一些实验需要多台计算机设备，但实验室却不能提供。如果使用虚拟机软件，就可以模拟一些实验环境。本项目讲述了如何使用 VMWare 和 Windows Server 2008 下的 Hyper-V。

项目目标：

- 掌握虚拟机技术相关的基础知识
- 熟悉 VMWare 虚拟机安装与使用技巧
- 掌握 Windows Server 2008 Hyper-V 服务的安装与配置

3.1　知识准备——虚拟机概述

3.1.1　虚拟机基础知识

虚拟机的概念主要有两种，一种是指像 Java 那样提供介于硬件和编译程序之间的软件，另一种是指利用软件"虚拟"出来的一台计算机。本项目所指的虚拟机是指后者。

所谓虚拟机，是指以软件方式，在某种类型的计算机（或其他硬件平台）及操作系统（或相应的软件操作平台）的基础上，模拟出另外一种计算机（或其他硬件平台）及其操作系统（或相应的软件操作平台）的虚拟技术。换言之，虚拟机技术的核心在于"虚拟"二字，虚拟机提供的"计算机"和真正的计算机一样，也包括 CPU、内存、硬盘、光驱、软驱、显卡、声卡、SCSI 卡、USB 接口、PCI 接口、BIOS 等。在虚拟机中可以和真正的计算机一样安装操作系统、应用程序和软件，也可以对外提供服务。

VMWare 和微软公司都提供虚拟机软件（微软公司的虚拟机软件收购自 Connectix 公司）。VMWare 的虚拟机软件包括 Workstation、GSX Server、ESX Server，而微软提供的是 Microsoft Virtual PC 和 Microsoft Virtual Server 虚拟机，同时在 Windows Server 2008 中的 Hyper-V 服务，能够让用户在不使用第三方虚拟化软件的情况下，直接在系统中创建虚拟主机操作系统，这成为 Windows Server 2008 最具有吸引力的特点之一。

虚拟机的主要功能有两个，一是用于生产，二是用于实验。所谓用于生产，主要包括以下方面。

（1）用虚拟机可以组成产品测试中心。通常的产品测试中心都需要大量的、具有不同环境和配置的计算机及网络环境，如有的测试需要 Windows 98、Windows 2000 Server、Windows XP 甚至 Windows Server 2003 的环境，而每个环境例如 Windows XP，又需要 Windows XP（无补丁）、Windows XP 安装 SP1 补丁、Windows XP 安装 SP2 补丁这样的多种环境。如果使用"真正"的计算机进行测试，则需要大量的计算机。而使用虚拟机可以降低企业在这方面的投资而不影响测试的进行。

（2）用虚拟机可以"合并"服务器。许多企业会有多台服务器，但有可能每台服务器的负载比较轻或者服务器总的负载比较轻。这时候就可以使用虚拟机的企业版，在一台服务器上安装多个虚拟机，其中的每台虚拟机都用于代替一台物理的服务器，从而为企业减少投资。

所谓用于实验，就是指用虚拟机可以完成多项单机、网络和不具备真实实验条件、环境的实验。虚拟机可以做多种实验，如下所示。

（1）一些"破坏性"的实验，比如需要对硬盘进行重新分区、格式化，重新安装操作系统等操作。如果在真实的计算机上进行这些实验，可能会产生的问题是，实验后系统不容易恢复，因为在实验过程中计算机上的数据被全部删除了。因此，这样的实验有必要专门占用一台计算机。

（2）一些需要"联网"的实验，例如做 Window Server 2008 联网实验时，需要至少 3 台计算机、一台交换机、三条网线。如果是个人做实验，则不容易找这 3 台计算机；如果是学生上课做实验，以中国高校现有的条件（计算机和场地），也很难实现。而使用虚拟机，可以让学生在"人手一机"的情况下很"轻松"地组建出实验环境。

（3）一些不具备条件的实验，例如 Windows 群集类实验需要"共享"的磁盘阵列柜，而一个最便宜的磁盘阵列柜也需要几万元，如果再加上群集主机，则一个实验环境大约需要十万元以上的投资。如果使用虚拟机，只需要一台配置比较高的计算机就可以了。另外，使用 VMware 虚拟机，还可以实现一些对网络速度、网络状况有要求的实验，例如需要在速度为 64kbit/s 的网络环境中做实验，这在以前是很难实现的，而现在使用 VMware Workstation 6.5 的 Team 功能，则很容易实现从 28.8kbit/s～100Mbit/s 之间各种网络速度的实验环境。

在学习虚拟机软件之前，需要首先了解一些基本的名词和概念。

- 主机和主机操作系统：安装 VMWare Workstation（或其他虚拟机软件如 Virtual PC，下同）软件的物理计算机称作"主机"，它的操作系统称作"主机操作系统"。
- 虚拟机：使用 VMWare Workstation（或其他虚拟机软件）软件，由 VMWare Workstation "虚拟"出来的一台计算机。这台虚拟的计算机符合 x86 PC 标准，也有自己的 CPU、硬盘、光驱、软驱、内存、网卡、声卡等一系列设备。尽管这些设备是由软件"虚拟"出来的，但是，在操作系统与应用程序看来，这些"虚拟"出来的设备也是标准的计算机硬件设备，也会把这些虚拟出来的硬件设备当成真正的硬件来使用。虚拟机在 VMWare Workstation 的窗口中运行，用户可以在虚拟机中安装操作系统及软件，如 Linux、MS-DOS、Windows、NetWare 及 Office、VB、VC 等。
- 客户机系统：在一台虚拟机内部运行的操作系统称为"客户机操作系统"或者"客户操作系统"。
- 虚拟机硬盘：由 VMWare Workstation（或其他虚拟机）在主机硬盘上创建的一个文件，在虚拟机中"看成"一个标准硬盘来使用。VMWare 虚拟机可以直接使用主机物理硬盘来做虚拟机使用的硬盘。Microsoft Virtual Server 2005 也具有这项功能，而目前的 Microsoft Virtual PC 不能使用物理硬盘。
- 虚拟机内存：由 VMWare Workstation（或其他虚拟机）在主机中提供的一段物理内存，这段物理内存被作为虚拟机的内存。
- 虚拟机配置：配置虚拟机的硬盘（接口、大小）、内存（大小）、是否使用声卡、网卡的连接方式等。
- 虚拟机配置文件：记录 VMWare Workstation（或其他虚拟机）创建的某一个虚拟机的硬件配置、虚拟机的运行状况等的文本文件，与虚拟机的硬盘文件等保存在同一个目录中。
- 休眠：计算机在关闭前首先将内存中的信息存入硬盘的一种状态。将计算机从休眠中唤醒时，所有打开的应用程序和文档都会恢复到桌面上。

3.1.2　VMWare 虚拟机简介

VMWare 虚拟机是 VMWare 公司开发的专业虚拟机软件，分为面向客户机的 VMWare Workstation 及面向服务器的 VMWare GSX Server、VMWare ESX Server（这里将主要向读者介绍 VMWare Workstation，在以下的项目中如果没有特殊说明，所说的 VMWare 即是 VMWare Workstation）。截至目前为止，VMWare 虚拟机软件的最高版本是 VMWare 6.5。

VMWare 虚拟机拥有 VMWare 公司自主研发的 Virtualization Layer（虚拟层）技术，它可以将真实计算机的物理硬件设备完全映射为虚拟的计算机设备，在硬件仿真度及稳定性方面做得非常出色。此外，VMWare 虚拟机提供了独特的 Snapshot（还原点）功能，可以在 VMWare 虚拟机运行的时候随时使用 Snapshot 功能将 VMWare 虚拟机的运行状态保存为还原点，以便在任何时候迅速恢复 VMWare 虚拟机的运行状态，这个功能非常类似于某些游戏软件提供的即时保存游戏进度功能。而且，通过 VMWare 虚拟机提供的 VMWare Tools 组件，可以在 VMWare 虚拟机与真实的计算机之间实现鼠标箭头的切换、文件的拖曳及复制粘贴等，操作非常方便。

在支持的操作系统类型方面，VMWare 虚拟机可以支持的操作系统的种类比 Virtual PC 虚拟机更为丰富。VMWare 虚拟机软件本身可以安装在 Windows 2000/XP/Server 2003、Windows Vista 或 Linux 中，并支持在虚拟机中安装 Microsoft Windows 全系列操作系统、MS-DOS 操作系统、Red Hat、SUSE、Mandrake、Turbo 等诸多版本的 Linux 操作系统、Novell Netware 操作系统及 Sun Solaris 操作系统。

此外，VMWare 虚拟机相比 Virtual PC 虚拟机的另一显著特点是其强大的虚拟网络功能。VMWare 虚拟机提供了对虚拟交换机、虚拟网桥、虚拟网卡、NAT 设备及 DHCP 服务器等一系列网络组件的支持，并且提供了 Bridged Network、Host-only Network 及 NAT 3 种虚拟的网络模式。通过 VMWare 虚拟机，可以在一台计算机中模拟出非常完整的虚拟计算机网络。然而，VMWare 虚拟机将为 Windows 安装两块虚拟网卡及 3 个系统服务，同时还会常驻三个进程，因此会为 Windows 带来一些额外的运行负担。

VMWare 可以支持配备有双 CPU 的宿主机，并且可以在虚拟机中有效地发挥出双 CPU 的性能优势，而 Virtual PC 虽然可以在配备有双 CPU 的宿主机中安装，但却只能利用双 CPU 中的其中一颗 CPU。此外，当在 VMWare 中建立了新的虚拟机，并为虚拟机设置了虚拟硬盘后，VMWare 将在宿主机的物理硬盘中生成一个虚拟硬盘镜像文件，其扩展为.VMDK，这是 VMWare 专用的虚拟硬盘镜像文件的格式。在 VMWare 中对虚拟硬盘做的任何修改，实际都是以间接的方法在宿主机中对.VMDK 镜像文件进行修改。

VMWare 本身对计算机硬件配置的要求不高，凡是能够流畅地运行 Windows 2000/XP/Server 2003/Vista/Server 2008 的计算机基本都可以安装运行 VMWare。然而，VMWare 对计算机硬件配置的需求并不仅限于将 VMWare 在宿主操作系统中运行起来，还要考虑计算机硬件配置能否满足每一台虚拟机及虚拟操作系统的需求。宿主机的物理硬件配置直接决定了 VMWare 的硬件配置水平，宿主机的物理硬件配置水平越高，能够分配给 VMWare 的虚拟硬件配置就越强，能够同时启动的虚拟机也就越多，建议在实验环境中使用较高档次配置的宿主机。

总的来说，VMWare 对 CPU、内存、硬盘、显示分辨率等方面要求较高。最好为宿主机配备并行处理能力较强、二级缓存容量较大的 CPU，以便使虚拟机达到最佳运行效果；最好为宿主机配备较大容量的物理内存与物理硬盘，以便可以为虚拟机分配更多的内存空间与硬盘空间；最好为宿主机配备支持高分辨率的显卡与显示器，以便尽可能完整地、更多地显示虚拟机窗口。

3.1.3 Virtual PC 虚拟机简介

Virtual PC 虚拟机原来是由 Connectix 公司开发的虚拟机软件，其最初的设计目的是用在苹果（Mac）计算机中，为苹果计算机提供一个模拟的 Windows 平台，以便兼容 Windows 平台应用软件。2003 年 2 月 19 日，微软出于加强 Windows 向下兼容性的考虑收购了 Virtual PC，从此 Virtual PC 虚拟机更名为 Microsoft Virtual PC。截至现在，Microsoft Virtual PC 虚拟机的最高版本是 Microsoft Virtual PC 2007。此外 Virtual PC 虚拟机还拥有专门面向服务器的版本 Microsoft Virtual Server。

Virtual PC 虚拟机支持最大 4GB 物理内存、最多 4 个虚拟的网络适配器、3 种类型的虚拟硬盘镜像文件、XMLST 格式的虚拟机配置文件，并提供了 Virtual Machine Additions 附加功能组件。在支持的操作系统类型方面，Virtual PC 虚拟机软件本身可以安装在 Windows XP、Windows Server 2003 或 Windows Vista 中，并支持在虚拟机中安装 Microsoft Windows 全系统操作系统、MS-DOS 操作系统及 OS/2 操作系统。

总的来说，Virtual PC 虚拟机的特点在于其较快的运行速度以及较小的资源占用率，但在稳定性及虚拟网络功能方面略逊 VMWare 一筹。

3.1.4 Hyper–V 虚拟化技术简介

Hyper-V 是 Windows Server 2008 中的一个角色，提供可用来创建虚拟化服务器的计算环境，它能够让用户不使用 VMWare、Virtual PC 等第三方虚拟化软件的情况下，直接在系统中创建虚拟操作系统。例如，主机操作系统是 Windows Server 2008，而虚拟机系统运行的则是 Windows Vista 或是 Windows Server 2003，这对从事网络研究和开发的用户来说无疑是非常强大的功能。

和 VMWare、Virtual PC 等第三方虚拟化软件相比，Windows Server 2008 中的 Hyper-V 虚拟化技术对计算机系统要求较高，一套完整的 Hyper-V 虚拟化技术方案需要系统在硬件和软件两方面的支持。

1. 虚拟化技术的硬件要求

在 Windows Server 2008 中使用 Hyper-V 虚拟化技术时，对硬件系统方面的要求比较高，除了硬盘要有足够可用空间创建虚拟系统，内存足够大以便流畅运行系统之外，CPU 和主板等方面也有一定的要求。Windows Server 2008 虚拟化需要特定的 CPU，只有满足以下特征的 CPU 才可以支持 Hyper-V 虚拟化技术。

- 指令集能够支持 64 位×86 扩展。
- 硬件辅助虚拟化，需要具有虚拟化选项的特定 CPU，也就是包含 Intel VT（Vanderpool Technology）或者 AMD Virtualization（AMD-V，代号"Pacifica"）功能的 CPU。
- 安全特征需要支持数据执行保护（DEP），如果 CPU 支持，则系统会自动开启。

和 CPU 相比，Hyper-V 对主板要求并不太高，只要确保主板支持硬件虚拟化即可，用户可以通过查阅主板说明书或者登录厂商的官方网站进行查询。一般说来，从 P35 芯片组开始，所有的主板都支持硬件虚拟化技术，因此只要主板型号不太陈旧就应该支持 Hyper-V 技术。

　　对于大部分用户来说，可能并不知道自己计算机的 CPU 是否满足 Hyper-V 技术的要求，此时可以借助 EVEREST Corporate Edition 软件来查看 CPU 是否符号要求。从 http://js.newhua.com/down/everestcorporate450.zip 地址链接下载 EVEREST Corporate Edition。该软件无需安装，可以直接运行。然后依次单击展开左侧"主板"→"CPUID"选项，此时可以在右侧窗口具体信息中查看"指令集"部分的"64 位×86 扩展（AMD64，Inter64）"是否支持，如图 3-1 所示。在"安全特征"部分查看"数据执行保护（DEP）（DEP，NX，EDB）"项目是否支持，在"CPUID 特征"部分查看"Virtual Machine Extensions（Vanderpool）"项目是否支持。通过这 3 个步骤可得知计算机的 CPU 是否支持 Hyper-V 技术。

2. 虚拟化技术的软件要求

虽然 Windows Server 2008 有多个版本，但是并不是每个版本的 Windows Server 2008 都支持 Hyper-V 技术，只有 64 位版本的 Windows Server 2008 标准版、企业版和数据中心版才能安装使用 Hyper-V 服务。如果用户需要使用 Hyper-V，那么在安装操作系统的时候一定要选择正确的版本。

图 3-1 查看支持 "64 位 × 86 扩展（AMD64，Inter64）"指令集

3.2 任务 1——VMWare 虚拟机的安装与使用

【任务描述】

在开始使用 VMWare 之前，首先需要将 VMWare 安装在宿主操作系统中，然后用户可像使用普通机器一样对它们进行分区、格式化、安装系统和应用软件等操作，还可以将这几个操作系统联成一个网络。虚拟机软件不需要重新开机，就能在同一台计算机上同时使用几个操作系统，不但方便，而且安全，同时虚拟机崩溃之后可直接删除而不影响本机系统，本机系统崩溃后也不影响虚拟系统，可以下次重启后再加入以前做的虚拟系统。

【任务目标】

掌握在 VMWare 虚拟机软件中安装、建立、管理与配置各种操作系统，以及 VMWare 的一些高级应用技巧。

在开始使用 VMWare 之前，首先需要将 VMWare 安装在宿主操作系统中。VMWare 分为 Windows 与 Linux 两种发行版本，分别面向 Windows 与 Linux 两种不同的宿主操作系统。本项目如没有特别说明，所介绍的 VMWare 都是指 VMWare 的 Windows 版本。Windows 版本的 VMWare 可以安装在 Windows 2000/XP/Server 2003/Vista/Server 2008 中，但不支持 Windows 9X/ME。在安装 VMWare 之前，请确认已经在计算机中安装好了 Windows 2000/XP/Server 2003/Vista/Server 2008 等操作系统。

3.2.1 VMWare 虚拟机的安装

面向客户机的 VMWare Workstation 工作站版是一款商业软件，需要购买 VMWare 的产品使用授权。如果不具备产品使用授权，VMWare 只能免费试用 30 天，不过在 30 天试用期内 VMWare

的功能不会受到限制。在 VMWare 官方网站可以下载 VMWare Workstation 6.5 for Windows 安装程序，由于目前还没有正式的中文版，用户可以去下载相关的汉化补丁以方便使用。以在 Windows XP 系统中安装 VMWare Workstation 6.5 为例，其安装的具体步骤如下。

（1）在宿主操作系统 Windows XP 中直接运行 VMWare 6.5 的安装程序，这时将出现如图 3-2 所示的 VMWare 6.5 安装向导的窗口。

（2）在"安装向导"窗口中用鼠标单击 Next 按钮，进入"安装类型"窗口，在此可以选择安装方式，如图 3-3 所示，系统提供"Typical"和"Custom"两种选项。

图 3-2 "安装向导"窗口

图 3-3 "安装类型"窗口

- "Typical"（典型安装）方式：按照 VMWare 6.5 的默认设置安装 VMWare。
- "Custom"（自定义安装）方式：允许以用户自定义的设置安装 VMWare，例如系统可以自行设置安装 VMWare 的哪些组件、自定义 VMWare 的安装文件夹等，一般建议选择"Custom"方式。

（3）选择"Custom"安装方式，单击"Next"按钮，进入"Custom Setup"窗口，如图 3-4 所示，在此设置安装的相关组件，并可以单击"Change"按钮，更改默认的安装文件夹。

（4）自定义安装相关的组件之后，单击 Next 按钮，进入 Configure Shortcuts 窗口，如图 3-5 所示。在此可以选择运行此软件的快捷方式，例如桌面、开始菜单以及快速启动工具栏。

（5）在 Configure Shortcuts 窗口中单击 Next 按钮，VMWare 6.5 即可开始执行复制文件、更新 Windows 注册表等操作，如图 3-6 所示。

（6）接下来的操作比较简单，输入软件的序列号后就完成了 VMWare 6.5 软件的安装。为了使 VMWare 6.5 安装程序能够运行，还必须重新启动 Windows XP，以便更新 Windows XP 的硬件配置信息。同时还可以安装 VMWare Workstation 6.5 的汉化补丁，这样使用起来更加方便。

　　　　VMWare 安装程序还会在宿主操作系统 Windows XP 安装两块虚拟网卡，分别为"VMWare Virtual Ethernet Adapter for VMnet1"和"VMWare Virtual Ethernet Adapter for VMnet8"。当完成安装并重新启动计算机后，在"网络连接"里即可看到这两块虚拟网卡，如图 3-7 所示。这两块虚拟网卡非常重要，不要禁用或删除，否则会影响虚拟机正常运行。

项目3 虚拟机技术及应用

图 3-4 "自定义安装" 窗口

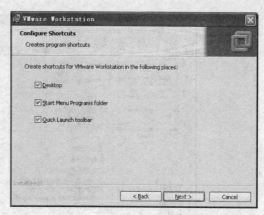

图 3-5 Configure Shortcuts 窗口

图 3-6 软件安装窗口

图 3-7 网卡与虚拟网卡

3.2.2 VMWare 建立、管理与配置虚拟机

在 Windows XP 的"开始"菜单中执行"VMWare Workstation"快捷方式，启动 VMWare，其程序主界面如图 3-8 所示。

VMWare 的基本操作并不是很复杂，只要清楚工具栏各个按钮的具体含义即可，这里限于篇幅不进行讲解，主要介绍如何在 VMWare 虚拟机中建立、管理和配置虚拟机。

1. 在 VMWare 中建立虚拟机

具体的操作步骤如下所示。

（1）用鼠标依次选择 VMWare 菜单栏中的"File"→"New"→"Virtual Machine"菜单，弹出 Welcome to the New Virtual Machine Wizard 窗口，如图 3-9 所示。

（2）在 Welcome to the New Virtual Machine Wizard 窗口中提供了"Typical"和"Custom"两种类型的配置选项，"Typical"选项将按照系统的默认设置建立虚拟机，提供的选项比较少；而"Custom"选项允许以自定义的方式建立虚拟机，提供的选项较为丰富。建议选择"Custom"选项，然后单击 Next 按钮，这时将出现如图 3-10 所示的窗口。这个窗口提示我们指定 VMWare 的硬件兼容版本，并且提供了"VMWare 6.5"、"VMWare 6"、"VMWare 5"、"VMWare 4" 4 个选项。

55

图 3-8 VMWare 主程序界面

图 3-9 Welcome to the New Virtual Machine Wizard 窗口

图 3-10 "虚拟机硬件兼容性"窗口

由于VMWare先后经历了若干个版本的发展,不同版本的VMWare建立的虚拟机,其版本也有所不同。VMWare版本越高,其建立的虚拟机的虚拟硬件配置也就越高,虚拟机的功能也越强大。但由于VMWare只具有向下兼容性,不具备向上兼容性,因此高版本的VMWare建立的虚拟机只能在高版本的VMWare中使用,而不能在低版本的VMWare中使用。

（3）为新虚拟机选择了硬件兼容版本后，单击 Next 按钮，将出现"Guest Operating System Installation"窗口，如图 3-11 所示。在此窗口中指定源安装文件的位置。可以是"Installer disk"，指定放有安装光盘驱动器的盘符；也可以是"Installer disk image file（ISO）"，指定安装映像文件.ISO 的位置；还可以创建一个虚拟空白硬盘，以后再来安装操作系统。

（4）单击 Next 按钮，进入 Easy Install Information 窗口，如图 3-12 所示。该窗口主要是用于

安装系统时设置的一些信息，例如序列号和用户的名称及密码等。

图 3-11　Guest Operating System Installation 窗口

图 3-12　Easy Install Information 窗口

（5）单击 Next 按钮，进入 Name the Virtual Machine 窗口，如图 3-13 所示。可以设置新虚拟机在 VMWare 列表中的显示名称，以及.VMX 虚拟机配置文件的所在位置。

（6）单击 Next 铵钮，进入 Processor Configuration 窗口，如图 3-14 所示，提示为新虚拟机设置单 CPU 还是双 CPU。如果宿主机配置有两个 CPU，可以选择"Two"，以便在虚拟机中充分发挥双 CPU 的性能，如果宿主机只配备了单 CPU，选择"One"即可。

图 3-13　Name the Virtual Machine 窗口

图 3-14　Processor Configuration 窗口

（7）在 Processor Configuration 窗口中单击 Next 按钮，进入 Memory for the Virtual Machine 窗口，如图 3-15 所示。这个窗口提示为新虚拟机指定虚拟机的内存容量。VMWare 提供了一个表示虚拟机内存容量的数轴，只需用鼠标拖动数轴上的滑块，为虚拟机指定需要的内存容量即可。根据选择的虚拟操作系统类型，提供这个虚拟操作系统所需的最小内存容量、推荐的内存容量以及推荐的最大内存容量 3 个数值以供参考，并在数轴上分别用黄色、绿色及蓝色的箭头标识。

为 VMWare 指定虚拟机内存容量时，可以不用将虚拟机的内存容量设置为 2MB 的整数次方倍，例如 256MB、512MB 等，而是根据自己的实际需要随意分配任意容量的内存。不过，VMWare 要求虚拟机内存容量必须是 4MB 的整数倍。因此，可以将 VMWare 的内存容量设置为 256MB、360MB、400MB 等数值，但不能设置为 255MB、357MB 等数值。

（8）在 Memory for the Virtual Machine 窗口中单击 Next 按钮，进入 Network Type 窗口，如图 3-16 所示。VMWare 提供了 4 种不同的虚拟网络适配器类型，如下所示。

图 3-15　Memory for the Virtual Machine 窗口　　　图 3-16　Network Type 窗口

- Use bridged networking：适合位于局域网环境的宿主机使用，可以在 VMWare 中通过 Bridged Networking 桥接式网络适配器与宿主机所在的局域网建立网络连接。这样，VMWare 就可以像宿主机一样，与局域网中的其他计算机彼此相互访问了。使用 Bridged Networking 桥接式网络适配器要求虚拟机与宿主机处于同一个网段，换言之，虚拟机必须在局域网中拥有合法的网络标识。如果宿主机所在的局域网具有 DHCP 服务器，VMWare 就可以自动获取合法的 IP 地址及默认网关、DNS 服务器等网络参数，也可为其手动分配 IP 地址。此时虚拟机相当于网络上的一台独立计算机，与主机一样，拥有一个独立的 IP 地址。

- Use network address translation（NAT）：它适合使用拨号或虚拟拨号方式连接 Internet 的宿主机使用。Use network address translation（NAT）网络适配器无须在外部网络中获取合法的网络标识，VMWare 将在宿主操作系统中添加一个叫做"VMWare DHCP"的服务，通过这个服务建立一个私有 NAT 网络，帮助虚拟机获取 IP 地址。此时虚拟机可以通过主机单向访问网络上的其他工作站（包括 Internet 网络），但其他工作站不能访问虚拟机。

- Use host-only network：可以将多台不同的 VMWare 与宿主机组成一个与外部网络完全隔绝的 VMWare 的专用网络，虚拟机与宿主机将把 VMWare 在宿主操作系统中安装的 VMWare Ethernet Adapter for VMnet1 虚拟网卡设置为 host-only（仅宿主式）网络的虚拟交换机，无论是虚拟机还是宿主机都将通过 VMWare 在宿主操作系统中添加"VMWare DHCP"服务获取 IP 地址。此时虚拟机只能与虚拟机、主机互连，不能访问网络上的其他工作站。

- Do not use a network connection：表示不为 VMWare 配置任何虚拟网络连接，此时虚拟机

中没有网卡，相当于"单机"使用。

（9）在 Network Type 窗口中单击 Next 按钮，进入 Select I/O Adapter Types 窗口，如图 3-17 所示。在此窗口中设置 I/O 适配器的类型，建议选择系统的默认值。

（10）在 Select I/O Adapter Types 窗口中单击 Next 按钮，进入 Select a Disk 窗口，如图 3-18 所示。在此窗口中设置虚拟硬盘，其实也就是为虚拟机设置.VMDK 虚拟硬盘镜像文件的过程，有 3 个选项，分别如下。

图 3-17　Select I/O Adapter Types 窗口

图 3-18　Select a Disk 窗口

- Create a new virtual disk：建立新的.VMDK 虚拟硬盘镜像文件，一般建议新用户选择此项。
- Use an existing virtual disk：如果已经有一个现成的.VMDK 虚拟硬盘镜像文件，只需要在弹出的对话框中指定.VMDK 虚拟镜像文件的名称及所在位置即可，这可以省去大量重复安装虚拟机操作系统的时间。
- Use a physical disk(for advanced users)：此选项允许将虚拟硬盘链接到宿主机的物理硬盘。由于链接到物理硬盘可以直接访问位于宿主机物理硬盘的数据，这容易对宿主机物理硬盘中的数据造成破坏，所以一般不推荐选择这个选项。

（11）在 Select a Disk 窗口中单击 Next 按钮，进入 Select a Disk Type 窗口，如图 3-19 所示。在此窗口中设置将虚拟硬盘设置为虚拟 IDE 硬盘或 SCSI 硬盘，这是 VMWare 一个独特的功能。

（12）在 Select a Disk Type 窗口中单击 Next 按钮，进入 Specify Disk Capacity 窗口，如图 3-20 所示。在此窗口中指定虚拟硬盘的容量，输入容量数值即可。此对话框还提供了 3 个选项，分别如下。

- Allocate all disk space now：此复选框表示将按照"Maximum disk size"中指定的大小从主机硬盘分配空间作为虚拟机硬盘。该复选框只有在做"群集"系统实验中的"仲裁磁盘"或者"共享磁盘"时才用到，如果想提高虚拟机的硬盘性能，也可以选中此选项。
- Store virtual disk as a single files：此选项表示将根据指定的虚拟硬盘容量，在主机上创建一个单独的文件。
- Split virtual disk into 2 GB files：如果虚拟机硬盘保存在 FAT32 或者 FAT 分区中，此选项表示每 2GB 的虚拟硬盘空间将会在主机上创建一个文件，例如创建 8GB 虚拟硬盘，则会在主机上创建 4 个文件；如果设置为 160GB 大小，则创建 80 个文件。如果工作目录为 NTFS 分区时，不需要选中该选项。

图 3-19　Select a Disk Type 窗口　　　　图 3-20　Specify Disk Capacity 窗口

在指定虚拟机硬盘容量时，最好指定"大"一点的虚拟硬盘，在虚拟机没有使用时，占用的主机硬盘空间不会太大。如果创建的虚拟硬盘太小，当以后实验过程中不够用时，则还需要使用工具进行调整，这非常不方便。在没有选中 Allocate all disk space now 复选框时，不管创建多大的硬盘，在主机上都将占用很少的空间，实际占用硬盘空间将随着虚拟机的使用而增加。VMWare Workstation 6.5 支持 0.1GB～950GB 之间任意大小的虚拟机硬盘。

（13）在 Specify Disk Capacity 窗口中单击 Next 按钮，进入 Specify Disk File 窗口，如图 3-21 所示。在此窗口中指定虚拟镜像文件的名称及所在位置，可以用鼠标单击 Browse 按钮进行设置。

（14）在 Specify Disk File 窗口中单击 Next 按钮，进入 Ready to Create Virtual Machine 窗口，如图 3-22 所示。此窗口提示需要为新虚拟机安装虚拟操作系统及 VMWare Tools 组件，并列举出前面所有步骤中虚拟机相关的配置。可以单击 Customize Hardware 按钮，再次对虚拟机的相关配置进行修改。选择 Power on this virtual machine after creation 复选框，在完成新虚拟机的向导配置后，返回到 VMWare 的主程序界面时，会自动接通虚拟机的电源启动刚刚配置好的虚拟机。

2. 在 VMWare 虚拟机中安装系统

在 VMWare 虚拟机中建立好新的虚拟机之后，接下来就可以启动 VMWare，在虚拟机中可以安装各种操作系统。在此以安装 Windows Server 2008 为例，具体的操作步骤如下所示。

（1）选择刚建立好的虚拟机"Windows Server 2008"，然后单击工具栏上的"开机"按钮，启动虚拟机系统，出现系统开机自检画面，如图 3-23 所示。

（2）如果需要在虚拟机调整一下虚拟机的启动顺序，可以将虚拟机设置为优先从光驱启动，在 VMWare 出现开机自检画面时按下键盘上的"F2"键，即可进入 VMWare 的虚拟主板 BIOS 设置。

（3）在 VMWare 的虚拟机主板 BIOS 设置中切换到 BOOT 菜单，将"CD-ROM Drive"设置为优先启动的设备即可，如图 3-24 所示。

图 3-21 "指定磁盘文件"窗口

图 3-22 "准备创建虚拟机"窗口

图 3-23 虚拟机开机自检画面

图 3-24 虚拟机 BIOS 启动设置

（4）再次启动 VMWare 时，VMWare 即可优先从虚拟机光驱启动，由于之前在设置中将 ISO 光盘镜像文件设置为虚拟机的光驱，所以 VMWare 启动之后即可自动加载该镜像文件，虚拟机窗口也将出现 Windows Server 2008 安装界面，如图 3-25 所示。

（5）Windows Server 2008 在虚拟机的安装和前面章节介绍的安装没有区别。经过重新启动，安装程序全部运行完毕之后，就可以在虚拟机里运行 Windows Server 2008。

> 在虚拟机下登录系统和在正常的系统下登录还是有所区别，在虚拟机操作界面中依次选择 VMWare 菜单栏中的"VM"→"Send Ctrl+Del+Alt"菜单，即可输入用户名和密码登录到虚拟机下的 Windows Server 2008 系统，如图 3-26 所示，也可以使用 Ctrl+Alt+Insert 组合键登录。

3. 安装、使用 VMWare Tools 组件

VMWare Tools 组件是 VMWare 专门为虚拟操作系统准备的附加功能模块组件，将使虚拟操作系统"了解"到自己的"身份"是虚拟操作系统，而且只有安装了 VMWare Tools 组件后，方可在 VMWare 中实现一些特殊的功能。

图 3-25　虚拟机启动安装操作系统界面

图 3-26　虚拟机运行操作系统界面

VMWare Tools 组件的功能主要体现在以下几个方面。

● 虚拟硬件设备驱动程序支持：VMWare Tools 组件为虚拟操作系统提供了完整的虚拟硬件设备驱动程序支持，使我们可以为那些无法被虚拟操作系统自行识别的虚拟硬件设备安装驱动程序。特别是 VMWare 模拟的虚拟显卡 VMWare SVGA Ⅱ，必须安装 VMWare

Tools 组件提供的专用显示驱动程序后。才可以被虚拟操作系统正确识别。

- 日期与时间同步：VMWare Tools 组件在虚拟机与宿主机之间提供了同步日期与时间的功能，免除了必须为虚拟机单独设置日期与时间的烦恼。
- 自动切换鼠标箭头：VMWare 存在着虚拟机窗口与宿主操作系统之间切换键盘鼠标操作对象的问题。我们希望将鼠标箭头移动到 VMWare 的窗口范围之内时，单击一下鼠标左键，即可将键盘鼠标的操作切换为对虚拟机生效。安装有 VMWare Tools 组件后，即可自动将键盘鼠标的操作切换对虚拟机生效。
- 虚拟硬盘压缩：VMWare Tools 组件提供了虚拟硬盘压缩功能，可以通过它对 .VMDK 虚拟硬盘镜像文件进行压缩，以便节省宿主机物理硬盘的可用空间。

虚拟操作系统安装 VMWare Tools 组件的步骤如下所示。

（1）首先启动 VMWare，加载虚拟操作系统。VMWare Tools 组件的安装程序通常保存在 "windows.iso" 光盘镜像文件里面，存放于 "C:\Program Files\VMWare\VMWare Workstation\" 目录下。VMWare Tools 组件一共提供了 Windows、Linux、FreeBSD、Netware 等 4 种不同版本的安装程序，分别适用于不同的虚拟操作系统。将这个 .ISO 光盘镜像文件暂时设置为虚拟机光驱，然后加载 .ISO 光盘镜像文件，如图 3-27 所示。

图 3-27　加载 VMWare Tools 组件光盘镜像文件

（2）双击虚拟机里操作系统的光盘驱动器，将会自动安装 VMWare Tools 组件。安装过程很简单，只需用鼠标依次单击 Next 按钮即可。VMWare Tools 组件安装程序运行完毕后将提示重新启动虚拟操作系统 Windows Server 2008。重新启动之后，VMWare Tools 组件的安装操作即告完成。VMWare Tools 组件还将为虚拟操作系统的控制面板添加一个叫做 "VMWare Tools" 的控制面板选项，同时会在虚拟操作系统的任务栏通知区域显示 VMWare Tools 的图标，以便在虚拟操作系统中随时调整 VMWare Tools 组件的相关设置，如图 3-28 所示。

图 3-28　调整 VMWare Tools 组件的设置

3.2.3　VMWare 虚拟机的高级应用技巧

本节主要介绍 VMWare 的一些高级应用技巧。这些技巧可以用来更加方便地使用虚拟机，更好地管理虚拟机的相关资源。

1．为 VMWare 虚拟机设置 Snapshot 还原点

如果需要在 VMWare 中使用 Snapshot 还原点功能将某台虚拟机的运行状态保存为还原点，可以在虚拟机正在运行的时候，用鼠标单击 VMWare 主程序界面工具栏中的 Take Snapshot of Virtual Machine（为虚拟机保存还原点）按钮，或者用鼠标依次选择 VMWare 主程序界面菜单栏中的"VM"→"Snapshot"→"Take Snapshot"菜单项，这时 VMWare 将弹出 Take Snapshot 对话框，提示输入还原点的名称及备注信息，如图 3-29 所示。

在这个对话框的 Name 文本框中输入还原点的名称，然后在 Description 文本框中输入还原点的备注信息（备注信息可以为空），最后单击 OK 按钮即可。

图 3-29　Take Snapshot 对话框

Snapshot 还原点是 VMWare 的一个特色功能，它可以将 VMWare 中的虚拟操作系统及应用软件的运行状态保存为还原点，以便随时重新加载以前保存的还原点，将 VMWare 还原到之前的运行状态。Snapshot 还原点功能与某些游戏软件提供的即时保存游戏进度的功能非常相似，例如在某游戏软件中，假设运行到游戏的第 4 关时保存了游戏进度，那么即使重新启动了游戏，或者在游戏中进入了其他的关卡后，也可以随时加载之前保存的游戏进度，返回到第 4 关。VMWare 的 Snapshot 还原点功能也可以实现类似的功能，假设在 VMWare 中安装了 Windows Server 2008，并为虚拟机保存

了 Snapshot 还原点，那么即使在虚拟机中删除了 Windows Server 2008，只要为虚拟机重新加载之前保存的还原点，就可以立即恢复已删除的虚拟操作系统 Windows Server 2008。同样都是保存虚拟机的运行状态，VMWare 的 Snapshot（还原点功能）与 Suspend（挂起功能）有什么不同呢？

两者的区别主要体现在以下两个方面。

首先，Suspend（挂起功能）只是 VMWare 的一种关机方式，当在某台正在运行的虚拟机中执行了 Suspend 挂起操作后，这台虚拟机就会停止运行，虚拟机的运行状态也将被自动保存，只有重新启动这台虚拟机后，才可以将虚拟机恢复为先前的运行状态；Snapshot（还原点功能）则可以随时保存或者恢复还原点，即使为正在运行的虚拟机保存了还原点，这台虚拟机也不会停止运行，如同在游戏软件中保存了游戏进度，也可以继续进行游戏一样。

其次，Suspend（挂起功能）只能一次性地暂时保存虚拟机的运行状态，当重新启动了处于挂起状态的虚拟机之后，Suspend 挂起功能保存的运行状态就自动作废了；Snapshot（还原点功能）则可以不限次数地保存及恢复虚拟机的运行状态，可以为一台虚拟机同时保存多个不同的还原点，并且每一个还原点都可以不限次数地反复使用，如同在游戏软件中可以同时保存多个不同的游戏进度，每一个游戏进度都可以不限次数地反复使用一样。

如果需要在 VMWare 中使用 Snapshot（还原点功能）将某台虚拟机的运行状态恢复到之前保存的还原点，可以用鼠标单击 VMWare 主程序界面工具栏中的 Revert Virtual Machine to its Parent Snapshot（将虚拟机恢复为还原点）按钮，或者用鼠标依次选择 VMWare 主程序界面菜单栏中的"VM"→"Snapshot"→"Revertto Snapshot"菜单。这时 VMWare 将自动弹出一个操作确认对话框，提醒在恢复还原点之后，虚拟机当前的运行状态将会丢失，如图 3-30 所示。如果确认需要恢复还原点，只需用鼠标单击 Yes 按钮即可。

此外，还可以使用 VMWare 提供的 Snapshot Manager 还原点管理器程序，对已有的还原点进行管理。用鼠标单击 VMWare 主程序界面工具栏中的 Manage Snapshots for Virtual Machine（管理虚拟机还原点）按钮，或者用鼠标依次选择 VMWare 主程序界面菜单栏中的"VM"→"Snapshot"→"Snapshot Manager"菜单，即可启动 Snapshot Manager 还原点管理器，如图 3-31 所示。可以看到，Snapshot Manager 还原点管理器列出了虚拟机已保存的所有还原点，不仅显示了还原点的保存时间、名称、备注信息、保存还原点时虚拟机的运行状态缩略图，而且还以一个很直观的流程图列出了所有还原点之间的依存关系，用户可以通过流程图看出哪个还原点是在哪个还原点的基础上建立的。

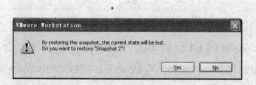

图 3-30　恢复还原点警告信息　　　　　　图 3-31　还原点管理器

在 Snapshot Manager 还原点管理器的帮助下,可以对某台虚拟机保存的所有还原点一目了然,并且可以通过 Snapshot Manager 对话框的 Go To(转向)按钮,随时加载任何一个还原点,如同在游戏软件的游戏进度菜单中随时加载任何一个游戏进度一样。此外,Snapshot Manager 还原点管理器还提供了 Clone(克隆)及 Delete(删除)两个按钮,可以通过它们复制或删除已有的还原点,非常方便。

2. 为虚拟硬盘设置虚拟硬盘还原卡

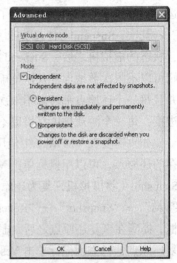

图 3-32 磁盘高级对话框

为 VMWare 的虚拟硬盘添加一块模拟的硬盘还原卡,可以保护虚拟硬盘中的数据不受破坏。如果需要实现此功能,可以用鼠标在 VMWare 虚拟机列表中选中一台虚拟机,打开 Virtual Machine Control Panel 控制面板,切换到 Hardware 选项卡,然后在 Hard Disk 1 选项中单击 Advanced(高级)按钮,这时将出现如图 3-32 所示的对话框。

在这个对话框中用鼠标选中 Independent(独立硬盘)复选框,将虚拟硬盘设置为独立工作模式,这样虚拟硬盘将不再受到 Snapshot 还原点功能的影响。

在 Independent 复选框下方有两个选项:"Persistent"(持久)模式或者 "Nonpersistent"(非持久)模式。选择将虚拟硬盘设置为这两个选项分别表示是否允许对虚拟硬盘所做的修改。选择后者,即可为虚拟硬盘添加模拟硬盘还原卡。这样当每次关闭虚拟机时,对虚拟硬盘所做的修改都将被自动撤销。

3.3 任务 2——Hyper-V 服务的安装与使用

【任务描述】

在 Windows Server 2008 安装过程中,默认情况下并没有安装 Hyper-V 服务,因此需要另外安装相应的服务。通过启动 Hyper-V 服务,可以进行虚拟机属性、虚拟网卡等的设置,进行创建并管理虚拟机等相关操作。

【任务目标】

掌握 Hyper-V 服务的安装步骤,熟悉在 Windows Server 2008 Hyper-V 服务中建立、管理与配置各种操作系统,以及 Hyper-V 的一些基本技巧等。

3.3.1 安装 Hyper-V 服务

在 Windows Server 2008 中安装 Hyper-V 服务比较复杂,用户可以参照下述步骤进行操作。

(1)从微软站点下载并安装 Windows Server 2008 的 64 位版本的 3 个 Hyper-V 补丁,分别为:Windows 6.0-KB952627-x64.msu、Windows 6.0-KB951636-x64.msu、Windows 6.0-KB950050-x64.msu,依次双击安装。如果在 Windows Server 2008 中不安装补丁而直接安装 Hyper-V,那么将会出现部

分服务无法正常运行的故障，并且导致无法创建虚拟机系统。

（2）选择"开始"→"服务器管理器"命令打开服务器管理窗口，选择左侧的"角色"选项之后，在右侧区域中单击"添加角色"链接打开向导对话框，在"选择服务器角色"对话框中选择 Hyper-V 复选框，如图 3-33 所示。单击"下一步"按钮继续。

（3）图 3-34 所示的对话框对 Hyper-V 服务进行了简单介绍以及安装注意事项，确认之后单击"下一步"按钮，进入如图 3-35 所示的对话框。列表显示当前系统中存在的网卡设备，选择用于虚拟系统创建网络的网卡的复选框即可，然后单击"下一步"按钮继续。

图 3-33　选择 Hyper-V 复选框　　　　　　　图 3-34　Hyper-V 简介

（4）系统会提供安装过程中需要安装的组件信息，如图 3-36 所示。确认之后单击"安装"按钮，开始安装 Hyper-V 服务。

图 3-35　选择创建虚拟网络的网卡　　　　　　图 3-36　安装的组件信息

（5）当 Hyper-V 服务所必需的文件复制完成之后，在如图 3-37 所示的对话框中，会提示重新启动计算机完成安装，此时单击"关闭"按钮，将重新启动计算机。

（6）在计算机重新启动之后，系统还要对 Hyper-V 服务进行最后的配置，如图 3-38 所示，最终显示 Hyper-V 服务安装完成的提示。

Hyper-V 服务安装完成之后，在服务器管理中选择左侧的"角色"选项，可在右部区域查看到 Hyper-V 服务已经安装完成，如图 3-39 所示。而且展开左侧的"角色"→"Hyper-V"选项，还能够查看到 Hyper-V 服务的具体运行状况，如图 3-40 所示。

图 3-37　重新启动计算机

图 3-38　Hyper-V 服务安装完成

图 3-39　安装完成的 Hyper-V 服务

图 3-40　Hyper-V 服务详细信息

3.3.2　Hyper-V 中建立、管理与配置虚拟机

1. 虚拟机属性设置

安装好 Hyper-V 服务后，可以通过依次选择"开始"→"管理工具"→"Hyper-V"命令创建虚拟机，以便在其中安装虚拟操作系统。在服务器管理器窗口左侧依次展开"Hyper-V"→"当前计算机名称"，此时在右部区域查看到并没有虚拟机存在，如图 3-41 所示。

为了确保虚拟机能够顺利创建，建议用户先对其进行相应的设置。在服务器管理器窗口依次选择"操作"→"Hyper-V 设置"命令，打开 Hyper-V 设置窗口，如图 3-42 所示。在此设置窗口可以设定虚拟系统文件的存放路径以及用户的相关设置，例如，"虚拟硬盘"表示虚拟系统文件的存放路径，通常的默认路径为"C:\Users\Public\Documents\Hyper-V\Virtual Hard Disks"，因此要确保该分区有较多的可用空间存放虚拟系统文件。

在 Hyper-V 设置窗口中还有一些其他的设置，例如将"鼠标释放键"设置为"Ctrl+Alt+←"，则表示同时按"Ctrl+Alt+←"组合键，就可以从 Hyper-V 的虚拟机系统中释放焦点，转而使用真实操作系统，如图 3-43 所示。同时还可以进行虚拟机的键盘、用户凭据等方面的设置，以方便用户使用。

图 3-41　服务器管理器窗口

图 3-42　设置虚拟系统文件存放路径

图 3-43　用户相关设置

2. 虚拟网卡设置

与 VMWare、Virtual PC 等第三方虚拟软件中自动提供虚拟网卡不同，Hyper-V 中的虚拟网卡需要用户手动设置，否则安装好虚拟系统之后将无法接入网络。

在服务器管理器窗口中，单击右侧的"虚拟网络管理器"链接打开虚拟网卡设置窗口，如图 3-44 所示。虚拟网卡类型中有"外部"、"内部"和"专用"3 种类型，分别适用于不同的虚拟网络，其功能分别如下。

- 外部：表示虚拟网卡和真实网卡之间采用桥接方式，虚拟系统的 IP 地址可以设置成与真实系统在同一网段，虚拟系统相当于物理网络内的一台独立的计算机，网络内其他计算机可访问虚拟系统，虚拟系统也可访问网络内其他计算机。
- 内部：可以实现真实系统与虚拟系统的双向访问，但网络内其他机器不能访问虚拟系统，而虚拟系统可通过真实系统通过 NAT 协议访问网络内其他计算机。

- 专用：只能进行虚拟系统和真实系统之间的网络通信，网络内其他机器不能访问虚拟系统，虚拟系统也不能访问其他机器。

由于"外部"功能最强大，因此建议用户选择此项。单击"添加"按钮创建虚拟网卡，在如图 3-45 所示的窗口中，可以查看到新增的名为"新建虚拟网络"的虚拟网卡，在右侧区域选择"外部"选项之后，还可以从下拉列表中选择需要桥接方式的真实物理网卡。

图 3-44　选择虚拟网卡类型　　　　　　　　图 3-45　选择桥接方式的网卡

3．创建虚拟机

完成虚拟机和虚拟网卡的相关设置之后，可以开始使用 Hyper-V 服务创建虚拟机，用户可以参照下述步骤进行操作。

（1）在服务器管理器窗口左侧依次展开"Hyper-V"→"当前计算机名称"，选择"操作"→"新建"→"虚拟机"命令，打开新建虚拟机向导程序。单击"下一步"按钮创建自定义配置的的虚拟机，进入"指定名称和位置"对话框，如图 3-46 所示，设置虚拟机的名称为"Windows Server 2008 Core"。

（2）单击"下一步"按钮，进入"分配内存"对话框，如图 3-47 所示。如果要在虚拟机中安装 Windows Server 2008 或者 Windows Vista 之类对资源要求较高的虚拟系统，建议用户在确保主机系统能够稳定运行的情况下尽可能给虚拟机分配一些内存。

图 3-46　设置虚拟机名称　　　　　　　　图 3-47　分配虚拟机使用的内存

（3）单击"下一步"按钮，进入"配置网络"对话框，如图 3-48 所示，设置虚拟机所使用的虚拟网卡。

（4）单击"下一步"按钮，进入"连接虚拟硬盘"对话框，如图 3-49 所示，设置虚拟机系统文件的名称、存放路径以及分配给该系统使用的硬盘空间限额，此处分配的可用硬盘并不是立即划分，而是随着虚拟系统的使用而动态增加。

图 3-48   选择虚拟网卡

图 3-49   设置虚拟机系统文件

（5）单击"下一步"按钮，进入"安装选项"对话框，如图 3-50 所示。可以设置从某个设备引导虚拟机系统启动，此处提供了物理光盘、存放在硬盘中的光盘镜像文件，以及从虚拟软盘中启动几种方式。

（6）单击"下一步"按钮，进入"正在完成新建虚拟机向导"对话框，显示虚拟机安装的具体信息，如图 3-51 所示，确认无误之后单击底部的"完成"按钮结束虚拟机的创建操作。

图 3-50   设置虚拟系统安装参数

图 3-51   虚拟机安装信息

完成上述操作之后，在服务器管理器窗口中将查看到新建的虚拟机，由于此时没有启动该虚拟机，因此状态为"关闭"，如图 3-52 所示。

4. 设置虚拟机

在虚拟机创建完成之后，为了能够顺利安装虚拟操作系统，建议用户还要对虚拟机进行简单的设置，具体的操作步骤如下。

图 3-52　创建好的虚拟机

（1）在服务器管理器窗口左侧依次展开"Hyper-V"→"当前计算机名称"，右键单击创建好的虚拟机，从弹出的快捷菜单中选择"设置"命令。

（2）在虚拟机属性设置窗口可以针对虚拟硬件以及管理项目进行相关设置，如图 3-53 所示。选中"BIOS"选项，设置光驱、硬盘、网络或者是软盘等优先启动方式。

（3）选中"处理器"选项，可以设置 CPU 内核数量，如图 3-54 所示。客户机操作系统使用 Windows Server 2003 和 Windows Server 2008 的时候才能启用多内核 CPU，在其他系统中则需要将 CPU 内核数量设置为"1"。同时还可以设置虚拟系统使用资源的限制，通常使用默认值即可。

图 3-53　设置启动优先级

图 3-54　设置 CPU 内核数量

在虚拟机属性窗口中还有一些其他参数可以设置，如快照文件的存放路径、自动启动虚拟机和关闭虚拟机等，这些直接采用默认参数即可。

5．安装虚拟系统

在所有的准备工作完成之后，用户就可以开始安装虚拟系统。但是在安装之前需要注意，Hyper-V 支持的操作系统有 Windows Server 2003、SuSE Linux Enterprise Server 10、Windows Vista、

Windows XP 以及 Windows Server 2008 等。由于这些系统的安装和在 VMWare 中安装过程相似，在此限于篇幅不再介绍。

3.4　实训——虚拟机软件的安装与使用

一、实训目标

（1）了解 VMWare Workstation 6.5 软件的安装过程。

（2）熟悉在 VMWare Workstation 6.5 中建立、管理与配置各种虚拟机。

（3）掌握 VMWare Workstation 6.5 中的一些高级应用技巧。

（4）掌握 Hyper-V 的安装与使用。

二、实训设备

（1）网络环境：已建好的 100Mbit/s 的以太网络，包含交换机（或集线器）、五类（或超五类）UTP 直通线若干、3 台及以上数量的计算机（计算机配置要求 CPU 最低 1.4 GHz 以上，x64 和 x86 系列均有 1 台及以上数量，内存不小于 1024MB，硬盘剩余空间不小于 10GB，有光驱和网卡）。

（2）软件：①Windows Server 2008 安装光盘，或硬盘中有全部的安装程序；②Windows XP 安装光盘，或硬盘中有全部的安装程序；③VMWare Workstation 6.5 安装源程序。

三、实训内容

在计算机裸机（即全新硬盘）中，完成下述操作。

（1）进入第 1 台计算机的 BIOS，设置从 CD-ROM 上启动系统，将 Windows XP 安装光盘插入光驱，在选定的计算机上从 CD-ROM 引导，并开始 Windows XP 的安装；设置计算机的名称 nos-xp，工作组为"office"，IP 地址 192.168.1.200，子网掩码为 255.255.255.0，网关设置为 192.168.1.254，DNS 地址为 202.103.0.117、202.103.6.46，其他使用系统默认值。

（2）在第一台计算机上安装 VMWare Workstation 6.5，使用系统的默认设置，安装完成后重新启动计算机，然后在桌面上启动 VMWare Workstation 6.5 软件。

（3）在 VMWare 虚拟机中，建立虚拟机"Windows Server 2008"。将 Windows Server 2008 安装光盘插入光驱，从 CD-ROM 引导，在虚拟中开始 Windows Server 2008 的安装，要求如下：①安装 Windows Server 2008 企业版（32 位），系统分区的大小为 20GB，管理员密码为 Nosadmin2008；②对系统进行如下初始配置：计算机名称 nos-win2008-v，工作组为"office"；③设置 TCP/IP 协议，其中要求禁用 TCP/IPv6 协议，计算机的 IP 地址为 192.168.1.1，子网掩码 255.255.255.0，网关设置为 192.168.1.254，DNS 地址为 202.103.0.117、202.103.6.46；④设置计算机虚拟内存为自定义方式，其初始值为 1560MB，最大值为 2130MB；⑤激活 Windows Server 2008，启用 Windows 自动更新；⑥启用远程桌面和防火墙；⑦在微软管理控制台中添加"计算机管理"、"磁盘管理"和"DNS"这三个管理单元。

（4）在第 2 台计算机（x64 系列）上，将 Windows Server 2008 安装光盘插入光驱，从 CD-ROM 引导，并开始 Windows Server 2008 的安装，要求如下：①安装 Windows Server 2008 企业版（64 位），系统分区的大小为 20GB，管理员密码为 Nosadmin2008bak；②对系统进行如下初始配置，计算机名称 nos-win2008，工作组为"office"；③设置 TCP/IP 协议，其中要求禁用 TCP/IPv6 协议，计算机的 IP 地址为 192.168.1.201，子网掩码为 255.255.255.0，网关设置为 192.168.1.254，DNS 地址为 202.103.0.117、202.103.6.46；④设置计算机虚拟内存为自定义方式，其初始值为 1560MB，最大值为 2130MB；⑤激活 Windows Server 2008，启用 Windows 自动更新；⑥启用远程桌面和防

火墙；⑦在微软管理控制台中添加"计算机管理"、"磁盘管理"和"DNS"这 3 个管理单元。

（5）在第 2 台计算机上安装 Hyper-V 服务，启动 Hyper-V 服务，在其中创建一个"Windows XP"的虚拟机，并利用 Windows XP 安装光盘完成虚拟机操作系统的安装；设置计算机的名称 nos-xp-v，工作组为"office"，计算机的 IP 地址为 192.168.1.2，子网掩码为 255.255.255.0，网关设置为192.168.1.254，DNS 地址为 202.103.0.117、202.103.6.46，其他使用系统的默认值。

（6）分别在两台计算机以及这两台计算机上的虚拟机操作系统中，双击桌面上的"网上邻居"图标，查看网络上的计算机以及共享的资源。

3.5 习题

一、填空题

（1）VMWare 安装程序会在宿主操作系统上安装两块虚拟网卡，分别为"VMWare Virtual Ethernet Adapter for VMnet1"和_____。

（2）在虚拟机中安装源操作系统时，可以使用光盘驱动器和源安装文件光盘来安装，也可以使用_____来安装。

（3）VMWare 提供了 4 种不同的虚拟网络适配器类型，分别为_____、Use network address translation（NAT）、_____和 Do not use a network connection。

（4）VMWare Tools 组件在虚拟机与宿主机之间提供了_____功能，免除了必须为虚拟机单独设置日期与时间的烦恼。

（5）VMWare Tools 组件一共提供了 Windows、_____、FreeBSD、_____等 4 种不同版本的安装程序，分别适用于不同的虚拟操作系统。

二、选择题

（1）为 VMWare 指定虚拟机内存容量时，下列那个值不能设置（　　）。

    A．512M　　　　　B．360M　　　　　C．400M　　　　　D．357M

（2）如果需要在虚拟机调整一下虚拟机的启动顺序，将虚拟机设置为优先从光驱启动，可以在VMWare 出现开机自检画面时按下键盘上的"（　　）"键，即可进入 VMWare 的虚拟主板 BIOS 设置。

    A．Delete　　　　B．F2　　　　　　C．F10　　　　　　D．Home

（3）如果虚拟机硬盘保存在 FAT32 或者 FAT 分区中，虚拟机硬盘设置为 160G 同时虚拟机设置为"Split virtual disk into 2 GB files"，则会在主机上创建（　　）个文件。

    A．1　　　　　　B．40　　　　　　C．80　　　　　　D．160

（4）以下（　　）不是 Windows Server 2008 Hyper-V 服务支持的虚拟网卡类型。

    A．外部　　　　　B．桥接　　　　　C．内部　　　　　D．专用

三、问答题

（1）虚拟机的主要功能是什么？分别适应于什么环境？

（2）VMWare 提供了几种不同的虚拟网络适配器类型？分别适用于什么环境？

（3）如何在 VMWare 虚拟机中登录 Windows Server 2008？

（4）VMWare Tools 组件在虚拟机中有什么功能？

（5）Windows Server 2008 Hyper-V 服务对硬件和软件各有什么要求？

第二篇

Windows Server 2008
系统应用与管理

项目 4

域与活动目录的管理

项目情境：

如何让网络更容易集中管理？

　　三峡瑞思信息技术有限公司是一家主要提供计算机网络建设与维护的网络技术服务公司，2008 年为上市公司湖北安琪酵母扩建了集团总部内部的局域网络，该网络覆盖了集团 4 幢办公大楼，有近 1000 个节点，还拥有各种类型的服务器 30 余台。

　　由于各种网络与硬件设备分布在不同的办公大楼和楼层，因此网络资源和权限的管理非常麻烦，网络管理人员疲于处理各种日常网络问题。作为技术人员，你如何改造现有的网络，从而让网络管理人员能够更轻松、自如地管理网络，也能够为公司减少管理上的开支呢？

　　项目描述： 当管理的是中型以上规模的计算机网络时，通常不再采用对等式工作的网络，而会采用 C/S 工作模式的网络，并应用 B/S 的模式来组建网络的应用系统。有时，网络虽然不大，但是需要的服务种类比较多，这也需要组建具备强大管理功能的 C/S 网络。在单域、域树、森林等多种网络的组织结构中，企业只有一个合理的网络结构，才能很好地管理与使用网络。活动目录是域的核心，通过活动目录可以将网络中各种完全不同的对象以相同的方式组织到一起。活动目录不但更有利于网络管理员对网络的集中管理，方便用户查找对象，也使得网络的安全性大大增强。

　　项目目标：
- 理解活动目录的的基本知识、组织结构和应用特点
- 掌握 Windows Server 2008 域控制器的安装与设置
- 熟悉客户端登录 Windows Server 2008 域的方法
- 掌握 Windows Server 2008 活动目录的管理

4.1　知识准备——域、域树和域林

4.1.1　工作组

我们组建局域网的目的就是要实现资源的共享，而随着网络规模的扩大及应用的需要，共享的资源就会逐渐增多，如何管理这些在不同机器上的资源呢？工作组和域就是在这样的环境中产生的两种不同的网络资源管理模式。那么究竟什么是工作组，什么是域呢？

工作组（Work Group）就是将不同的计算机按功能分别列入不同的组中，以方便用户管理。在一个网络内，可能有成百上千台工作的计算机，如果不对这些计算机分组，而是都列在"网上邻居"内，可想而知会有多么乱。为了解决这一问题，Windows 引用了"工作组"这个概念。例如一个公司会分为诸如行政部、市场部、技术部等几个部门，然后行政部的计算机全都列入行政部的工作组中，市场部的计算机全部都列入市场部的工作组中。如果要访问别的部门的资源，就通过"网上邻居"找到那个部门的工作组名，双击进入就可以看到其他部门的计算机了。

在安装 Windows 系统的时候，工作组名一般使用默认的 workgroup，也可以任意起个名字。相对而言，位于同一个工作组内的成员相互交换信息的频率最高，所以用户进入"网上邻居"时，首先看到的是其所在工作组的成员。如果要访问其他工作组的成员，需要双击"整个网络"，才会看到网络上其他的工作组，然后双击其他工作组的名称，这样才可以看到里面的成员，与之实现资源交换。

除此之外，也可以退出某个工作组，方法也很简单，只要将工作组名称改变一下即可。不过别人仍然可以访问你的共享资源，只不过你所在的工作组名发生改变而已，因此工作组名并没有太多的实际意义。也就是说，用户可以随时加入同一网络上的任何工作组，也可以随时离开一个工作组。"工作组"就像一个自由加入和退出的俱乐部一样，它本身的作用仅仅是提供一个"房间"，以方便网上计算机共享资源的浏览。

只有在 Windows Server 2008 系统中启用网络发现功能后，才可以找到网络中的任何"邻居"主机，以及被其他的"邻居"主机发现。用鼠标右键单击 Windows Server 2008 桌面中的"网络"图标，在弹出的菜单中选择"属性"命令（也可以依次单击 Windows Server 2008 桌面中的"开始"→"设置"→"控制面板"命令，双击"网络和共享中心"图标），打开"网络和共享中心"管理窗口，如图 4-1 所示。单击"网络发现"设置项右侧的向下箭头按钮，展开"网络发现"功能设置区域，选中"启用网络发现"单选项，单击"应用"按钮，这样就可以寻找网络的"邻居"主机了。

如果上述设置不能帮助我们从网络中寻找到"邻居"主机，那么就有必要检查一下 Windows Server 2008 系统是否安装了"启用文件和打印机共享"功能组件。在"网络和共享中心"管理窗口中，单击左边的"管理网络连接"任务，在列表中选择本地连接，进入如图 4-2 所示的"本地连接 属性"对话框。在该对话框的网络功能组件列表中，确保"Microsoft 网络的文件和打印机共享"功能选项处于选中状态。

此外，还需要检查 TCP/IP 属性参数是否设置正确，以保证 Windows Server 2008 系统主机的 IP 地址，与要寻找的"邻居"主机的 IP 地址处于同一个网段。

如果仍然无法在"网络和共享中心"管理窗口中查看到网络中的工作组信息，可以检查系统相关的"Computer Browser"服务信息，其操作步骤如下：选择"开始"→"运行"命令，在弹出的文本框中，输入命令 services.msc，单击"确定"按钮后，进入系统服务列表窗口。找到系统服务 Computer Browser，双击该服务器选项，打开如图 4-3 所示的"Computer Browser 的属性"对话框。设置该服务的"启动类型"为"自动"，单击"应用"按钮，然后单击"启动"按钮，将服务状态设置为"已启动"。还应及时检查 Computer Browser 服务所依赖的另外两个系统服务 Workstation 和 Server 是否运行正常，这两个系统服务提供了最基本的网络访问支持。

图 4-1 "网络和共享中心"窗口

图 4-2 启用文件和打印机共享

图 4-3 启用 Computer Browser 服务

4.1.2 域

域（Domain）是一个有安全边界的计算机集合，也可以理解为服务器控制网络上的计算机能否加入的计算机组合。在对等网（工作组）模式下，任何一台计算机只要接入网络，其他机器就都可以访问共享资源，如共享上网等。尽管对等网络上的共享文件可以加访问密码，但是非常容易被破解。因此，在由 Windows 构成的对等网中，数据的传输是非常不安全的。

在主从式网络中，资源集中存放在一台或者几台服务器上，如果仅仅只有一台服务器，问题就很简单，在服务器上为每一位员工建立一个账户即可，用户只需登录该服务器就可以使用服务器中的资源。

然而如果资源分布在多台服务器上呢？如图 4-4 所示，要在每台服务器分别为每一员工建立一个账户（共 $M \times N$ 个），用户需要在每台服务器上（共 M 台）登录，感觉又回到了对等网的模式。

在使用了域之后，如图 4-5 所示，服务器和用户的计算机都在同一域中，用户在域中只要拥有一个账户，用账户登录后即取得一个身份。有了该身份后，用户便可以在域中漫游，访问域中任一台服务器上的资源。在每一台存放资源的服务器上并不需要为每一用户创建账户，而只需要把资源的访问权限分配给用户在域中的账户即可。

图 4-4　资源分布在多台服务器上　　　　　　　　图 4-5　域的模式

不过在域模式下，至少有一台服务器负责每一台接入网络的计算机和用户的验证工作，它被称为"域控制器（Domain Controller，DC）"，它包含了由这个域的账户、密码、属于这个域的计算机等信息构成的数据库。当计算机接入网络时，域控制器首先要鉴别这台计算机是否属于这个域、用户使用的登录账号是否存在、密码是否正确。如果以上信息有一样不正确，域控制器就会拒绝这个用户从这台计算机登录，用户也就不能访问服务器上有权限保护的资源，而只能以对等网的方式访问 Windows 共享出来的资源，这样就在一定程度上保护了网络上的资源。

然而随着网络的不断发展，有的企业网络大得惊人，当网络有 10 万个用户甚至更多时，域控制器存放的用户数据量便会增大，更为关键的是，如果用户频繁登录，域控制器可能会因此不堪重负。在实际的应用中，我们将网络划分为多个域，每个域的规模控制在一定范围内，每个域的网络管理员负责管理自己域内所属的账户，如图 4-6 所示。

图 4-6　多域的模式　　　　　　　　　　　图 4-7　信任关系

划分成小的网络（域）后，域 A 中的用户在登录后可以访问域 A 中的服务器上的资源，域 B 的用户在登录后可以访问域 B 中的服务器上的资源，但域 A 的用户访问不了域 B 中服务器上的资源，域 B 的用户也访问不了域 A 中服务器上的资源。

域是一个安全的边界，实际上就是这层意思：当两个域独立的时候，一个域中的用户无法访问另一个域中的资源，如同国家与国家之间的关系一样。

当然在实际的应用中，一个域中的用户常常有访问另一个域中的资源的需要。为了解决用户跨域访问资源的问题，可以在域之间引入信任。有了信任关系，域 A 的用户想要访问域 B 中的资源时，让域 B 信任域 A 就行了。

信任关系分为单向信任关系和双向信任关系，如图 4-7 所示。图 4-7 中，①是单向的信任关系，箭头指向被信任的域，即域 A 信任域 B，域 A 称为信任域，域 B 被称为被信任域，因此域 B 的用户可以访问域 A 中的资源。图 4-7 中，②是双向的信任关系，域 A 信任域 B 的同时域 B 也信任域 A，因此域 A 的用户可以访问域 B 的资源，反之亦然。

信任关系有可传递和不可传递之分，如果 A 信任 B，B 又信任 C，那么 A 是否信任 C 呢？如果信任关系是可传递的，A 就信任 C；如果信任关系是不可传递的，A 就不信任 C。Windows Server 2008 中有的信任关系是可传递的，有的是不可传递的，有的是单向的，有的是双向的，在使用时要注意。

4.1.3　域树

微软的网络操作系统是为满足大型企业构建网络和扩展网络的需要而设计的。一个企业可能会有分布在全世界的分公司，分公司下又有各个部门存在，企业可能有十几万的用户、上千的服务器以及上百个域，而且资源的访问常常可能需要跨过许多域。在 Windows NT 4.0 时，域和域之间的信任关系是不可传递的，考虑在一个网络中有多个域的情况，如果要实现多个域中的用户可以跨域访问资源，必须创建多个信任关系：$n \times (n-1)/2$，如图 4-8 所示。

之所以会这样，是因为 A、B、C、D、E 域均被看成独立的域，所以信任关系被看成不可传递的，而实际上 A、B、C、D、E 域又都在同一企业网络中，很可能 B 是 A 的主管单位，C 又是 B 的主管单位。

从 Windows 2000 Server 起，域树（Domain Tree）开始出现，如图 4-9 所示。域树中的域以树的出现，最上层的域名为 abc.com，是这个域树的根域，根域下有两个子域：asia.abc.com 和 europe.abc.com。asia.abc.com 和 europe.abc.com 子域下又有自己的子域。

在域树中，父域和子域的信任关系是双向可传递的，因此域树中的一个域隐含地信任域树中所有的域。图 4-9 中共有 7 个域，所有域相互信任，也只需要 6 个信任关系，远比图 4-5 中所示的 7×（7－1）/2=21 个信任关系要少得多。

图 4-8　多个域的资源互访需要多个信任关系

图 4-9　域树

4.1.4 域林

在域树的介绍中，可以看到域的名字和 DNS 域的名字非常相似，在 Windows 2000 Server 以后的系统中，域和 DNS 域的关系非常密切，因为域中的计算机使用 DNS 定位域控制器和服务器以及其他计算机、网络服务等，因此域的名字实际上就是 DNS 域的名字。

在图 4-9 中，企业向 Internet 组织申请了一个 DNS 域名 abc.com，所以根域就采用了该名，在 abc.com 域下的子域也就只能使用 abc.com 作为域名的后缀了，也就是说在一个域树中，域的名字是连续的。

然而，企业可能同时拥有 abc.com 和 abc.net 两个域名，如果某个域用 abc.net 作为域名，abc.net 将无法挂在 abc.com 域树中，这时只能单独创建另一个域树，如图 4-10 所示。新的域树的根域为 abc.net，这两个域树共同构成了域林（Domain Forest）。在同一域林中的域树的信任关系，也是双向可传递的。

图 4-10　域林

4.1.5 活动目录及其结构

活动目录（Active Directory）是一种目录服务，它存储有关网络对象（如用户、组、计算机、共享资源、打印机和联系人等）的信息，并将结构化数据存储作为目录信息逻辑和分层组织的基础，以便管理员比较方便地查找并使用这些网络信息。

活动目录是在 Windows 2000 Server 中推出的新技术，它最大的突破性和成功之一也就在于它全新引入了活动目录服务（AD Directory Service），使 Windows 2000 Server 与 Internet 上的各项服务和协议的联系更加紧密。通过在 Windows 2000 Server 的基础上进一步扩展，Windows Server 2003 提高了活动目录的多功能性、可管理性及可靠性。

而在 Windows Server 2008 中，活动目录服务有了一个新的名称：Active Directory Domain Service（ADDS）。名称的改变意味着微软对 Windows Server 2008 的活动目录进行了较大的调整，增加了功能强大的新特性，例如新增了只读域控制器（RODC）的域控制器类型，更新的活动目录域服务安装向导，可重启的活动目录域服务，快照查看以及增强的 Ntdsutil 命令等，并且对原有特性进行了增强。

活动目录并不是 Windows Server 2008 中必须安装的组件，并且其运行时占用的系统资源较多。设置活动目录的主要目的就是为了提供目录服务功能，使网络管理更简便，安全性更高。另外，活动目录的结构比较复杂，适用于用户或者网络资源较多的环境。

"目录服务"与 Windows 系统中的"文件夹目录"以及 DOS 下的"目录"在含义上完全不同。活动目录是指网络中用户以及各种资源在网络中的具体位置及调用和管理方式，就是把原来固定的资源存储层次关系与网络管理以及用户调用关联起来，从而提高了网络资源的使用效率。

前面提到的域控制器，是指运行 Windows Server 2008 的服务器，它保存了活动目录信息的副本，存放域中所有用户、组、计算机等信息，实际上域控制器存放的信息远不止这些。域控制器把这些信息存放在活动目录中，活动目录实际上就是一个特殊的数据库，不过该数据库和以往大家接触了解到的 SQL Server、FoxPro 有很大的差别。

域控制器管理目录信息的变化，并把这些变化复制到同一个域中的其他域控制器上，使各域控制器上的目录信息同步。域控制器也负责用户的登录过程以及其他与域有关的操作，比如身份鉴定、目录信息查找等。一个域可以有多个域控制器。规模较小的域可以只需要两个域控制器，一个用于实际使用，另一个用于容错性检查。规模较大的域可以使用多个域控制器。在域中，对大部分用户来说域的服务目标是"一个用户，一个账号"。

活动目录结构主要是指网络中所有用户、计算机以及其他网络资源的层次关系，就像是一个大型仓库中分出若干个小的储藏间，每一个小储藏间分别用来存放不同的东西一样。通常情况下，活动目录的结构可以分为逻辑结构和物理结构，了解这些也是用户理解和应用活动目录重要的一步。

1. 活动目录的逻辑结构

活动目录的逻辑结构非常灵活，目录中的逻辑单元包括域、域树、域林和组织单元 (Organizational Unit，OU)，现在重点了解组织单元。

组织单元是一个容器对象，可以把域中的对象组织成逻辑组，以简化管理工作。组织单元可以包含各种对象，比如用户账户、用户组、计算机、打印机等，甚至可以包括其他的组织单元，所以可以利用组织单元把域中的对象组成一个完全逻辑上的层次结构。对于企业来讲，可以按部门把所有的用户和设备组成一个组织单元层次结构，也可以按地理位置形成层次结构，还可以按功能和权限分成多个组织层次结构。

由于组织单元层次结构局限于域的内部，所以一个域中的组织单元层次结构与另一个域中的组织单元层次结构没有任何关系，就像是 Windows 资源管理器中位于不同目录下的文件一样，可以重名或重复。

2. 活动目录的物理结构

活动目录的物理结构与逻辑结构有很大不同，它们是彼此独立的两个概念。逻辑结构侧重于网络资源的管理，而物理结构则侧重于网络的配置和优化。活动目录的物理结构，主要着眼于活动目录信息的复制和用户登录网络时的性能优化。物理结构的两个重要概念是站点和域控制器。

（1）站点。

站点由一个或多个 IP 子网组成，这些子网通过高速网络设备连接在一起。站点往往由企业的物理位置分布情况决定，可以依据站点结构配置活动目录的访问和复制拓扑关系，这样能使得网络更有效地连接，并且可使复制策略更合理，用户登录更快速。活动目录中的站点与域是两个完全独立的概念，一个站点中可以有多个域，多个站点也可以位于同一域中。

活动目录站点和服务可以通过使用站点提高大多数配置目录服务的效率。可以通过使用活动目录站点和服务，向活动目录发布站点的方法提供有关网络物理结构的信息，活动目录使用该信息确定如何复制目录信息和处理服务的请求。

计算机站点是根据其在子网或一组已连接好子网中的位置指定的，子网提供了一种表示网络分组的简单方法，这与我们常见的邮政编码将地址分组类似。将子网格式化成可以方便发送有关网络与目录连接物理信息的形式，将计算机置于一个或多个连接好的子网中，充分体现了站点所有计算机必须连接良好这一标准，原因是同一子网中计算机的连接情况通常优于网络中任意选取的计算机。

（2）域控制器。

域控制器是指运行 Windows Server 2008 的服务器，它保存了活动目录信息的副本。域控制器管理目录信息的变化，并把这些变化复制到同一个域中的其他域控制器上，使各域控制器上的目录信息同步。域控制器也负责用户的登录过程以及其他与域有关的操作，比如身份鉴定、目录信息查找等。一个域可以有多个域控制器。规模较小的域可以只需要两个域控制器，一个实际使用，另一个用于容错性检查。规模较大的域可以使用多个域控制器。

尽管活动目录支持多主机复制方案，然而由于复制引起的通信流量以及网络潜在的冲突，变化的传播并不一定能够顺利进行，因此有必要在域控制器中指定全局目录服务器以及操作主机。全局目录是一个信息仓库，包含活动目录中所有对象的一部分属性，这往往是在查询过程中访问最为频繁的属性。利用这些信息，可以定位到任何一个对象实际所在的位置。

全局目录服务器是一个域控制器，它保存了全局目录的一份副本，并执行对全局目录的查询操作。全局目录服务器可以提高在活动目录中进行大范围对象检索的性能，比如在域林中查询所有的打印机操作。如果没有一个全局目录服务器，那么这样的查询操作必须要调动域林中每一个域的查询过程。如果域中只有一个域控制器，它就是全局目录服务器；如果有多个域控制器，那么管理员必须把一个域控制器配置为全局目录控制器。

4.1.6　域中的计算机分类

在域结构的网络中，计算机身份是一种不平等的关系，存在以下 4 种类型。

（1）域控制器：域控制器类似于网络"看门人"，用于管理所有的网络访问，包括登录服务器、访问共享目录和资源。域控制器存储了所有的域范围内的账户和策略信息，包括安全策略、用户身份验证信息和账户信息。在网络中，可以将多台计算机配置为域控制器，以分担用户的登录和访问。多个域控制器可以一起工作，自动备份用户账户和活动目录数据，这样即使部分域控制器瘫痪后，网络访问仍然不受影响，从而提高了网络安全性和稳定性。

（2）成员服务器：成员服务器是指安装了 Windows Server 2008 操作系统，又加入了域的计算机，但该计算机没有安装活动目录，这时服务器的主要目的就是提供网络资源，也被称为现有域中的附加域控制器。成员服务器通常具有以下类型服务器的功能：文件服务器、应用服务器、数据库服务器、Web 服务器、证书服务器、防火墙、远程访问服务器、打印服务器等。

（3）独立服务器：独立服务器和域没有什么关系，如果服务器不加入到域中也不安装活动目录，就称为独立服务器。独立服务器可以创建工作组，与网络上的其他计算机共享资源，但不能获得活动目录提供的任何服务。

（4）域中的客户端：域中的计算机还可以是安装了 Windows XP/Windows 2000 Server 等其他操作系统的计算机，用户利用这些计算机和域中的账户，就可以登录到域，成为域中的客户端。

域用户的账号通过域的安全验证后，即可访问网络中的各种资源。

服务器的角色可以改变，例如服务器在删除活动目录时，如果是域中最后一个域控制器，则使该服务器成为独立服务器，如果不是域中唯一的域控制器，则将使该服务器成为成员服务器。同时独立服务器既可以转换为域控制器，也可以加入到某个域成为成员服务器。

4.2 任务 1——安装 Windows Server 2008 域控制器

【任务描述】

企业网络采用域的组织结构，可以使局域网的管理工作变得更集中、更容易、更方便。虽然活动目录具有强大的功能，但是安装 Windows Server 2008 操作系统时并未自动生成活动目录。因此，管理员必须通过安装活动目录来建立域控制器，并通过活动目录的管理来实现针对各种对象的动态管理与服务。同时客户机登录域的操作也是组建域网络必不可少的部分，也是网络管理员应该熟练掌握的基本技能之一。

【任务目标】

作为网络管理员，只有明确安装域控制器的条件和准备工作，掌握域网络的组建流程和操作技术，才能在服务器上安装好 Windows Server 2008 操作系统。为此，可以启用活动目录安装向导，在成功安装活动目录后，将使一个独立服务器升级为域控制器。同时通过该任务，还应能够区分登录窗口，例如是登录域不是登录本机的登录框。

4.2.1 建立第一台域控制器

活动目录是 Windows Server 2008 非常关键的服务，它不是孤立的，而是与许多协议和服务有着非常紧密的关系，并涉及整个操作系统的结构和安全。因此，活动目录的安装并非一般 Windows 组件那样简单，必须在安装前完成一系列的准备，注意事项如下。

（1）文件系统和网络协议：Windows Server 2008 所在的分区必须是 NTFS 文件系统，同样活动目录必须安装在 NTFS 分区，同时计算机上要正确安装了网卡驱动程序，并启用了 TCP/IP 协议簇。

（2）域结构规划：活动目录可包含多个域，只有合理地规划目录结构，才能充分发挥活动目录的优越性。在组建一个全新的 Windows Server 2008 网络时，所安装的第一台域控制器将生成第一个域，这个域也被称为根域。根域的选择最为关键。根域名字的选择可以有以下几种方案：

- 使用一个已经注册的 DNS 域名作为活动目录的根域名，使得企业的公共网络和私有网络使用同样的 DNS 名字。
- 使用一个已经注册的 DNS 域名的子域名作为活动目录的根域名。
- 活动目录使用与已经注册的 DNS 域名完全不同的域名，使企业网络在内部和互联网上呈现出两种完全不同的命名结构。

（3）域名策划：目录域名通常是该域的完整 DNS 名称，如"abc.net"。同时，为了确保向下兼容，每个域还应当有一个与 Windows 2000 Server 以前版本相兼容的名称，如"abc"。

在 TCP/IP 网络中，DNS（Domain Name System,域名解析）是用来解决计算机名字和 IP 地址的映射关系的。活动目录和 DNS 的关系密不可分，它使用 DNS 服务器来登记域控制器的 IP、各种资源的定位等，因此在一个域林中至少要有一个 DNS 服务器存在。Windows Server 2008 中的域也是采用 DNS 的格式来命名的。

为了说明的方便，以图 4-11 中的拓扑为样本，在该网络的域林中有两个域树：nos.com 和 nos.net。其中 nos.com 域树下有 win.nos.com 子域，在 nos.com 域中有两个域控制器 a.nos.com 和 b.nos.com；win.nos.com 子域中除了有一个域控制器（b.win.nos.com）外，还有一个成员服务器（a.win.nos.com）。我们先创建 nos.com 域树，然后再创建 nos.net 域树，将其加入到域林中。

图 4-11　网络规划拓扑图

用户要将自己的服务器配置成域控制器，应该首先安装活动目录，以发挥活动目录的作用。系统提供的活动目录安装向导，可以帮助用户配置自己的服务器。如果网络没有其他域控制器，可将服务器配置为域控制器，并新建子域、新建域目录树。如果网络中有其他域控制器，可将服务器设置为附加域控制器，加入旧域、旧目录树。

在 Windows Server 2008 中安装活动目录时，可以参照下述步骤进行操作。

（1）首先确认"本地连接"属性 TCP/IP 首选 DNS 是否指向了本机（本例为 192.168.1.27），然后选择"开始"→"服务器管理器"命令打开服务器管理器，在左侧选择"角色"选项之后，单击右部区域的"添加角色"链接，并且在如图 4-12 所示的对话框中选择"Active Directory 域服务"复选框。

（2）单击"下一步"按钮继续操作，在如图 4-13 所示的对话框中，针对域服务进行了相关的介绍。

（3）单击"下一步"按钮继续操作，在如图 4-14 所示的对话框中显示了安装域服务的相关信息，可以单击"安装"按钮确认安装。

（4）域服务安装完成后，可以在如图 4-15 所示的对话框中查看到当前计算机已经安装了 Active Directory 域控制器，单击"关闭"按钮退出"添加角色向导"对话框。

（5）返回"服务器管理器"窗口，在如图 4-16 所示的窗口中可以查看到 Active Directory 域服务已经安装,但是还没有将当前服务器作为域控制器运行,因此需要单击右部窗格中蓝色的"运行 Active Directory 域服务安装向导（dcpromo.exe）"链接来继续安装域服务。也可以单击"开始"菜单,在搜索栏中输入 dcpromo.exe 命令打开域服务安装向导。

图 4-12　选择"Active Directory 域服务"复选框

图 4-13　域服务简介

图 4-14　域服务安装信息

图 4-15　域服务安装成功

图 4-16　在"服务器管理器"窗口查看域服务

（6）在域服务安装向导的欢迎界面中可以选择"使用高级模式安装"复选框,这样可以针对域服务器更多的高级选项部分进行设置,如图 4-17 所示,单击"下一步"按钮继续操作。

（7）在如图 4-18 所示的"操作系统兼容性"窗口中,简要介绍了 Windows Server 2008 域控制器和以前版本的 Windows 之间有可能存在兼容性问题，可以了解一下相关知识，然后单击"下一步"按钮。

图 4-17 安装欢迎界面

图 4-18 兼容性介绍

（8）在如图 4-19 所示的"选择某一部署配置"窗口中，如果以前曾在该服务器上安装过 Active Directory，可以选择"现有林"下的"向现有域添加域控制器"或"在现有林中新建域"选项；如果是第一次安装，则建议选择"在新林中新建域"选项，然后再单击"下一步"按钮继续操作。

（9）在如图 4-20 所示的"命令林根域"窗口中，输入目录林根级域的 FQDN，在此输入"nos.com"，单击"下一步"按钮继续操作。

图 4-19 选择"在新林中新建域"选项

图 4-20 输入域名

FQDN：（Fully Qualified Domain Name）完全合格域名/全称域名，是指主机名加上全路径，全路径中列出了序列中所有域成员。它可以从逻辑上准确地表示出主机在什么地方，也可以说 FQDN 是主机名的一种完全表示形式。完全合格域名在实际中是非常有用的，电子邮件就使用它作为收信人的电子邮件地址，例如 lbj7681@ angel.com.cn。

（10）在如图 4-21 所示的"域 NetBIOS 名称"窗口中，系统会自动出现默认的 NetBIOS 名称，此时可以直接单击"下一步"按钮。NetBIOS 名称的意义在于，让其他早期 Windows 版本的用户可以识别新域。

（11）在如图 4-22 所示的"设置林功能级别"窗口中，可以选择多个不同的林功能级别："Windows 2000"、"Windows Server 2003"、"Windows Server 2008"，考虑到网络中有低版本的

Windows 系统计算机，此处建议选择"Windows 2000"一项，然后单击"下一步"按钮。

图 4-21　设置 NetBIOS 信息

图 4-22　设置林功能级别

林和域的功能级越高，兼容性越差，但是能使用更多域的功能，表 4-1 和表 4-2 分别阐释了域和林的每一个功能级启用的重要特性，也展示了被每一个功能级支持的域控制器操作系统。要注意的是，功能级的提升是单向的，例如选择了 Windows Server 2008 的林功能级别，就不能再降为 Windows Server 2003 或是 Windows 2000 了。

表 4-1　　　　　　　　　　　　　　　　　林功能级

林功能级	启用的特性	支持操作系统
Windows 2000	所有默认活动目录特性及以下特性：①启用通信组及安全组的通用组作用域；②组嵌套；③支持组类型转换	Windows 2000、Windows Server 2003、Windows Server 2008
Windows Server 2003	所示默认活动目录特性及以下特性：①林信任；②域重命名；③链接值复制；④部署运行只读域控制器；⑤支持基于角色的授权	Windows Server 2003、Windows Server 2008
Windows Server 2008	提供了 Windows Server 2003 林功能级中所有有效的特性，并没有额外增加特性。所有在后续操作中添加进林的域，将会在默认在 Windows Server 2008 域功能级下工作	Windows Server 2008

表 4-2　　　　　　　　　　　　　　　　　域功能级

域功能级	启用的特性	支持操作系统
Windows 2000 纯模式	所有默认活动目录特性及以下特性：①启用通信组及安全组的通用组作用域；②组嵌套；③支持组类型转换	Windows 2000、Windows Server 2003、Windows Server 2008
Windows Server 2003	所示默认活动目录特性，所有来自 Windows 2000 纯模式的特性及以下特性：①提供域控制器重命名的域管理工具 netdom.exe；②更新登录时间戳；③重定向用户及计算机容器的能力；④使授权管理器在活动目录域服务中储存授权策略成为可能；⑤包括强制授权；⑥支持选择性验证	Windows Server 2003、Windows Server 2008
Windows Server 2008	所示默认活动目录特性，所有来自 Windows Server 2003 的特性及以下特性：①SYSVOL 支持分布式文件系统手电筒（DFSR）；②Kerberos 协议支持高级加密服务；③详细记录最后一次交互登录信息；④细致灵活的多元密码策略	Windows Server 2008

（12）在如图 4-23 所示的"设置域功能级别"窗口中，可以选择多个不同的域功能级别："Windows 2000 纯模式"、"Windows Server 2003"、"Windows Server 2008"，考虑到网络中有低版本的 Windows 系

统计算机，此时建议选择"Windows 2000 纯模式"一项。

（13）单击"下一步"按钮，在如图 4-24 所示的"其他域控制器选项"窗口中，可以对域控制器的其他方面进行设置。系统会检测是否有已安装好的 DNS，由于没有安装其他的 DNS 服务器，系统会自动选择"DNS 服务器"复选框，一并安装 DNS 服务，使得该域控制器同时也作为一台 DNS 服务器。该域的 DNS 区域及该区域的授权会被自动创建。由于林中的第一台域控制器必须是全局编录服务器，且不能是只读域控制器（RODC），所以这两项为不可选状态。

图 4-23 设置域功能级别

图 4-24 设置其他域控制选项

①有了域林之后，同一域林中的域控制器共享一个活动目录，这个活动目录是分散存放在各个域的域控制器上的，每个域中的域控制器存有该域的对象的信息。如果一个域的用户要访问另一个域中的资源，这个用户要能够查找到另一个域中的资源才行。为了让每一用户能够快速查找到另一个域内的对象，微软设计了全局编录（Global Catalog，GC）。全局编录包含了整个活动目录中每一个对象的最重要属性（即部分属性，而不是全部），这使得用户或者应用程序即使不知道对象位于哪个域内，也可以迅速找到被访问的对象。②只读域控制器必须从域内运行 Windows Server 2008 的可写域控制器进行复制，因此仅当域内存在 Windows Server 2008 的可写域控制器的情况下添加一台只读域控制器至域时，该选项有效。

（14）单击"下一步"按钮，在如图 4-25 所示的信息提示对话框中，单击"是"按钮继续安装。之后在活动目录的安装过程中，将在这台计算机上自动安装和配置 DNS 服务，并且自动配置自己为首选 DNS 服务器。

（15）单击"下一步"按钮，在如图 4-26 所示的"数据库、日志文件和 SYSVOL 的位置"窗口中，需要指定将包含这些文件所在的卷及文件夹的位置。

数据库存储有关用户、计算机和网络中的其他对象的信息。日志文件记录与活动目录服务有关的活动，例如有关当前更新对象的信息。SYSVOL 存储组策略对象和脚本。默认情况下，SYSVOL 是位于%windir%目录中的操作系统文件的一部分，必须位于 NTFS 分区。如果在计算机上安装有 RAID(独立冗余磁盘阵列)或几块磁盘控制器，为了获得更好的性能和可恢复性，建议将数据库和日志文件分别存储在不包含程序或者其他非目录文件的不同卷（或磁盘）上。

图 4-25　信息提示　　　　图 4-26　指定数据库、日志文件以及 SYSVOL 的位置

（16）单击"下一步"按钮，在如图 4-27 所示的"目录服务还原模式的 Administrator 密码"窗口中输入两次完全一致的密码，用以创建目录服务还原模式的超级用户账户密码。

提示

当启动 Windows Server 2008 时，在键盘上按"F8"键，在出现的启动选择菜单中选择"目录还原模式"选项，启动计算机就要输入该密码。目录还原模式允许还原系统状态数据，包括注册表、系统文件、启动文件、Windows 文件保护下的文件、数字证书服务数据库、活动目录数据库、共享的系统卷等。

（17）单击"下一步"按钮，在如图 4-28 所示的"摘要"窗口中，可以查看以上各步骤中配置的相关信息。

图 4-27　创建目录还原模式的账户密码　　　　图 4-28　域服务安装摘要信息

（18）确认之后单击"下一步"按钮继续，安装向导将自动进行活动目录的安装和配置，如图 4-29 所示。如果选择"完成后重新启动"复选框，则计算机会在域服务安装完成之后自动重新启动计算机，否则将弹出如图 4-30 所示的"完成 Active Directory 域服务安装向导"窗口，此时单击"完成"按钮，将重新启动计算机，即可完成活动目录的配置。

活动目录安装好之后，可以选择"开始"→"管理工具"命令，查看 Windows Server 2008 的管理工具安装前后出现的变化，如图 4-31 所示。菜单中增加了有关活动目录的几个管理工具，其中"Active Directory 用户和计算机"用于管理活动目录的对象、组策略和权限等；"Active Directory 域和信任关系"用于管理活动目录的域和信任关系；"Active Directory 站点和服务"用于管理活动目录的物理结构站点。

图 4-29 活动目录配置过程

图 4-30 完成服务向导

图 4-31 "管理工具"菜单安装活动目录之后的变化

 　在活动目录安装之后，不但服务器的开机和关机时间变长，而且系统的执行速度也变慢，所以如果用户对某个服务器没有特别要求或不把它作为域控制器来使用，可将该服务器上的活动目录删除，使其降级成为成员服务器或独立服务器。要删除活动目录，打开"开始"菜单，选择"运行"命令，打开"运行"文本框，输入 dcpromo 命令，然后单击"确定"按钮，打开"Active Directory 安装向导"对话框，并按着向导的步骤进行删除，这里不再细述其过程。

在服务器上确认域控制器成功安装的方法如下。

（1）由于域中的所有对象都依赖于 DNS 服务，因此，首先应该确认与域控制器集成的 DNS 服务器的安装是否正确。测试方法：选择"开始"→"所有程序"→"管理工具"→"DNS"命令，打如图 4-32 所示的窗口，选择"正向查找区域"选项，可以见到与域控制器集成的正向查找区域的多个子目录，这是域控制器安装成功的标志。

（2）选择"开始"→"管理工具"命令，在"管理工具"菜单选项的列表中，可以看到系统已经有域控制器的若干菜单选项。选择其中的"Active Directory 用户和计算机"选项，打开如图 4-33 所示的"Active Directory 用户和计算机"窗口，选择"Domain Controllers"选项，可以看到安装成功的域控制器。此外，在"控制面板"的"系统属性"对话框中，选择"计算机名"选项卡，也可以看到域名表示的域控制器的完整域名。

图 4-32 "DNS 管理器"窗口

图 4-33 "Active Directory 用户和计算机"窗口

（3）选择"开始"→"命令提示符"命令，进入 DOS 命令提示符状态，输入"ping nos.com"，若能 ping 通，则代表域控制器成功安装，如图 4-34 所示。

图 4-34 "DOS 命令提示符"窗口

ping 是 Windows 系统自带的一个可执行命令，用于测试网络连接性的程序。ping 发送一个 ICMP 回声请求消息给目的地，并报告是否收到所希望的 ICMP 回声应答。ping 一般用于检测网络连接是否畅通，用时延来表示，其值越大，连通性越差。作为网络管理员来说，这是第一个必须掌握的 DOS 命令。它所利用的原理是这样的：网络上的机器都有唯一的 IP 地址，给目标 IP 地址发送一个数据包，对方就要返回一个同样大小的数据包。根据返回的数据包我们可以确定目标主机的存在。用好它可以很好地帮助我们分析判定网络故障。其应用格式为 ping IP 地址或域名。该命令还可以附加许多参数使用，输入 ping 按回车即可看到详细说明。

4.2.2 创建子域

为了使文件分类更加详细，管理更加简便，往往需要在指定文件夹下创建多个不同名称的子文件夹。企业网络的管理同样可以采用这种方法，可以根据内部分工的不同为每个部门创建不同的域，进而为同一部门下不同的小组创建子域，这样不仅可以方便管理，而且也可以对不同的小组进行横向比较。

1. 创建子域注意事项

虽说是创建子域，但容不得半点的马虎，稍有不慎就会导致操作失败，通常情况下应注意以下 4 个方面。

- 使用具有充分权限的用户账户登录域控制器：被提升为子域的计算机必须是已加入域的成员，并且以 Active Directory 中 Domain Admins 组或 Enterprise Admins 组的用户账户登录到域控制器，否则将会被提示无权提升域控制器。
- 操作系统版本的兼容性：被提升为子域控制器的计算机必须安装 Windows Server-2008（Windows Server 2008 Web Edition 除外）或 Windows Server 2003 操作系统。
- 正确配置 DNS 服务器：必须将当前计算机的 DNS 服务器指向主域控制器，并且保证域控制器的 DNS 已经被正确配置，否则将会被提示无法联系到 Active Directory 域控制器。
- 域名长度：Active Directory 域名最多包含 64 个字符或 155 个字节。

2. 创建子域

当需要更为详细地划分某个域范围或者空间时，可以为其创建子域。建成子域后该域也就成了父域，其下所有的子域名称中均包含其父域名称。

创建子域的过程和创建主域控制器的过程基本相似，我们以在 nos.com 的域下面创建的 win 子域为例，介绍其具体的操作步骤。

（1）首先确认"本地连接"属性 TCP/IP 首选 DNS 是否指向了域控制器（本例为 192.168.1.27），同时确认本地 IP 地址（本例设置为 192.168.1.28）和域控制器在同一个网段，然后选择"开始"→"服务器管理器"命令打开服务器管理器，按照前面"安装活动目录"的方法启动"Active Directory 域服务安装向导"，进行至"选择某一部署配置"窗口中，选择"现有林"下的 "在现有林中新建域"选项。

（2）单击"下一步"按钮，进入"网络凭据"窗口，如图 4-35 所示。在文本框中输入域控制器的域名称，此处为"nos.com"。

（3）单击"设置"按钮，弹出"网络凭据"对话框，输入登录到域控制器的用户名和密码，"域"文本框中会默认显示当前主域控制器的完整域名，如图 4-36 所示。

（4）单击"下一步"按钮，进入"命名新域"窗口。在"父域的 FQDN"文本框中输入当前域控制器的 DNS 全名"nos.com"，在"子域的单标签 DNS 名称"文本框中输入子域名称"win"，如图 4-37 所示。

图 4-35　"网络凭据"窗口

图 4-36　账户凭据

（5）单击"下一步"按钮，进入"NetBIOS 域名"窗口，要求指定子域的 NetBIOS 名称，系统会出现默认的 NetBIOS 名称，建议不要更改。建成后的子域虽然仍要接受来自父域的管理，但是它已经是一台全新的域控制器，其下所有的用户均可直接登录到该域控制器。

（6）接下来的操作和全新域控制器的安装完全相同，利用安装向导连续单击"下一步"按钮，直至进入"摘要"窗口，此时会发现新的域名中包含父域的域名，可以单击"上一步"按钮，返回前面的窗口重新设置。

（7）单击"下一步"按钮即可开始安装子域，这同样需要几分钟或者更长的时间，并且安装完成后需要重新启动计算机，即可完成子域的创建。

　　重新启动计算机后，使用安装子域时设定的用户名和密码登录到子域，检查服务器上子域是否成功安装，同时还要在域控制器上检查父域和子域之间是否建立了关系。依次单击"开始"→"管理工具"→"ActiveDirectory 域和信任关系"后，需要展开"nos.com"，方可显示子域"win.nos.com"，如图 4-38 所示。

图 4-37　"命名新域"窗口

图 4-38　域与子域的关系

4.2.3　创建附加的域控制器

通常情况下，一个功能强大的网络中至少应设置两台域控制器，即一台主域控制器和一台附加域控制器。网络中的第一台安装活动目录的服务器通常会被默认设置为主域控制器，其他域控制器（可以有多台）称为附加域控制器，主要用于主域控制器出现故障时及时接替其工作，继续提供各种网络服务，不致造成网络瘫痪，同时还可用于备份数据。

前面已经介绍了如何创建一台全新的域控制器，即主域控制器，其实附加域控制器的安装过程与之类似，只是在选择域控制器类型时有所不同，具体操作步骤如下。

（1）首先确认"本地连接"属性 TCP/IP 首选 DNS 是否指向了域控制器（本例为192.168.1.27），同时确认本地 IP 地址（本例设置为 192.168.1.29）和域控制器在同一个网段，然后选择"开始"→"服务器管理器"命令打开服务器管理器，按照前面"安装活动目录"的方法启动"Active Directory 域服务安装向导"，进行至"选择某一部署配置"窗口中，选择"现有林"下的"在现有域添加域控制器"选项，将该计算机设置为域外控制器。

（2）单击"下一步"按钮，在"网络凭据"窗口中，输入主域控制器的名称以及用户名和密码。该用户名必须隶属于目的域的 Domain Admins 组、Enterprise Admins 组，或者是其他授权用户。其他安装过程，请参见上述"安装活动目录"相关内容。

一旦将该计算机升级为附加域控制器后，原有的本机账户将被删除，密钥（Cryptographic Keys）也将被删除，因此，应当先进行数据备份。另外已被加密的数据（如文件和电子邮件）也将无法读取，所以应当先将这些数据解密并备份。

4.2.4　创建域林中的第二棵域树

在活动目录的安装中，多次提到域控制器的安装和 DNS 服务器有密切的关系，所以在域林中安装第二棵域树 nos.net 时，DNS 服务器要做一定的设置：在 nos.com 域树中，首选 DNS 服务器 IP 地址为 192.168.1.27，仍然使用该 DNS 服务器作为 nos.net 域的 DNS 服务器，然后在 nos.com 服务器上创建新的 DNS 域 nos.net，具体操作步骤如下。

（1）选择"开始"→"管理工具"→"DNS 选项"，弹出"DNS 管理器"窗口，如图 4-39 所示。展开左部的列表，右键单击"正向查找区域"，在弹出的快捷菜单中选择"新建区域"命令。

（2）在"欢迎使用新建区域向导"窗口中，单击"下一步"按钮，进入"区域类型"窗口，如图 4-40 所示，在其中选择"主要区域"单选按钮。

图 4-39　新建 DNS 区域

图 4-40　"区域类型"窗口

（3）单击"下一步"按钮，进入"Active Directory 区域传送作用域"窗口，如图 4-41 所示。根据需要选择如何复制 DNS 区域数据，这里选择第二项"至此域中的所有 DNS 服务器"。

（4）单击"下一步"按钮，进入"区域名称"窗口，如图 4-42 所示，输入 DNS 区域名称"nos.net"。

图 4-41　选择如何复制区域数据

图 4-42　"区域名称"窗口

（5）单击"下一步"按钮，如图 4-43 所示，选择"只允许安全的动态更新"或者"允许非安全和安全动态更新"单选按钮中的任一个，不要选择"不允许动态更新"单选按钮。

（6）单击"下一步"按钮，在"新建区域向导"窗口中单击"完成"按钮，然后在 DNS 管理窗口中，可以看到已经创建的 DNS 域"nos.net"，如图 4-44 所示。

图 4-43　"动态更新"窗口

图 4-44　nos.net DNS 域已经创建

在 DNS 服务器上做好相应的准备后，在另外一台服务器上安装与设置 nos.net 域树的域控制器，具体操作步骤如下。

（1）首先确认"本地连接"属性 TCP/IP 首选 DNS 是否指向了域控制器（本例为 192.168.1.27），同时确认本地 IP 地址（本例设置为 192.168.1.30）和域控制器在同一个网段，然后选择"开始"→"服务器管理器"命令打开服务器管理器，按照前面"安装活动目录"的方法启动"Active Directory 域服务安装向导"，进行至"选择某一部署配置"窗口中，选择"现有林"下的 "在现有林中新建域"选项，并选择"新建域树根而不是新子域"复选框。

（2）单击"下一步"按钮，输入已有域树的根域域名和管理员的账户、密码，这里已有域树的根域域名为"nos.com"，单击"下一步"按钮，如图 4-45 所示，输入新域树根域的 DNS 名，这里应为"nos.net"。

（3）单击"下一步"按钮，由于新域的 NetBIOS 名有冲突，系统自动更改为"noso"。单击"下一步"按钮，后继步骤和创建域林中的第一个域控制器的步骤类似，不再赘述。一旦确定后，安装向导开始安装过程。

（4）安装完毕后重新启动计算机，单击"开始"→"管理工具"→"Active Directory 域和信任关系"菜单打开窗口，可以看到 nos.net 域已经存在了，如图 4-46 所示。

图 4-45　命名新域树根

图 4-46　nos.net 域

4.2.5　客户机登录到域

域中的客户机既可以是安装了 Windows XP 专业版操作系统的计算机，也可以是 Windows

Server 2008 操作系统的服务器。前者成为普通的域工作站，后者将成为域的成员服务器。安装微软公司操作系统的各类客户机加入域的操作过程十分相拟。下面仅以安装 Windows XP 专业版操作系统的客户机为例进行讲解，对于安装了其他操作系统的客户机，可以参照进行。

（1）先以 Windows XP 专业版（注意：家庭版不能登录到域）计算机管理员的身份登录本机。由于在设置客户端时，会更改本机的设置，因此在 Windows XP 专业版客户端，必须先以本机管理员的身份登录，否则系统的许多选项为查看模式，其设置不允许被更改。登录本机时，"用户名"文本框应输入 "Administrator"，"密码" 文本框应输入在系统安装过程中确定的管理员密码。此时，登录使用的用户名及密码会在本机的目录数据库中进行登录验证。

（2）在需要加入域的计算机上，选择 "开始" → "控制面板" 命令，在打开的 "控制面板" 窗口中，双击 "系统" 图标，在打开的 "系统属性" 对话框中，选择 "计算机名" 选项卡，如图 4-47 所示。

（3）单击 "更改" 按钮，打开如图 4-48 所示的 "计算机名称更改" 对话框。在此对话框中，确认计算机名是否正确。在 "隶属于" 区域中，选中 "域" 单选按钮，输入 Windows XP 专业版工作站要加入的域名，例如 "nos.com"，最后单击 "确定" 按钮。

图 4-47 "系统属性" 对话框

图 4-48 "计算机名称更改" 对话框

（4）当出现如图 4-49 所示的 "计算机名更改" 对话框时，输入在域控制器中具有将工作站加入 "域" 权利的用户账号，而不是工作站本身的系统管理员账户或其他账户。

（5）如果成功地加入了域，将打开提示对话框，显示 "欢迎加入 nos.com 域" 的信息，否则提示出错信息；最后单击 "确定" 按钮。

（6）当出现 "计算机名更改" 的重新启动计算机的询问对话框时，单击 "确定" 按钮。重新启动计算机后，出现如图 4-50 所示的三栏登录窗口。由于此时的目的是登录域，因此先在 "登录到" 下拉列表中选择拟加入域的域控制器的 NetBIOS 名称，如 "CNINFO"，前两栏则应输入在活动目录中有效的用户名及相应的密码，然后即可登录到该域。

图 4-49 "计算机名更改" 对话框

图 4-50 "登录到 Windows" 对话框

当出现如图 4-50 所示的登录对话框时，表示该计算机既可以选择登录到域，也可以选择登录到本机。其中的"用户名"与"密码"会通过网络上传到域控制器中的活动目录数据库中进行验证，而"登录到"则使用本机的目录数据库进行登录数据的验证。

4.3　任务2——Windows Server 2008活动目录的管理

【任务描述】

　　活动目录安装后，管理工具里增加了"Active Directory 用户和计算机"、"Active Directory 域和信任关系"、"Active Directory 站点和服务" 3 个菜单，主要用于活动目录的相关管理。

【任务目标】

　　熟悉活动用户和计算机的管理，熟悉活动目录域和信任关系的建立以及掌握活动目录域站点间与站点内的复制及管理。

4.3.1　活动目录用户和计算机

　　活动用户和计算机的管理具体操作步骤如下。

　　（1）单击"开始"→"管理工具"→"Active Directory 用户和计算机"菜单，可以打开"Active Directory 用户和计算机"窗口。在该窗口的左部，选择"Computers"，可以显示当前域中的计算机，即成员服务器和工作站，如图 4-51 所示，登录的客户端工作站 "computer"。

　　（2）在"Active Directory 用户和计算机"窗口左部，选择"Domain Controllers"，可以显示当前域中的域控制器，如图 4-52 所示。

图 4-51　显示当前域中的计算机　　　　　　　图 4-52　显示域控制器

　　（3）在"Active Directory 用户和计算机"窗口左部，选择"Users"或"Builtin"，可以显示域中的用户或组等情况，有关用户和组的内容详见本书的项目 5。

　　（4）活动目录的逻辑结构非常灵活，包括域、域树、域林和组织单元。组织单元是一个容器对象，可以把域中的对象（用户、组、计算机等）组织成逻辑组，以简化管理工作，它反映了企业行政管理的实际框架，具体的创建的方法为：在"Active Directory 用户和计算机"窗口左部，选中"information.com"后右键单击，在弹出的菜单中选择"新建"→"组织单元"命令，在"新建对象—组织单元"对话框中，输入组织单元名称，单击"确定"按钮即可。

4.3.2　活动目录域和信任关系

众所周知，任何一个网络中都可能存在两台甚至多台域控制器，而对于企业网络而言更是如此，因此域和域之间的访问安全自然就成了主要问题。Windows Server 2008 的活动目录为用户提供了信任关系功能，可以很好地解决这些问题。

1. 信任关系

信任关系是两个域控制器之间实现资源互访的重要前提，任何一个 Windows Server 2008 域被加入到域目录树后，这个域都会自动信任父域，同时父域也会自动信任这个新域，而且这些信任关系具备双向传递性。由于这个信任关系的功能是通过所谓的 Kerberos 安全协议完成的，因此有时也被称为 Kerberos 信任。有时候信任关系并不是由加入域目录树或用户创建产生的，而是由彼此之间的传递得到的，这种信任关系也被称为隐含的信任关系。

2. 创建信任关系

当网络中有多个不同的域，想要让每个用户都可以自由访问网络中的每台服务器（不管用户是否属于这个域）时，域之间需要创建信任关系。在前面的章节中，已创建了一个 nos.com 域，主域计算机名为 Win2008，TCP/IP 地址为 192.168.1.27，现在再创建一个 network.com 域，主域计算机名为 Win2008-N，TCP/IP 地址为 192.168.1.32。

下面就以这两个域为例，介绍信任关系的创建。创建信任关系时，首先在计算机 Win2008-N 上进行操作，具体操作步骤如下。

（1）单击"开始"→"管理工具"→"Active Directory 域和信任关系"，从主窗口中右键单击 ycdata.com 域名，从出现的菜单中选择"属性"，打开"域属性"窗口，接着单击"信任"标签，打开如图 4-53 所示的"信任"选项卡。由于当前域尚未与其他任何域建立信任关系，所以此时列表为空。

（2）单击"新建信任"按钮，打开"新建信任向导"，单击"下一步"按钮，进入如图 4-54 所示的"信任名称"窗口，在"名称"文本框中输入要与之建立信任关系的 NetBIOS 名称或者 DNS 名称，这里为"nos.com"。

图 4-53　信任选项卡

图 4-54　信任名称

（3）单击"下一步"按钮，进入如图 4-55 所示的"信任方向"窗口。选择信任关系的方向，可以是"双向"、"单向：内传"、"单向：外传"。双向的信任关系实际上是由两个单向的信任关系组成的，因此也可以通过分别建立两个单向的信任关系来建立双向信任关系。这里为了方便，选择"双向"单选按钮，单击"下一步"按钮。

（4）如图 4-56 所示，由于信任关系要在一方建立传入，在另一方建立传出，为了方便，选择"此域和指定的域"单选按钮，同时创建传入和传出信任，然后单击"下一步"按钮。否则必须在nos.com 域上重复以上的步骤。

图 4-55 "信任方向"窗口

图 4-56 "信任方"窗口

（5）如图 4-57 所示，在对话框中输入 nos.com 域中管理员的账户和密码，单击"下一步"按钮。

（6）如图 4-58 所示，选择"是，确认传出信任"按钮，即确认 ycdata.com 域信任 cninfo.com 域，单击"下一步"按钮。

图 4-57 "用户名和密码"对话框

图 4-58 "确认传出信任"对话框

（7）如图 4-59 所示，选择"是，确认传入"按钮，即确认 cninfo.com 域信任 ycdata.com 域。单击"下一步"按钮，信任关系成功创建，如图 4-60 所示。此时在"受此域信任的域"和"信任此域的域"列表框中均可看到刚才创建的信任关系。

图 4-59 "确信传入信任"对话框

图 4-60 新创建的信任关系

4.3.3　活动目录站点复制服务

活动目录站点复制服务，就是将同一 Active Directory 站点的数据内容，保存在网络中不同的位置，以便于所有用户快速调用，同时还可以起到备份的目的。Active Directory 站点复制服务使用的是多主机复制模型，允许在任何域控制器上（而不只是委派的主域控制器上）更改目录。Active Directory 依靠站点概念来保持复制的效率，并依靠知识一致性检查器（KCC）来自动确定网络的最佳复制拓扑。

Active Directory 站点复制可以分为站点间复制和站点内复制。

1.　站点间复制

站点间复制，主要是指发生在处于不同地理位置的主机之间的 Active Directory 站点复制。站点之间的目录更新可根据可配置的日程安排自动进行。在站点之间复制的目录更新被压缩以节省带宽。

Active Directory 站点复制服务，使用用户提供的关于站点连接的信息，自动建立最有效的站点间复制拓扑。每个站点被指派一个域控制器（称为站点间拓扑生成程序）以建立该拓扑，并使用最低开销跨越树算法，以消除站点之间的冗余复制路径。站点间复制拓扑将定期更新，以响应网络中发生的任何更改。

Active Directory 站点复制服务，通过最小化复制的频率，以及允许安排站点复制连接的可用性，来节省站点之间的带宽。在默认情况下，跨越每个站点连接的站点间每 180 分钟进行一次复制，可以通过调整该频率来满足自己的具体需求。要注意的是，提高此频率将增加复制所用的带宽量。此外，还可以安排复制所用的站点连接的可用性，可以将复制限制在每周的特定日期和每天的具体时间。

2.　站点内复制

站点内复制可实现速度优化，站点内的目录更新根据更改通知自动进行。在站点内复制的目录更新并不压缩。

每个域控制器上的知识一致性检查器，使用双向环式设计自动建立站内复制的最有效复制拓扑。这种双向环式拓扑至少将为每个域控制器创建两个连接（用于容错），任意两个域控制器之间不多于 3 个跃点（以减少复制滞后时间）。为了避免出现多于 3 个跃点的连接，此拓扑可以包括跨环的快捷连接。

知识一致性检查器定期更新复制拓扑，站点内的复制根据更改通知而自动进行。当在某个域控制器上执行目录更新时，站内复制就开始了。默认情况下，源域控制器等待 15 秒，然后将更新通知发送给最近的复制伙伴。如果源域控制器有多个复制伙伴，在默认情况下将以 3 秒为间隔向每个伙伴相继发出通知。当接收到更改通知后，伙伴域控制器将向源域控制器发送目录更新请求，源域控制器以复制操作响应该请求。3 秒的通知间隔可避免来自复制伙伴的更新请求同时到达，而使源域控制器应接不暇。

对于站点内的某些目录更新，复制会立即发生。这种立即复制称为紧急复制，应用于重要的目录更新，包括账户锁定的指派以及账户锁定策略、域密码策略或域控制器账户上密码的更改。

3. 管理复制

Active Directory 依靠站点配置信息来管理和优化复制过程。在某些情况下，Active Directory 可自动配置这些设置。此外，用户可以使用"Active Directory 站点和服务"为自己的网络配置与站点相关的信息，包括站点连接、站点连接桥和桥头服务器的设置等。

4.4 实训——活动目录的安装与管理

一、实训目标

（1）理解域环境中计算机 4 种不同的类型。

（2）熟悉 Windows Server 2008 域控制器、附加域控制器以及子域的安装。

（3）掌握确认域控制器安装成功的方法。

（4）了解活动目录的信任关系。

（5）熟悉创建域之间的信任关系。

二、实训设备

（1）网络环境：已建好的 100Mbit/s 的以太网络，包含交换机（或集线器）、五类（或超五类）UTP 直通线若干、3 台及以上数量的计算机（计算机配置要求 CPU 最低 1.4 GHz 以上，x64 和 x86 系列均有 1 台及以上数量，内存不小于 1024MB，硬盘剩余空间不小于 10GB，有光驱和网卡）。

（2）软件：①Windows Server 2008 安装光盘，或硬盘中有全部的安装程序；②Windows XP 安装光盘，或硬盘中有全部的安装程序。

三、实训内容

分别安装 5 台 Windows Server 2008 独立服务器和 1 台 Windows XP 专业版的客户机，要求这 6 台服务器在同一个局域网中，并分别作如下设置。

（1）为计算机 WIN2008A（WIN2008A 为计算机名，后同）安装操作系统 Windows Server 2008 Enterprise Edition，IP 地址为 192.168.0.1，子网掩码为 255.255.255.0，首选 DNS 服务器为 192.168.0.1，在服务器上安装域名为 student.com 的域控制器。

（2）为计算机 WIN2008B 安装操作系统 Windows Server 2008 Enterprise Edition，IP 地址为 192.168.0.2，子网掩码为 255.255.255.0，首选 DNS 服务器为 192.168.0.1，在服务器上安装域 student.com 的附加域控制器。

（3）为计算机 WIN2008C 安装操作系统 Windows Server 2008 Enterprise Edition，IP 地址为 192.168.0.3，子网掩码为 255.255.255.0，首选 DNS 服务器为 192.168.0.1，在服务器上安装域名为 teacher.com 的域控制器，teacher.com 和 student.com 在同一域林中。

（4）为计算机 WIN2008D 安装操作系统 Windows Server 2008 Enterprise Edition，IP 地址为 192.168.0.4，子网掩码为 255.255.255.0，首选 DNS 服务器为 192.168.0.1，在服务器上安装域名为 test.student.com 的域控制器。

（5）为计算机 WIN2008E 安装操作系统 Windows Server 2008 Enterprise Edition，IP 地址为 192.168.0.5，子网掩码为 255.255.255.0，首选 DNS 服务器为 192.168.0.1，为 test.student.com 中的成员服务器。

（6）为计算机 WIN2008-Client 安装操作系统 Windows XP 专业版，IP 地址为 192.168.0.6，子

网掩码为 255.255.255.0，首选 DNS 服务器为 192.168.0.1，为域 student.com 的客户机。

（7）分别测试域 student.com、域 teacher.com 以及子域 test.student.com 域是否安装成功。

（8）分别将计算机 WIN20083E 和 WIN2008-Client 加入到域 student.com 中。

（9）建立 student.com 和 teacher.com 域的双向信任关系。

四、实训建议

针对各高职高专网络实验室的现状，对本项目及以后项目的相关实训提出如下建议：（1）学生每 4～6 人组成一个小组，每小组配置 2～3 台计算机，内存配置要求高于普通计算机 1～2 倍；（2）每台计算机上均安装虚拟机软件 VMWARE Workstation 6.5，利用虚拟机虚拟多个操作系统并组成虚拟局域网来完成各项实训的相关设置；（3）每做完一个实验，就利用虚拟机保存一个还原点，以方便后续实训的相关操作。

4.5 习题

一、填空题

（1）域树中的子域和父域的信任关系是＿＿＿＿＿＿、＿＿＿＿＿＿。

（2）活动目录存放在＿＿＿＿＿＿中。

（3）Windows Server 2008 服务器的 3 种角色是＿＿＿＿、＿＿＿＿、＿＿＿＿。

（4）独立服务器上安装了＿＿＿＿就升级为域控制器。

（5）域控制器包含了由这个域的＿＿＿＿、＿＿＿＿以及属于这个域的计算机等信息构成的数据库。

（6）活动目录中的逻辑单元包括＿＿＿＿、＿＿＿＿、域林和组织单元。

二、选择题

（1）下列（　　）信息不是域控制器存储了所有的域范围内的信息。

　　A. 安全策略信息　　　　　　　　　　B. 用户身份验证信息

　　C. 账户信息　　　　　　　　　　　　D. 工作站分区信息

（2）活动目录和（　　）的关系密不可分，可使用此服务器来登记域控制器的 IP、进行各种资源的定位等。

　　A. DNS　　　　　　B. DHCP　　　　　　C. FTP　　　D. HTTP

（3）下列（　　）不属于活动目录的逻辑结构。

　　A. 域树　　　　　　B. 域林　　　　　　C. 域控制器　　D. 组织单元

（4）活动目录安装后，管理工具里没有增加（　　）菜单。

　　A. Active Directory 用户和计算机　　　B. Active Directory 域和信任关系

　　C. Active Directory 站点和服务　　　　D. Active Directory 管理

三、问答题

（1）为什么需要域？

（2）信任关系的目的是什么？

（3）为什么在域中常常需要 DNS 服务器？

（4）活动目录存放了何种信息？

项目 5

用户与组的管理

项目情境：

如何让用户和组的管理更加集中与方便？

三峡瑞思信息技术有限公司是一家主要提供计算机网络建设与维护的网络技术服务公司，2008 年为上市公司湖北安琪酵母扩建了集团总部内部的局域网络。该网络覆盖了集团 4 幢办公大楼，有近 1000 个节点，并拥有各种类型的服务器 30 余台。

集团各公司的网络早期都使用的是工作组的管理模式，计算机没有办法集中管理，用户访问网络资源时也没有办法进行统一身份验证。网络扩建后开始使用域模式来进行管理，作为技术人员，你如何在域环境中实现集中管理集团各公司计算机和域用户，以及实现集中的身份验证？

项目描述：Windows Server 2008 系统是一个多用户、多任务的分时操作系统，任何一个要使用系统资源的用户，都必须首先向管理员申请一个账号，然后以这个账号进入系统。这一方面可以帮助管理员对使用系统的用户进行跟踪，控制他们对系统资源的访问，另一方面也可以利用组账户帮助管理员简化操作的复杂程度，降低管理的难度。

项目目标：

- 熟悉用户账户的创建与管理
- 熟悉组账户的创建与管理
- 理解内置的组
- 掌握设置用户的工作环境

5.1　知识准备——用户与组的概念

5.1.1　用户账户概念

在计算机网络中，计算机的服务对象是用户，用户通过账户访问计算机资源，所以用户也就是账户。所谓用户的管理也就是账户的管理。每个用户都需要有一个账户，以便登录到域访问网络资源或登录到某台计算机访问该机上的资源。组是用户账户的集合，管理员通常通过组来对用户的权限进行设置以简化管理。

用户账户由一个账户名和一个密码来标识，二者都需要用户在登录时键入。账户名是用户的文本标签，密码则是用户的身份验证字符串，是在 Windows Server 2008 网络上的个人唯一标识。用户账户通过验证后登录到工作组或是域内的计算机上，然后通过授权访问相关的资源，它也可以作为某些应用程序的服务账户。

账户名的命名规则如下。

- 账户名必须唯一，且不分大小写。
- 最多包含 20 个大小写字符和数字，输入时可超过 20 个字符，但只识别前 20 个字符。
- 不能使用保留字字符：”、^、[、]、:、;、|、=、,、+、*、?、<、>。
- 可以是字符和数字的组合。
- 不能与组名相同。

为了维护计算机的安全，每个账户必须有密码，设置密码时应遵循以下规则。

- 必须为 Administrator 账户分配密码，防止其未经授权就使用。
- 明确是由管理员还是用户来管理密码，最好用户管理自己的密码。
- 密码的长度在 8～127。如果网络包含运行 Windows 95 或 Windows 98 的计算机，应考虑使用不超过 14 个字符的密码。如果密码超过 14 个字符，则可能无法从运行 Windows 95 或 Windows 98 的计算机登录到网络。
- 使用不易猜出的字母组合，例如不要使用自己的名字、生日以及家庭成员的名字等。
- 密码可以使用大小写字母、数字和其他合法的字符。

5.1.2　用户账户类型

Windows Server 2008 服务器有两种工作模式：工作组模式和域模式。域和工作组都是由一些计算机组成的，例如可以把企业的每个部门组织成一个域或者一个工作组，这种组织关系和物理上计算机之间的连接没有关系，仅仅是逻辑意义上的。企业的网络中可以创建多个域和多个工作组，域和工作组之间的区别可以归结为以下几点。

（1）创建方式不同：工作组可以由任何一个计算机的管理员来创建，用户在系统的"计算机名称更改"对话框中输入新的组名，重新启动计算机后就创建了一个新组，而且每一台计算机都有权利创建一个组；而域只能由域控制器来创建，然后才允许其他的计算机加入这个域。

（2）安全机制不同：在域中有可以登录该域的账户，这些由域管理员来建立；在工作组中不存在工作组的账户，只有本机上的账户和密码。

（3）登录方式不同：在工作组方式下，计算机启动后自动就在工作组中；登录域时要提交域用户名和密码，只到用户登录成功之后，才被赋予相应的权限。

Windows Server 2008 针对这两种工作模式提供了 3 种不同类型的用户账户，分别是本地用户账户、域用户账户和内置用户账户。

1．本地用户账户

本地用户账户对应于对等网的工作组模式，建立在非域控制器的 Windows Server 2008 独立服务器、成员服务器以及 Windows XP 客户端。本地用户账户只能在本地计算机上登录，无法访问域中其他计算机资源。

本地计算机上都有一个管理账户数据的数据库，称为安全账户管理器（Security Accounts Managers，SAM）。SAM 数据库文件路径为系统盘下\Windows\system32\config\SAM。在 SAM 中，每个账户被赋予唯一的安全识别号（Security Identifier，SID），用户要访问本地计算机，都需要经过该机 SAM 中的 SID 验证。本地的验证过程，都由创建本地帐户的本地计算机完成，没有集中的网络管理。

2．域用户账户

域用户账户对应于域模式网络，域账户和密码存储在域控制器上的 Active Directory 数据库中，域数据库的路径为域控制器中的系统盘下\Windows\NTDS\NTDS.DIT。因此，域账户和密码被域控制器集中管理。用户可以利用域账户和密码登录域，访问域内资源。域账户建立在 Windows Server 2008 域控制器上，域用户账户一旦建立，会被自动地复制到同域中的其他域控制器上。复制完成后，域中的所有域控制器都能在用户登录时提供身份验证功能。

3．内置用户账户

Windows Server 2008 中还有一种账户叫内置用户账户，它与服务器的工作模式无关。当 Windows Server 2008 安装完毕后，系统会在服务器上自动创建一些内置用户账户，分别如下。

- Administrator（系统管理员）：拥有最高的权限，管理着 Windows Server 2008 系统和域。系统管理员的默认名字是 Administrator，可以更改系统管理员的名字，但不能删除该账户。该账户无法被禁止，永远不会到期，不受登录时间和只能使用指定计算机登录的限制。
- Guest（来宾）：是为临时访问计算机的用户提供的。该账户自动生成，且不能被删除，但可以更改名字。Guest 只有很少的权限，默认情况下，该账户被禁止使用。例如，当希望局域网中的用户都可以登录到自己的计算机，但又不愿意为每一个用户建立一个账户时，就可以启用 Guest 账户。
- Internet Guest：是用来供 Internet 服务器的匿名访问者使用的，但是在局域网中并没有太大的作用。

5.1.3 组的概念

有了用户之后，为了简化网络的管理工作，Windows Server 2008 中提供了用户组的概念。用户组就是指具有相同或者相似特性的用户集合，我们可以把组看作一个班级，用户便是班级里的学生。当要给一批用户分配同一个权限时，就可以将这些用户都归到一个组中，只要给这个组分配此权限，组内的用户就都会拥有此权限。就好像给一个班级发了一个通知，班级内的所有学生都会收到这个通知一样。

组是指本地计算机或 Active Directory 中的对象，包括用户、联系人、计算机和其他组。在

Windows Server 2008 中，通过组来管理用户和计算机对共享资源的访问。如果赋予某个组访问某个资源的权限，这个组的用户都会自动拥有该权限。例如，网络部的员工可能需要访问所有与网络相关的资源，这时不用逐个向该部门的员工授予对这些资源的访问权限，而是可以使员工成为网络部的成员，以使用户自动获得该组的权限。如果某个用户日后调往另一部门，只需将该用户从组中删除，所有访问权限即会随之撤销。与逐个撤销对各资源的访问权限相比，该技术比较容易实现。

组一般用于以下 3 个方面：（1）管理用户和计算机对于共享资源的访问，如网络各项文件、目录和打印队列等；（2）筛选组策略；（3）创建电子邮件分配列表等。

Windows Server 2008 同样使用唯一安全标识符 SID 来跟踪组，权限的设置都是通过 SID 而不是利用组名进行的。更改任何一个组的账户名，并没有更改该组的 SID，这意味着在删除组之后又重新创建该组后，不能期望所有权限和特权都与以前相同。新的组将有一个新的安全标识符，旧组的所有权限和特权已经丢失。

在 Windows Server 2008 中，用组账户来表示组，用户只能通过用户账户登录计算机，不能通过组账户登录计算机。

　　我们在前面学习过组织单元，组和组织单元是相同的概念吗？组织单元是域中包含的一类目录对象，它包括域中一些用户、计算机和组、文件与打印机等资源。由于活动目录服务把域详细地划分成组织单元，而组织单元还可以再划分成下级组织单元，因此组织单元的分层结构可用来建立域的分层结构模型，进而可使用户把网络所需的域的数量减至最小。组织单元具有继承性，子单元能够继承父单元的访问许可树。域管理员可以使用组织单元来创建管理模型，该模型可调整为任何尺寸，而且，域管理员可授予用户对域中所有组织单元或单个组织单元的管理权限。组和组织单元有很大的不同，组主要用于权限设置，而组织单元则主要用于网络构建；另外，组织单元只表示单个域中的对象集合（可包括组对象），而组可以包含用户、计算机、本地服务器上的共享资源、单个域、域目录树或目录林。

5.1.4　组的类型和作用域

与用户账户一样，可以分别在为本地和域中创建组账户。

- 创建在本地的组账户：可以在 Windows Server 2008/2003/2000/NT 独立服务器或成员服务器、Windows XP、Windows NT Workstation 等非域控制器的计算机上创建本地组。这些组账户的信息被存储在本地安全账户数据库（SAM）内。本地组只能在本地机使用，它有两种类型：用户创建的组和系统内置的组（后面将详细介绍 Windows Server 2008 的内置组）。
- 创建在域的组账户：该账户创建在 Windows Server 2008 的域控制器上，组账户的信息被存储在 Active Directory 数据库中，这些组能够被使用在整个域中的计算机上。

组的分类方法有很多，根据权限不同，组可以分为安全组和分布式组。

- 安全组：被用来设置权限，例如可以设置安全组对某个文件有读取的权限。
- 分布式组：用在与安全（与权限无关）无关的任务上，例如可以将电子邮件发送给分布式组。系统管理员无法设置分布式组的权限。

根据组的作用范围，Windows Server 2008 域内的组又分为通用组、全局组和本地域组，这些组的特性说明如下。

（1）通用组：可以指派所有域中的访问权限，以便访问每个域内的资源。通用组具有如下的特性。

① 可以访问任何一个域内的资源。

② 成员能够包含整个域目录林中任何一个域内的用户、通用组、全局组，但无法包含任何一个域内的本地域组。

（2）全局组：主要用来组织用户，即可以将多个即将被赋予相同权限的用户账户加入到同一个全局组中。全局组具有如下的特性。

① 可以访问任何一个域内的资源。

② 成员只能包含与该组相同域中的用户和其他全局组。

（3）本地域组：主要被用来指派在其所属域内的访问权限，以便可以访问该域内的资源，本地域组具有如下的特性。

① 只能访问同一域内的资源，无法访问其他不同域内的资源。

② 成员能够包含任何一个域内的用户、通用组、全局组以及同一个域内的域本地组，但无法包含其他域内的域本地组。

5.2 任务 1——用户的创建与管理

【任务描述】

在 Windows Server 2008 中，如果想让网络中的其他计算机能够登录服务器，就必须给这些计算机分配用户账户，这样才能构建出客户机/服务器模式的网络。通过对这些账户的管理，就可以满足网络管理员的日常管理需要。

【任务目标】

掌握本地用户账户与域用户账户的创建与管理，特别是对账户进行重新设置密码、修改和重命名等相关操作。

5.2.1 创建与管理本地用户账户

1. 创建本地用户账户

本地用户账户是工作在本地计算机上的，只有系统管理员才能在本地创建用户。下面举例说明如何创建本地用户，例如在 Windows 独立服务器上创建本地帐户 Userl 的操作步骤如下。

（1）选择菜单"开始"→"管理工具"→"计算机管理"→"本地用户和组"命令，在弹出的"计算机管理"窗口中，右键单击"用户"，选择"新用户"选项，如图 5-1 所示。

（2）弹出"新用户"对话框，如图 5-2 所示，该对话框中的选项介绍如下。

- 用户名：系统本地登录时使用的名称。
- 全名：用户的全称。
- 描述：关于该用户的说明文字。
- 密码：用户登录时使用的密码。
- 确认密码：为防止密码输入错误，需再输入一遍。

- 用户下次登录时须更改密码：用户首次登录时，使用管理员分配的密码，当用户再次登录时，强制用户更改密码，用户更改后的密码只有自己知道，这样可保证系统的安全使用。
- 用户不能更改密码：只允许用户使用管理员分配的密码。
- 密码永不过期：密码默认的有效期为 42 天，超过 42 天后系统会提示用户更改密码，选中此项表示系统永远不会提示用户修改密码。
- 账户已禁用：选中此项表示任何人都无法使用这个账户登录，这适用于企业内某员工离职时，防止他人冒用该账户登录。

图 5-1　"计算机管理"窗口

图 5-2　"新用户"对话框

图 5-3　更改账户

2. 更改账户

要对已经建立的账户更改登录名，具体的操作步骤为：在"计算机管理"窗口中，选择"本地用户和组"→"用户"命令，在列表中选择并右键单击该账户，选择"重命名"选项，输入新名字，如图 5-3 所示。

3. 删除账户

如果某用户离开公司，为防止其他用户使用该用户账户登录，就要删除该用户的账户，具体的操作步骤为：在"计算机管理"窗口中，选择"本地用户和组"→"用户"命令，在列表中选择并右键单击该账户，选择"删除"选项；单击"是"按钮，即可删除。

4. 禁用与激活账户

当某个用户长期休假或离职时，就要禁用该用户的账户，不允许该账户登录，该账户信息会显示为"X"。禁用与激活一个本地账户的操作基本相似，具体的操作步骤如下：在"计算机管理"窗口中，选择"本地用户和组"→"用户"命令，在列表中选择并右键单击该账户，选择"属性"选项，弹出"Userl 属性"对话框。选择"常规"选项卡，选中"账户已禁用"复选框，如图 5-4 所示。单击"确定"按钮，该

图 5-4　禁用本地账户

账户即被禁用。如果要重新启用某账户，只要取消选中"账户已禁用"复选框即可。

5. 更改账户密码

重设密码可能会造成不可逆的信息丢失，出于安全的原因，遇到以下两种情况时需更改用户的密码。

- 如果用户在知道密码的情况下想更改密码，登录后按 Ctrl+Alt+Del 组合键，输入正确的旧密码，然后输入新密码即可。
- 如果用户忘记了登录密码，可以使用"密码重设盘"来进行密码重设，密码重设只能用于本地计算机中。

创建"密码重设盘"的具体操作步骤如下。

（1）系统登录后按 Ctrl+Alt+Del 组合键，进入系统界面，如图 5-5 所示。单击"更改密码"按钮，弹出"更改密码"窗口，如图 5-6 所示。

图 5-5　系统界面　　　　　　　　　　　　图 5-6　"更改密码"窗口

（2）单击"创建密码重设盘"按钮，进入"欢迎使用忘记密码向导"对话框，这里对使用密码重设盘进行了简要介绍；单击"下一步"按钮，进入"创建密码重置盘"对话框，如图 5-7 所示。按照提示，在软驱中插入一张软盘或是在 USB 接口中插入 U 盘。

（3）单击"下一步"按钮，进入"当前用户账户密码"对话框，如图 5-8 所示。输入当前的密码，单击"下一步"按钮，开始创建密码重设盘。创建完毕后，进入"正在完成忘记密码向导"对话框，单击"完成"按钮，即可完成密码重设盘的创建。

图 5-7　"创建密码重置盘"对话框　　　　　图 5-8　"当前用户账户密码"对话框

创建密码重设盘后，如果忘记了密码，可以插入这张制作好的"密码重设盘"来设置新密码，具体的操作步骤如下。

（1）在系统登录时如果输入密码有误，则会进入如图 5-9 所示的密码错误提示界面。

（2）单击"确定"按钮，进入如图 5-10 所示的密码出错后登录界面。单击"重设密码"按钮，进入"欢迎使用密码重置向导"对话框，这里对使用密码重置作了简要的介绍，此时将密码重设盘插入软驱或者 USB 接口。

图 5-9　密码错误提示界面　　　　　　图 5-10　密码出错后登录界面

（3）单击"下一步"按钮，进入"插入密码重置盘"对话框，如图 5-11 所示。

（4）单击"下一步"按钮，进入"重置用户帐户密码"对话框，如图 5-12 所示。输入新密码及密码提示，单击"下一步"按钮，进入"正在完成密码重设向导"对话框，单击"完成"按钮即可完成设置新密码。

图 5-11　插入密码重置盘　　　　　　　图 5-12　重置用户账户密码

　如果没有密码重设盘，可以直接在账户上更改密码，这样做的缺点是用户将无法访问受保护的数据，例如用户的加密文件、存储在本机用来连接 Internet 的密码等数据。操作步骤是单击"计算机管理"→"本地用户和组"选项，在"用户"列表中选择并右键单击该账户，选择"设置密码"。

5.2.2　创建与管理域用户账户

1. 创建域用户账户

当有新的用户需要使用网络上的资源时，管理员必须在域控制器中为其添加一个相应的用户账户，否则该用户无法访问域中的资源。另一方面，当有新的客户计算机要加入到域中时，管理员必须在域控制器中为其创建一个计算机账户，以使它有资格成为域成员。创建域账户的具体操作步骤如下。

（1）在域控制器或者已经安装了域管理工具的计算机上的"控制面板"中，双击"管理工具"，选择"Active Directory 用户和计算机"选项，弹出"Active Directory 用户和计算机"窗口，如图 5-13 所示。在窗口的左部选中 Users，右键单击，选择"新建"→"用户"命令。

（2）进入"新建对象—用户"对话框，如图 5-14 所示。输入用户的姓名以及登录名等资料，注意登录名才是用户登录系统所需要输入的。

图 5-13　创建域账户

图 5-14　输入用户登录名

（3）单击"下一步"按钮，打开密码对话框，如图 5-15 所示。输入密码并选择对密码的控制项，单击"下一步"按钮，单击"完成"按钮。

（4）创建完毕，在窗口右部的列表中会有新创建的用户。域用户是用一个人头像来表示，和本地用户的差别在于域的人头像背后没有计算机图标，如图 5-16 所示。利用新建立的用户可以直接登录到 Windows Server 2008/2003/XP/2000/NT 等非域控制器的成员计算机上。

图 5-15　输入密码

图 5-16　创建用户结束

2. 删除域用户账户

在删除域用户账户之前，要确定计算机或网络上是否有该账户加密的重要文件，如果有则先将文件解密再删除账户，否则该文件将不会被解密。删除域账户的操作步骤为：在"计算机管理"窗口中，选择"本地用户和组"→"用户"命令，在列表中右键单击要删的用户名，在弹出的快捷菜单中选择"删除"命令即可。

3. 禁用域用户账户

如果某用户离开公司，就要禁用该账户，操作步骤为：在"计算机管理"窗口中，选择"本地用户和组"→"用户"命令，在列表中右键单击要禁用的账户名，在弹出的快捷菜单中选择"禁用账户"命令即可。

4. 复制域用户账户

同一部门的员工一般都属于相同的组，有基本相同的权限，系统管理员无需为每个员工建立新账户，只需要建好一个员工的账户，然后以此为模板，复制出多个账户即可。操作步骤为：在"计算机管理"窗口中，选择"本地用户和组"→"用户"命令，在列表中右键单击选择作为模板的账户，选择"复制"命令，进入"复制对象—用户"对话框，与新建用户账户步骤相似，依次输入相关信息即可。

5. 移动域用户账户

如果某员工调动到新部门，系统管理员需要将该账户移到新部门的组织单元中去，只需用鼠标将账户拖曳到新的组织单元即可移动域账户。

6. 重设密码

当用户忘记密码时，系统管理员也无法知道该密码是什么，这时就需要重设密码，操作步骤为：在"计算机管理"窗口中，选择"本地用户和组"→"用户"命令，在列表中右键单击要改密码的账户，选择"重设密码"命令，进入"重设密码"对话框，输入新密码。建议用户选中"用户下次登录时须更改密码"复选框，单击"确定"按钮，这样用户下次登录时，可重新设置自己的密码。

5.2.3　账户属性的设置

新建用户账户后，管理员要对账户做进一步的设置，例如添加用户个人信息、账户信息、进行密码设置、限制登录时间等，这些都是通过设置账户属性来完成的。

1. 用户个人信息设置

个人信息包括姓名、地址、电话、传真、移动电话、公司、部门等信息，要设置这些详细的信息，在账户属性中的"常规"、"地址"、"电话"及"单位"等选项卡中分别设置即可，如图 5-17 所示。

2. 登录时间的设置限制

要限制账户登录的时间，需要设置账户属性的"账户"选项卡。默认情况下用户可以在任何时间登录到域。例如设置某用户登录时间是周一到周五早 8 点到晚 18 点，操作步骤如下。

图 5-17　设置个人信息

（1）在"计算机管理"窗口中，选择"本地用户和组"→"用户"命令，在列表中右键单击要改设置登录时间的账户，选择"属性"菜单，选择"账户"标签，如图 5-18 所示。选择"登录时间（L）.."按钮。

（2）打开"登录时间"对话框，如图 5-19 所示。选择周一到周五早 8 点到晚 18 点时间段，选择"允许登录"单选按钮，确定即可。注意这里只能限制用户的登录域的时间，如果用户在允许时间段登录，但一直在线，直到超过允许登录的时间段，系统则不能自动将其注销。

图 5-18　设置登录时间

图 5-19　设置允许登录时间

3. 设置账户只能从特定计算机登录

系统默认用户可以从域内任一台计算机登录域。也可以限制账户只能从特定计算机登录，操作步骤为：在"计算机管理"窗口中，选择"本地用户和组"→"用户"命令，在列表中右键单击账户，选择"属性"菜单，单击"账户"选项卡，选择"登录到（T）..."按钮，在"登录工作站"对话框中，设置登录的计算机名，如图 5-20 所示。注意这里的计算机名称只能是 NetBIOS 名称，不支持 DNS 名和 IP 地址。

4. 设置账户过期日

设置账户过期日的目的是为了不让临时聘用的人员在离职后继续访问网络。通过对账户属性事先进行设置，可以使账户到期后自动失效，省去了管理员手工删除该账户的操作。设置的步骤

图 5-20　设置登录的计算机

是：在"计算机管理"窗口中，选择"本地用户和组"→"用户"命令，在列表中右键单击账户，单击"属性"→"账户"→"账户过期"选项，输入合适的时间即可。

5. 将账户加入到组

在域控制器上新建的账户默认是 Domain Users 组的成员，如果想让该用户拥有其他组的权限，可以将该用户加入到其他组中。例如将用户刘本军加入到"技术部"组中，具体的操作步骤如下。

（1）在"计算机管理"窗口中，选择"本地用户和组"→"用户"命令，在列表中右键单击账户"刘本军"，弹出"刘本军　属性"对话框，选择"隶属于"选项卡，如图 5-21 所示。

（2）单击"添加"按钮，弹出"选择组"对话框，如

图 5-21　"隶属于"选项卡

图 5-22 所示。单击"高级（A）..."按钮，在弹出的"选择组"对话框中，单击"立即查找

（N）"按钮，然后在查找的结果中选择组名"技术部"，如图 5-23 所示，单击"确定"按钮（注意："技术部"组事先已建立好）。

图 5-22　将域账户加入到组　　　　图 5-23　将域账户加入到组

（3）"技术部"组就加入到"隶属于"列表了，单击"确定"按钮即将域账户加入到组。

5.3　任务 2——组的创建与管理

【任务描述】

除了 Windows Server 2008 内置组之外，用户还可以根据实际需要创建自己的用户组。可以将一个部门的用户全部放置到一个用户组中，然后针对这个用户组进行属性设定，这样就能够快速完成组内所有用户的属性改动。

【任务目标】

掌握本地组账户与域组账户的创建与管理，熟悉 Windows Server 2008 内置的本地组和域组的相关特性。

5.3.1　创建与管理本地组账户

创建本地组账户的用户必须是 Administrators 组或 Account Operators 组的成员。建立本地组账户并在本地组中添加成员的具体操作步骤如下。

（1）在独立服务器上以 Administrator 身份登录，鼠标右键单击"我的电脑"，选择"管理"→"计算机管理"→"本地用户和组"→"组"命令，鼠标右键单击"组"，选择"新建组"命令，如图 5-24 所示。

（2）进入"新建组"对话框，如图 5-25 所示。输入组名、组的描述，单击"添加"按钮，即可把已有的账户或组添加到该组中。该组的成员在"成员"列表框中列出。

图 5-24　创建本地组　　　　　　　　　图 5-25　"新建组"对话框

（3）单击"创建"按钮完成创建工作。本地组用背景为计算机的两个人头像表示，如图 5-26 所示。

图 5-26　创建完毕

管理本地组的操作较简单，在"计算机管理"窗口右部的组列表中，鼠标右键单击选定的组，选择快捷菜单中的相应命令可以删除组、更改组名，或者为组添加或删除组成员。

5.3.2　创建与管理域组账户

只有 Administrators 组的用户才有权限建立域组账户，域组账户要创建在域控制器的活动目录中。创建域组账户的步骤如下。

（1）在域控制器上，选择"开始"→"管理工具"→"Active Directory 用户和计算机"命令，单击域名，鼠标右键单击某组织单元，选择"新建"→"组"命令，如图 5-27 所示。

（2）进入"新建对象–组"对话框，如图 5-28 所示。输入组名，选择"组作用域"、"组类型"后，单击"确定"按钮即可完成创建工作。

　　　　　"组作用域"和"组类型"这两项在创建组时要特别注意，默认情况下，创建全局安全组。域组用两个人头像表示，人头像背后没有计算机图标，从而与本地组有所区别。

和管理本地组的操作相似，在"Active Directory 用户和计算机"窗口中，右键单击选定的组，选择快捷菜单中的相应命令可以删除组、更改组名，或者为组添加或删除组成员。

图 5-27　创建域组

图 5-28　"新建对象－组"对话框

5.3.3　内置组

Windows Server 2008 在安装时会自动创建一些组，这种组叫内置组。内置组又分为内置本地组和内置域组，内置域组又分为内置本地域组、内置全局组和内置通用组。

1．内置本地组

内置本地组创建于 Windows Server 2008/2003/2000/NT 独立服务器或成员服务器以及 Windows XP、Windows NT 等非域控制器的"本地安全账户数据库"中。这些组在建立的同时就已被赋予一些权限，以便管理计算机，如图 5-29 所示。

- Administrators：在系统内有最高权限，拥有赋予权限、添加系统组件、升级系统、配置系统参数、配置安全信息等权限。内置的系统管理员账户是 Administrators 组的成员。如果这台计算机加入到域中，域管理员自动加入到该组，并且有系统管理员的权限。

图 5-29　内置的本地组

- Backup Operators：它是所有 Windows Server 2008 都有的组，可以忽略文件系统权限进行备份和恢复，可以登录系统和关闭系统，可以备份加密文件。

- Certificate Service DOCM Access：允许该组的成员连接到企业中的证书颁布发机构。

- Cryptographic Operators：已授权此组的成员执行加密操作。

- Dirtributed COM Users：允许此组的成员在计算机上启动、激活和使用 DCOM 对象。

- Event Log Readers：此组的成员可以从本地计算机中读取事件日志。

- Guests：内置的 Guest 账户是该组的成员。

- IIS_IUSRS：这是 Internet 信息服务（IIS）使用的内置组。

- Network Configuration Operators：该组内的用户可在客户端执行一般的网络配置，例如更改 IP，但不能添加/删除程序，也不能执行网络服务器的配置工作。

- Performance Log Users：该组的成员可以从本地计算机和远程客户端管理计数器、日志和警告，而不用成为 Administrators 组的成员。

- Performance Monitor Users：该组的成员可以从本地计算机和远程客户端监视性能计数器，而不用成为 Administrators 组或 Performance Log Users 组的成员。
- Power Users：存在于非域控制器上，可进行基本的系统管理，如共享本地文件夹、管理系统访问和打印机、管理本地普通用户；但是它不能修改 Administrators 组、Backup Operators 组，不能备份/恢复文件，不能修改注册表。
- Print Operators：成员可以管理域打印机。
- Remote Desktop Users：该组的成员可以通过网络远程登录。
- Replicator：该组支持复制功能。该组的唯一成员是域用户账户，用于登录域控制器的复制器服务，不能将实际用户账户添加到该组中。
- Users：是一般用户所在的组。新建的用户都会自动加入该组，对系统有基本的权力，如运行程序，使用网络，但不能关闭 Windows Server 2008，不能创建共享目录和本地打印机。如果这台机加入到域，则域的域用户自动被加入到该组的 Users 组。

2. 内置域组

活动目录中，内置组按照能够授权的范围，分为内置本地域组、内置全局组和内置通用组。

（1）内置本地域组。

内置本地域组代表的是对某种资源的访问权限。本地域组是针对某种资源的访问情况而创建的。例如在网络上有一个激光打印机，针对该打印机的使用情况，可以创建一个"激光打印机使用者"本地域组，然后授权该组使用该打印机。以后哪个用户或全局组需要使用打印机，可以直接将其添加到"激光打印机使用者"，就等于授权使用打印机了。自己创建的本地域组，可以授权访问本域计算机上的资源，它代表的是访问资源的权限；其成员可以是本域的用户、组或其他域的用户组；只能授权其访问本域资源，其他域中的资源不能拭授权其访问。

这些内置的本地域组位于活动目录的 Builtin 容器内，如图 5-30 所示。下面列出几个较常用的本地域组。

图 5-30　内置的本地域组

- Account Operator：系统默认其组成员可以在任何一个容器（Builtin 容器和域控制器组织单元除外）或组织单元内创建/删除账户、更改用户账户、组账户和计算机账户组，但不能更改和删除 Administrators 组与 Domain Admins 组的成员。
- Administrator：成员可以在所有域控制器上完成全部管理工作，默认的成员有 Administrator 用户、Domain Admins 全局组、Enterprise Admins 全局组等。
- Backup Operators：成员可以备份和还原所有域控制器内的文件和文件夹，可以关闭域控制器。
- Guests：成员只能完成授权的任务，访问被授权的资源，Guest 和全局组 Domain Guests 默认是该组的成员。
- Network Configuration Operators：其成员可以域控制器上执行一般的网络设置工作。
- Pre-Windows 2000 Compatible Access：该组主要是为了与 Windows NT 4.0（或更旧的系统）兼容，其成员可读取 Windows Server 2008 域中所有用户与组账户。其默认成员为特殊组

Everyone。只有在用户使用的计算机是 Windows NT 4.0 或更旧的系统时，才将用户加入该组中。

- Printer Operators：其成员可以创建、停止或管理在域控制器上的共享打印机，也可以关闭域控制器。
- Remote Desktop Users：其成员可以通过远程计算机登录。
- Server Operators：其成员可以创建、管理、删除域控制器上的共享文件夹与打印机，备份与还原域控制器内的文件，锁定与解开域控制器，将域控制器上的硬盘格式化，更改域控制器的系统时间，关闭域控制器等。
- Users：Domain Users 组默认是其成员，可以用该组来指定在域中每个账户应该具有的基本权限。

（2）内置全局组。

当创建一个域时，系统会在活动目录中创建一些内置的全局组，其本身并没有任何权利与权限，但是可以通过将其加入到具备权利或权限的域本地组内来获取权限，或者直接为该全局组指派权利或权限。

这些内置的全局组位于 Users 容器内，下面列出几个较为常用的全局组，如图 5-31 所示。

- Domain Admins：域内的成员计算机会自动将该组加入到其 Administrators 组中，该组内的每个成员都具备系统管理员的权限。该组默认成员为域用户 Administrator。
- Domain Computers：所有加入该域的计算机都被自动加入到该组内。
- Domain Controllers：域内的所有域控制器都被自动加入到该组内。
- Domain Users：域内的成员计算机会自动将该组加入到其 Users 组中，该组默认的

图 5-31   内置的全局组

成员为域用户 Administrator，以后添加的域用户账户都自动属于该 Domain Users 全局组。

- Domain Guests：Windows Server 2008 会自动将该组加入到 Guests 域本地组内，该组默认的成员为用户账户 Guest。
- Enterprise Admins：该组只存在于整个域目录林的根域中，其成员具有管理整个目录林内的所有域的权利。
- SchemaAdmins：只存在于整个域目录林的根域中，其成员具备管理架构的权利。
- Group Policy Creator Owners：该组中的成员可以修改域的组策略。
- Read-only Domain Controllers：此组中的成员是域中只读域控制器。

（3）内置通用组。

和全局组的作用一样，内置通用组目的是根据用户的职责合并用户。与全局且不同的是，在多域环境中它能够合并其他域中的域用户账户，例如可以把两个域中的经理账户添加到一个通用组。在多域环境中，可以在任何域中为其授权。

（4）内置的特殊组。

特殊组存在于每一台 Windows Server 2008 计算机内，用户无法更改这些组的成员，也就是说，无法在 "Active Directory 用户和计算机" 或 "本地用户与组" 内看到、管理这些组。这些组只有在设置权利、权限时才看得到。以下列出几个较为常用的特殊组。

- Everyone：包括所有访问该计算机的用户，如果为 Everyone 指定了权限并启用 Guest 账

户时一定要小心，Windows 会将没有有效账户的用户当成 Guest 账户，该账户自动得到 Everyone 的权限。

- Authenticated Users：包括在计算机上或活动目录中的所有通过身份验证的账户，用该组代替 Everyone 组可以防止匿名访问。
- Creator Owner：文件等资源的创建者就是该资源的 Creator Owner。不过，如果创建是属于 Administrators 组内的成员，则其 Creator Owner 为 Administrators 组。
- Network：包括当前从网络上的另一台计算机与该计算机上的共享资源保持联系的任何账户。
- Interactive：包括当前在该计算机上登录的所有账户。
- Anonymous Logon：包括 Windows Server 2008 不能验证身份的任何账户。注意，在 Windows Server 2008 中，Everyone 组内并不包含 Anonymous Logon 组。
- Dialup：包括当前建立了拨号连接的任何账户。

5.4 任务 3——设置用户的工作环境

【任务描述】

用户可以通过用户配置文件维护自己的桌面环境，以便让用户在每次登录时，都有统一的工作环境与界面，如相同的桌面、相同的网络打印机、相同的窗口显示等。

【任务目标】

掌握本地用户配置文件、漫游用户配置文件的创建与使用，了解强制性用户配置文件的作用。

5.4.1 用户配置文件

用户配置文件是使计算机符合所需的外观和工作方式的设置的集合，其中包括桌面背景、屏幕保护程序、指针首选项、声音设置及其他功能的设置。用户配置文件可以确保只要登录到 Windows 便会使用个人首选项。与用于登录到 Windows 的用户账户不同，每个账户至少有一个与其关联的用户配置文件。

1. 用户配置文件的类型

Windows Server 2008 所提供的用户配置文件主要分为以下 3 种。

（1）本地用户配置文件。当一个用户第一次登录到一台计算机上时，创建的用户配置文件就是本地用户配置文件。一台计算机上可以有多个本地用户配置文件，分别对应于每一个曾经登录过该计算机的用户。域用户的配置文件夹名字形式为"用户名.域名"，而本地用户的配置文件的名字是直接以用户命名的。用户配置文件不能直接被编辑，要想修改配置文件的内容需要以该用户登录，然后手动修改用户的工作环境，如桌面、"开始"菜单、鼠标等，系统会自动地将修改后的配置保存到用户配置文件中。

（2）漫游用户配置文件。该文件只适用于域用户，域用户通过使用该文件才有可能在不同的计算机上登录。当一个用户需要经常在其他计算机上登录，并且每次都希望使用相同的工作环境时，就需要使用漫游用户配置文件。该配置文件保存在网络中的某台服务器上，并且当用户更改了其工作环境后，新的设置也将自动保存到服务器上的配置文件中，以保证其在任何地点登录都能使用相同的工作环境。所有的域用户账户默认使用的是该类型的用户配置文件，该文件是在用户第一次登录时由系统自动创建的。

（3）强制性用户配置文件。强制性用户配置文件不保存用户对工作环境的修改，当用户更改了工作环境参数之后退出登录再重新登录时，工作环境又恢复到强制性用户配置文件中所设定的状态。当需要一个统一的工作环境时该文件就十分有用。该文件由管理员控制，可以是本地的也可以是漫游的用户配置文件，通常将强制性用户配置文件保存在某台服务器上，这样不管用户从哪台计算机上登录都将得到一个相同且不能更改的工作环境。因此强制性用户配置文件有时也被称为强制性漫游用户配置文件。

2. 用户配置文件的内容

用户配置文件并不是一个单独的文件，而是由用户配置文件夹、Ntuser.dat 文件和 All User（公用）文件夹 3 部分内容组成，这 3 部分内容在用户配置文件中起着不同的作用。

（1）用户配置文件夹。打开资源管理器，在"用户"文件夹内有一些以用户名命名的子文件夹，它们包含了相应用户的桌面设置、开始菜单等用户工作环境的设置，如图 5-32 所示。

（2）Ntuser.dat 文件。用户配置文件夹内有部分数据存储在注册表的 HKEY_CURRENT_USER 内，存储着当前登录用户的环境设置数据。隐藏文件 Ntuser.dat 即 HKEY_CURRENT_USER 数据存储的位置。

图 5-32　用户配置文件夹

（3）All User（公用）文件夹。它包含所有用户的公用数据，如公用程序组中包含了每个用户登录后都可以使用的程序。

5.4.2　创建和使用用户配置文件

1. 创建和使用本地用户配置文件

图 5-33　查看用户配置文件

计算机内 All User（公用）文件夹的内容构成了第一次在该计算机登录的用户的桌面环境。用户登录后，可以定制自己的工作环境，当用户注销时，这些设置的更改会存储到这个用户的本地用户配置文件文件夹内。

若使用域账户登录，则会在计算机内建立一个名为"用户名.域名"的用户配置文件的文件夹。用鼠标右键单击"计算机"图标，在弹出的菜单中选择"属性"命令，打开"系统属性"对话框，选择"高级"选项卡，在"用户配置文件"栏中单击"设置"按钮，可以查看当前计算机内的用户配置文件及其属性，如图 5-33 所示。

2. 创建和使用漫游用户配置文件

漫游用户文件只适用于域用户，它存储在网络服务器中，无论用户从域内哪台计算机登录，都可以读取它的漫游用户配置文件。用户注销时，发生的改变会被同时存储到网络服务器中的漫游配置文件夹和本地用户配置文件。若漫游配置文件和本地用户配置文件相同，则直接使用本地用户配置文件，以提高读取效率。

若无法访问漫游用户配置文件，用户首次登录时会以 Default User 配置文件的内容设置环境，当用户注销时不会被存储；若以前登录过，则使用它在计算机中的本地用户配置文件。

假设要指定域用户"刘本军"（登录名为 liubj）来使用漫游用户配置文件，并将这个漫游用户配置文件存储在服务器"Win2008"的共享文件夹内，操作步骤如下。

（1）以域管理员的身份在域控制器上登录，并创建一个共享名为 profiles 的共享文件夹，如图 5-34 所示。右键单击该文件夹，在弹出的快捷菜单中选择"共享"命令。

（2）在出现的"选择要与其共享的网络上的用户"对话框中，选择"查找"选项。

（3）在出现的"选择用户组"对话框中，输入"Domain Users"，单击"检查姓名"按钮，设置共享权限为 Domain Users，类型为"参与者"，单击"共享"按钮，单击"完成"按钮。

（4）在域控制器上，打开"Active Directory 用户和计算机"窗口，双击"刘本军"账户，在用户属性对话框中，单击"配置文件"选项卡，输入"\\Win2008\Profiles\%username%"，如图 5-35 所示。

图 5-34　为漫游式配置文件共享文件夹

图 5-35　为域用户指定配置路径

（5）以"刘本军"登录，修改桌面环境等后注销，以将设置同时保存在本地和服务器"Win2008"上的配置文件夹 liubj 中。从域中另一台计算机上再次以"刘本军"登录，此时桌面环境与前一次登录相同。

①其中%username%是参数，自动以用户账户登录名（liubj）替换；②liubj 文件夹是自动产生的，且系统自动设置为仅有"刘本军"用户对它完全控制，其他用户不能访问；③桌面背景使用的图片最好位于用户配置文件夹中的目录中，例如"我的文档"中的"图片"文件夹中，否则换一台计算机登录没有办法引用该图片。

漫游用户配置文件的用户在登录域时，其计算机会读取存储在服务器端的漫游用户配置文件，以便根据该配置文件来决定用户的桌面设置。而用户注销时，用户的桌面设置会被同时保存在漫游用户配置文件与本地用户配置文件内。

3. 创建和使用强制性用户配置文件

若希望无论从网络中哪台计算机登录，都只用同一种工作环境，也就是使得用户无法修改工作环境，可以通过创建和使用强制性用户配置文件来实现创建强制性用户配置文件时，将漫游用户配置文件夹中的 Ntuser.dat 文件名改为 Ntuser.man 即可。

5.5　实训——用户和组的管理

一、实训目标

（1）熟悉 Windows Server 2008 各种账户类型。

（2）熟悉 Windows Server 2008 用户账户的创建和管理。

（3）熟悉 Windows Server 2008 组账户的创建和管理。

（4）掌握用户配置文件的创建与使用。

二、实训设备

（1）网络环境：已建好的 100Mbit/s 的以太网络，包含交换机（或集线器）、五类（或超五类）UTP 直通线若干、二台及以上数量的计算机（计算机配置要求 CPU 为 Intel Pentium 4 以上，内存不小于 1GB，硬盘剩余空间不小于 20GB，有光驱和网卡）。

（2）软件：Windows Server 2008 安装光盘，或硬盘中有全部的安装程序。

三、实训内容

在项目 4 实训的基础上完成本实训，在域中的计算机上设置以下内容。

（1）在域控制器 teacher.com 上建立本地域组 Student_test，域账户 User1、User2、User3、User4、User5，并将这 5 个账户加入到 Student_test 组中。

（2）设置用户 User1、User2 下次登录时要修改密码。

（3）设置用户 User3、User4、User5 不能更改密码并且密码永不过期。

（4）设置用户 User1、User2 的登录时间是星期一到星期五的 9:00～17:00。

（5）设置用户 User3、User4、User5 的登录时间周一至周五的晚 17 点至第二天早 9 点以及周六、周日全天。

（6）设置用户 User3 只能从计算机 WIN2003D 上登录。

（7）设置用户 User4 只能从计算机 WIN2003E 上登录。

（8）设置用户 User5 只能从计算机 WIN2003D-Client 上登录。

（9）设置用户 User5 的账户过期日为 "2010-08-01"。

（10）将 Windows Server 2008 内置的账户 Guest 加入到本地域组 Student_test。

（11）User1、User2 用户创建并使用漫游用户配置文件，要求桌面显示 "计算机"、"网络"、"控制面板"、"用户文件" 等常用的图标。

（12）User3、User4、User5 创建并使用强制性用户配置文件，要求桌面显示 "计算机"、"网络"、"控制面板"、"用户文件" 等常用的图标。

5.6 习题

一、选择题

（1）服务器的两种工作模式，分别为_____和_____。

（2）账户的类型分为_____、_____、_____。

（3）工作组模式下，用户账户存储在服务器的_____中；域模式下，用户账户存储在_____中。

（4）用户配置文件并不是一个单独的文件，而是由_____、_____Ntuser.dat 文件和_____3 部分内容组成。

（5）活动目录中，组按照能够授权的范围，分为_____、_____、_____。

二、选择题

（1）在设置域账户属性时，（   ）项目不能被设置。

　　A. 账户登录时间　　　　　　　　B. 账户的个人信息

　　C. 账户的权限　　　　　　　　　D. 指定账户登录域的计算机

（2）下列（   ）账户名不是合法的账户名。

　　A. abc_123　　　　　　　　　　B. windows book

　　C. dictionar*　　　　　　　　　D. abdkeofFHEKLLOP

（3）下面（   ）用户不是内置本地域组成员。

　　A. Account Operator　　　　　　B. Administrator

　　C. Domain Admins　　　　　　　D. Backup Operators

（4）下面（   ）配置文件不是 Windows Server 2008 所提供的用户配置文件。

　　A. 默认用户配置文件　　　　　　B. 本地用户配置文件

　　C. 漫游用户配置文件　　　　　　D. 强制性用户配置文件

三、问答题

（1）简述通用组、全局组和本地域组的区别。

（2）简述工作组和域的区别。

（3）域用户账户和本地用户账户有什么区别？

（4）什么是用户配置文件？有哪几种类型？

项目 6

文件系统管理

项目情境：

如何安全有效地管理公司信息数据？

三峡瑞思信息技术有限公司是一家主要提供计算机网络建设与维护的网络技术服务公司，2009 年为湖北创世广告营销有限公司建设了公司内部的局域网络，该网络覆盖了公司十余个部门近百台计算机。

由于公司没有架设专用的文件服务器，所以公司的各种信息数据管理非常不方便，文件访问权限设置不当与文件误删除、数据不能被共享或加密、无关文件占用服务器的存储空间等行为时有发生。作为技术人员，你如何利用 Windows Server 2008 的文件系统来安全有效地管理公司的各种信息数据？

项目描述： NTFS 文件系统是 Windows Server 2008 最核心的文件系统，它提供了相当多的数据管理功能。例如，NTFS 可以设置文件和文件夹的权限、支持文件系统的压缩和加密、限制用户对磁盘空间的使用等。同时通过搭建文件服务器，共享网络中的文件资源，将分散的网络资源逻辑地整合到一台计算机，可以简化访问者的访问。

项目目标：
- 掌握 NTFS 和 FAT 文件系统的区别
- 熟悉利用 NTFS 管理数据
- 熟悉共享文件夹的创建、访问与管理
- 掌握分布式文件系统

6.1 知识准备——文件系统的概念

文件和文件夹是计算机系统组织数据的集合单位。Windows Server 2008 提供了强大的文件管理功能，用户可以十分方便地在计算机或网络上处理、使用、组织、共享和保护文件及文件夹。

文件系统则是指文件命名、存储和组织的总体结构，与 Windows Server 2003 不同的是，运行 Windows Server 2008 的计算机的磁盘分区，只能使用 NTFS 型的文件系统。下面将对 FAT（包括 FAT16 和 FAT32）和 NTFS 这两类常用的文件系统进行比较，以使用户更了解 NTFS 的诸多优点和特性。

6.1.1 FAT 文件系统

FAT（File Allocation Table）指的是文件分配表，包括 FAT16 和 FAT32 两种。FAT 是一种适合小卷集、对系统安全性要求不高、需要双重引导的用户应选择使用的文件系统。

在推出 FAT32 文件系统之前，通常 PC 使用的文件系统是 FAT16，例如 MS-DOS、Windows 95 等系统。FAT16 支持的最大分区是 2^{16} 次方（即 65 536）个簇，每簇 64 个扇区，每扇区 512 字节，所以最大支持分区为 2.147GB。FAT16 最大的缺点就是簇的大小是和分区有关的，这样当外存中存放较多小文件时，会浪费大量的空间。

FAT32 是 FAT16 的派生文件系统，支持最大为 2TB（2048GB）的磁盘分区，它使用的簇比 FAT16 小，从而有效地节约了磁盘空间。FAT 文件系统是一种最初用于小型磁盘和简单文件夹结构的简单文件系统，它向后兼容，最大的优点是适用于所有的 Windows 操作系统。另外，FAT 文件系统在容量较小的卷上使用比较好，因为 FAT 启动只使用非常少的开销。FAT 在容量低于 512MB 的卷上工作最好，当卷容量超过 1.024GB 时，效率就显得很低。对于 500MB 以下的卷，FAT 文件系统相对于 NTFS 文件系统来说是一个比较好的选择。不过对于 Windows Server 2008 来说，FAT 文件系统则不能满足系统的要求。

FAT 文件系统的优点主要是所占容量与计算机的开销很少，支持各种操作系统，在多种操作系统之间可移植。这使得 FAT 文件系统可以方便地传送数据，但这同时也带来较大的安全隐患：从机器上拆下 FAT 格式的硬盘，几乎可以安装到任何其他计算机上，不需要任何专用软件即可直接读/写。

Windows 操作系统在很大程度上依赖于文件系统的安全性来实现自身的安全性。没有文件系统的安全防范，就没办法阻止他人不适当地删除文件或访问某些敏感信息。从根本上说，没有安全的文件系统，系统就没有安全保障。因此，对于安全性要求较高的用户来讲，FAT 文件系统并不适用。

6.1.2 NTFS 文件系统

NTFS（New Technology File System）是 Windows Server 2008 推荐使用的高性能文件系统，它支持许多新的文件安全、存储和容错功能，而这些功能也正是 FAT 文件系统所欠缺的。

NTFS 是从 Windows NT 开始使用的文件系统，它是一个特别为网络和磁盘配额、文件加密等管理安全特性设计的磁盘格式。NTFS 文件系统包括了文件服务器和高端 PC 所需的安全特性，它还支持对于关键数据以及重要数据的访问控制和私有权限。除了可以赋予计算机中的共享文件夹特定权限外，NTFS 文件和文件夹无论共享与否都可以被赋予权限。NTFS 是唯一允许为单个文件指定权限的文件系统。但是，当用户从 NTFS 卷移动或复制文件到 FAT 卷时，NTFS 文件系统权限和其他特有属性将会丢失。

NTFS 文件系统设计简单但功能强大，从本质上讲，卷中的一切都是文件，文件中的一切都是属性，从数据属性到安全属性，再到文件名属性，NTFS 卷中的每个扇区都分配给了某个文件，甚至文件系统的超数据（描述文件系统自身的信息也是文件的一部分）。

NTFS 文件系统是 Windows Server 2008 所推荐的文件系统，它具有 FAT 文件系统的所有基本功能，并且提供 FAT 文件系统所没有的优点，如下所示。

- 更安全的文件保障，提供文件加密功能，能够大大提高信息的安全性。
- 更好的磁盘压缩功能。
- 支持最大达 2TB 的大硬盘，并且随着磁盘容量的增大，NTFS 的性能不像 FAT 那样随之降低。
- 可以为单个文件和文件夹赋予权限：对同一个文件或者文件夹来说，可以为不同用户指定不同的权限；在 NTFS 文件系统中，可以为单个用户设置权限。
- NTFS 文件系统中的恢复能力，无需用户在 NTFS 卷中运行磁盘修复程序。在系统崩溃事件中，NTFS 文件系统使用日志文件和复查点信息自动恢复文件系统的一致性。
- NTFS 文件夹的 B-Tree 结构使得用户在访问较大文件夹中的文件时，速度甚至比访问卷中较小文件夹中的文件还快。
- 可以在 NTFS 卷中压缩单个文件和文件夹：NTFS 系统的压缩机制可以让用户直接读/写压缩文件，而不需要使用解压软件将这些文件展开。
- 支持活动目录和域：此特性可以帮助用户方便灵活地查看和控制网络资源。
- 支持稀疏文件：稀疏文件是应用程序生成的一种特殊文件，文件尺寸非常大，但实际上只需要很少的磁盘空间。也就是说，NTFS 只需要给这种文件实际写入的数据分配磁盘存储空间。
- 支持磁盘配额：磁盘配额可以管理和控制每个用户所能使用的最大磁盘空间。

在前面我们已学习到，Windows Server 2008 安装程序会检测现有的文件系统格式，如果是 NTFS，则继续进行；如果是 FAT，会必须将其转换为 NTFS，可以使用命令 conven.exe 把 FAT 分区转化为 NTFS 分区。

需要注意的是，由于 Windows95/98 系统不支持 NTFS 文件系统，所以在配置双重启动系统时，即在同一台计算机上同时安装 Windows Server 2008 和其他操作系统（如 Windows 98），则可能无法从计算机上的另一个操作系统访问 NTFS 分区上的文件。

6.1.3　NTFS 权限

网络中最重要的是安全，安全中最重要的是权限。在网络中，网络管理员首先面对的是权限，日常解决的问题也是权限问题，最终出现的漏洞一般也是由于权限设置不当引起的。权限决定着用户可以访问的数据、资源，也决定着用户享受的服务，更有甚者，权限决定着用户拥有什么样的桌面。理解 NTFS，对于高效地在 Windows Server 2008 中实现权限功能来说是非常重要的。

对于 NTFS 磁盘分区上的每一个文件和文件夹，NTFS 都存储一个远程访问控制列表（ACL）。ACL 中包含那些被授权访问该文件或文件夹的所有用户账号、组和计算机，包含他们被授予的访问类型。为了让一个用户访问某个文件或者文件夹，针对用户账号、组或者该用户所属的计算机，ACL 中必须包含一个相对应的元素，这样的元素叫做访问控制元素（ACE）。为了让用户能够访问文件或者文件夹，访问控制元素必须具有用户所请求的控制类型。如果 ACL 中没有相应的 ACE 存在，Windows Server 2008 就拒绝该用户访问相应的资源。

1. NTFS 权限的类型

利用 NTFS 权限，可以控制用户账号和组对文件夹和个别文件的访问。NTFS 权限只适用于

NTFS 磁盘分区，而不能用于由 FAT 或者 FAT32 文件系统格式化的磁盘分区。可以利用 NTFS 权限指定哪些用户、组和计算机能够访问文件和文件夹。NTFS 权限也指明了哪些用户、组和计算机能够操作文件中或者文件夹中的内容。

（1）NTFS 文件夹权限。可以通过授予文件夹权限，来控制对文件夹和包含在这些文件夹中的文件和子文件夹的访问。表 6-1 列出了可以授予的标准 NTFS 文件夹的权限和各个权限提供的访问类型。

表 6-1　　　　　　　　　　　　　标准 NTFS 文件夹权限列表

NTFS 文件夹权限	允许访问类型
完全控制	改变权限，成为拥有人，删除子文件夹和文件，以及执行允许所有其他 NTFS 文件夹权限进行的动作
修改	删除文件夹，执行"写入"权限和"读取和执行"权限的动作
读取和执行	遍历文件夹，执行允许"读取"权限和"列出文件夹内容"权限的动作
列出文件夹目录	查看文件夹中的文件和子文件夹的名称
读取	查看文件夹中的文件和子文件夹，查看文件夹属性、拥有人和权限
写入	在文件夹内创建新的文件和子文件夹，修改文件夹属性，查看文件夹的拥有人和权限
特殊权限	其他不常用的权限，例如删除权限的仅限

（2）NTFS 文件权限。可以通过授予文件权限，控制对文件的访问。表 6-2 列出了可以授予的标准 NTFS 文件的权限和各个权限提供的访问类型。

表 6-2　　　　　　　　　　　　　标准 NTFS 文件权限列表

NTFS 文件权限	允许访问类型
完全控制	修改和删除文件，执行"写入"权限和"读取和执行"权限的动作
修改	修改和删除文件，执行"写入"权限和"读取和执行"权限的动作
读取和执行	运行应用程序，执行"读取"权限的动作
读取	覆盖写入文件，修改文件属性，查看文件拥有人和权限
写入	读文件，查看文件属性、拥有人和权限
特殊权限	其他不常用的权限，例如删除权限的仅限

　　　　无论用什么权限保护文件，被准许对文件夹进行"完全控制"的组或用户都可以删除该文件夹内的任何文件。尽管"列出文件夹目录"和"读取和执行"看起来有相同的特殊权限，但这些权限在继承时却有所不同。"列出文件夹目录"可以被文件夹继承而不能被文件继承，并且它只在查看文件夹权限时才会显示。"读取和执行"可以被文件和文件夹继承，并且在查看文件和文件夹权限时始终出现。

2. NTFS 权限的应用规则

如果将针对某个文件或者文件夹的权限授予了个别用户账号，又授予了某个组，而该用户是该组的一个成员，那么该用户就对同样的资源有了多个权限。关于 NTFS 如何组合多个权限，存在如下规则和优先权。

- 权限是累加的。一个用户对某个资源的有效权限是授予这一用户账号的 NTFS 权限与授予该用户所属组的 NTFS 权限的组合。例如，如果某个用户 Long 对某个文件夹 Folder 有"读取"权限，该用户 Long 是某个组 Sales 的成员，而该组 Sales 对该文件夹 Folder 有"写入"权限，那么该用户 Long 对该文件夹 Folder 就有"读取"和"写入"两种权限。

- 文件权限超越文件夹权限。NTFS 的文件权限超越 NTFS 的文件夹权限。例如，某个用户对某个文件有"修改"权限。那么即使他对于包含该文件的文件夹只有"读取"权限，他仍然能够修改该文件。

- 权限的继承。新建的文件或者文件夹会自动继承上一级目录或者驱动器的 NTFS 权限，但是从上一级继续下来的权限是不能直接修改的，只能在此基础上添加其他权限。当然这并不是绝对的，只要有足够的权限，例如，系统管理员，也可以修改这个继承下来的权限，或者让文件不再继承上一级目录或者驱动器的 NTFS 权限。

- 拒绝权限超越其他权限。可以拒绝某用户账号或者组对特定文件或者文件夹的访问，为此，将"拒绝"权限授予该用户账号或者组即可。这样，即使某个用户作为某个组的成员具有访问该文件或文件夹的权限，但是因为将"拒绝"权限授予该用户，所以该用户具有的任何其他权限也被阻止了。因此，对于权限的累积规则来说，"拒绝"权限是一个例外。应该避免使用"拒绝"权限，因为允许用户和组进行某种访问比明确拒绝他们进行某种访问更容易做到。应该巧妙地构造组和组织文件夹中的资源，使各种各样的"允许"权限就足以满足需要，从而可避免使用"拒绝"权限。例如，用户 Long 同时属于 Sales 组和 Manager 组，文件 File1 和 File2 是文件夹 Folder 下面的两个文件。其中，Long 拥有对 Folder 的读取权限，Sales 拥有对 Folder 的读取和写入权限，Manager 则被禁止对 File2 的写操作。由于使用了"拒绝"权限，用户 Long 拥有对 Folder 和 File1 的读取和写入权限，但对 File2 只有读取权限。

　　　用户不具有某种访问权限，与明确地拒绝用户的访问权限，这二者之间是有区别的。"拒绝"权限是通过在 ACL 中添加一个针对特定文件或文件夹的拒绝元素而实现的。这就意味着管理员还有另一种拒绝访问的手段，而不仅仅是不允许某个用户访问文件或文件夹。

- 移动和复制操作对权限的影响。这里一共有 3 种情况：同一 NTFS 分区、不同 NTFS 分区以及 FAT 分区，如表 6-3 所示。

表 6-3　　　　　　　　　　　　　　移动和复制操作对权限的影响

操作类型	同一 NTFS 分区	不同 NTFS 分区	FAT 分区
移动	继承目标文件（夹）权限	继承目标文件（夹）权限	丢失权限
复制	保留源文件（夹）权限	继承目标文件（夹）权限	丢失权限

3. 查看文件与文件夹的访问许可权

如果用户需要查看文件或文件夹的属性，首先选定文件或文件夹，鼠标右键单击，打开快捷菜单，然后选择"属性"命令，在打开的文件或文件夹的属性对话框中单击"安全"标签，如图 6-1、图 6-2 所示。在"组或用户名"列表框中，列出了对选定的文件或文件夹具有访问许可权限的组和用户。当选定了某个组或用户后，该组或用户所具有的各种访问权限将显示在权限列表框中。这里我们选中的是 Administrators 组，从图 6-1 和图 6-2 中可以看到，该组的所有用户对文件夹具有"完全控制"、"修改"、"读取和执行"、"列出文件夹目录"、"读取"和"写入"权限，对文件具有"完全控制"、"修改"、"读取和执行"、"读取"和"写入"权限。

图 6-1　文件夹权限

没有列出来的用户也可能具有对文件或文件夹的访问许可权，因为用户可能属于该选项中列出的某个组。因此，最好不要把对文件的访问许可权分配给各个用户，而是最好先创建组，把许可权分配给组，然后把用户添加到组中。这样需要更改的时候，只需要更改整个组的访问许可权，而不必逐个修改每个用户。

4．更改文件或文件夹的访问许可权

当用户需要更改文件或文件夹的权限时，必须具有对它的更改权限或拥有权。用户可以在如图 6-1 和图 6-2 所示的对话框中，选择需要设置的用户或组，然后单击"编辑"按钮，打开选定对象的权限项目对话框，如图 6-3 所示。此时，用户可以对选定对象的访问权限进行更加全面的设置。

用户可以在如图 6-1 和图 6-2 所示的对话框中，选择需要设置的用户或组，然后单击"高级"按钮，打开如图 6-4 所示的访问控制对话框，可以针对特殊权限或是高级权限进行更详细的设置。

图 6-2　文件权限　　　　　图 6-3　更改访问权限　　　　　图 6-4　设置高级访问权限

6.2　任务 1——利用 NTFS 管理数据

【任务描述】

在 Windows Server 2008 中，可以很好地利用 NTFS 的各项特性来管理数据，例如，利用 EFS 保护数据安全、在 NTFS 分区上压缩数据、配置 NTFS 分区上的磁盘限额，以及配置卷影副本等。NTFS 与 FAT32 相比有较大的优势。

【任务目标】

掌握加密文件系统、压缩、磁盘限额以及卷影副本等的操作，充分地利用 NTFS 的特性管理好各项数据。

6.2.1　加密文件系统

Windows Server 2008 提供的文件/文件夹加密功能是通过加密文件系统（Encrypting File System，EFS）实现的。加密文件系统（EFS）提供了用于在 NTFS 文件系统卷上存储加密文件的

核心文件加密技术。由于 EFS 与文件系统相集成，因此管理更加方便，系统更难以被攻击，并且对用户是透明的。此技术对于保护计算机上易于被其他用户访问的数据特别有用。对文件或文件夹加密后，即可像使用任何其他文件和文件夹那样，使用加密的文件和文件夹。

　　EFS 加密系统对用户是透明的，这也就是说，如果用户加密了一些数据，那么用户对这些数据的访问将是完全允许的，并不会受到任何限制。而其他非授权用户试图访问加密过的数据，将会收到"访问拒绝"的错误提示。EFS 加密的用户验证过程是在登录 Windows 时进行的，只要登录到 Windows，就可以打开任何一个被授权的加密文件。

　　只有 NTFS 分区内的文件或文件夹才能被加密。如果将加密的文件或文件夹复制或移动到非 NTFS 分区内，则该文件或文件夹将会被解密。当用户将未加密的文件或文件夹，移动或复制到加密文件夹后，该文件或文件夹会自动加密；然而将一个加密文件或文件夹，移动或复制到非加密文件夹后，该文件或文件夹仍然会保护加密状态。这是因为加密过程是把加密密钥存储在文件文件或文件夹头部的 DDF（数据解密域）和 DRF（数据恢复域）中，与被加密的文件或文件夹合成一个整体，即加密属性跟随文件或文件夹。

　　例如，"刘本军"（登录名 liubj）是公司的网络管理员，公司有一台服务器可供公司所有员工访问。尽管已经在多数文件夹上配置了 NTFS 权限来限制未授权用户查看文件，但仍希望能使"c:\保密"文件夹达到更高级别的安全性，即保证只有此文件夹的所有者——用户"刘本军"可读，其他用户即使具有完全控制权限（如 Administrator），也都无权访问。

图 6-5　设置文件夹属性

　　（1）在服务器上以用户"刘本军"身份登录，打开"c:\保密"文件夹，单击鼠标右键，在弹出的菜单中选择"属性"命令，打开如图 6-5 所示的"保密 属性"对话框，在"常规"选项卡中单击"高级"按钮。

　　（2）在如图 6-6 所示的"高级属性"对话框中，选中"加密内容以便保护数据"复选框（也可以单击"详细信息"按钮，打开此文件的加密详细信息对话框，将需要授权访问此文件的用户添加进来），单击"确定"按钮，回到"保密 属性"对话框，单击"应用"按钮，将出现如图 6-7 所示的"确认属性更改"对话框。这里保持默认选项"将更改应用于此文件夹、子文件夹和文件"，然后单击"确定"按钮，回到"保密 属性"对话框，最后单击"确定"按钮关闭所有窗口，注销用户"刘本军"。

　　（3）在此服务器上以 Administrator 身份登录，打开"c:\保密"文件夹，系统会用彩色（默认是绿色）来显示加密过的 NTFS 文件或文件夹，如图 6-8 所示。

图 6-6　加密文件夹

图 6-7　确认属性更改

图 6-8　加密文件夹

　　（4）此时若试图打开"c:\保密"文件夹中的文件"key.txt"，将弹出一个内容为"拒绝访问"的提示框，如图 6-9 所示。注销 Administrator，再以用户"刘本军"身份登录，可以直接访问自己加密过的文件，如图 6-10 所示。可以看出，加密文件对于加密者是透明的，并且仅允许加密者本人访问。

图 6-9　拒绝 Administrator 访问　　　　　图 6-10　仅允许加密者本人访问

①利用加密文件系统加密的文件，只有存储在硬盘内才会被加密，通过网络发送时是不加密的；②加密文件或文件夹不能防止被有权限的用户删除或列出文件的目录，因此在加密的同时可以通过设置 NTFS 权限来共同保障文件系统的安全性；③也可以使用 cipher.exe 程序来加密和解密文件与文件夹。

6.2.2　NTFS 压缩

NTFS 文件系统中的文件和文件夹都具有压缩属性，NTFS 压缩可以节约磁盘空间。当用户或应用程序要读/写压缩文件时，系统会将文件自动进行解压和压缩，从而会降低性能。

例如，服务器的磁盘空间不足，希望在保留现有文件的情况下，再增加部分可用空间，这时可对"c:\数据"文件夹进行压缩，以增加可用空间。

（1）在服务器上以 Administrator 身份登录，打开"c:\数据"文件夹，单击鼠标右键，在弹出的菜单中选择"属性"命令，打开如图 6-11 所示的"数据 属性"对话框。此时观察到"数据"文件夹大小为 121MB，实际占用空间 122MB。

图 6-11　压缩前的大小

（2）在"常规"选项卡中单击"高级"按钮，打开如图 6-6 所示的"高级属性"对话框，勾选"压缩内容以便节省磁盘空间"复选框，单击"确定"按钮，回到"数据 属性"对话框，单击"应用"按钮，出现如图 6-7 所示的"确认属性更改"对话框，这里保持默认选项"将更改应用于此文件夹、子文件夹和文件"。

（3）单击"确定"按钮，回到"数据 属性"对话框，如图 6-12 所示。此时观察此文件压缩后的大小仍然为 121MB，但是占用的空间已经减小至 102MB。也就是说，通过压缩获得了 19MB 的可用空间。单击"确定"按钮，系统会用彩色（默认是蓝色）来显示压缩过的 NTFS 文件或文件夹。

图 6-12　压缩后的大小

①NTFS 的压缩和 EFS 加密无法同时使用，所以对于需要加密的文件或文件夹不要进行压缩；②当复制或移动 NTFS 分区内的文件或文件夹到另一个位置后，其压缩属性的变化与 NTFS 权限的变化是相同的，此处不再重复描述；③也可以使用 compact.exe 程序来压缩和解压缩文件与文件夹。

6.2.3　磁盘配额

Windows NT 系统的缺陷之一就是没有磁盘配额管理，这样就很难控制网络中的用户使用磁盘空间的大小。如果某个用户恶意占用太多的磁盘空间，将导致系统空间不足。Windows Server 2008 的磁盘配额可以限制用户对磁盘空间的无限制使用，磁盘配额的工作过程是磁盘配额管理器会根据网络系统管理员设置的条件，监视对受保护的磁盘卷的写入操作。如果受保护的卷达到或超过某个特定的水平，就会有一条消息发送到向该卷进行写入操作的用户，警告该卷已接近配额限制，或配额管理器会阻止该用户对该卷的写入。

Windows Server 2008 是基于用户和卷进行配额管理的，限额的磁盘是 Windows 卷。要在卷上使用磁盘限额，该卷必须是 NTFS 的文件系统。启用磁盘配额对计算机的性能有少许影响，但对合理使用磁盘意义重大。

在 Windows Server 2008 资源管理器中，右键单击要启动磁盘配额的卷，在弹出的快捷菜单中选择"属性"选项，打开"磁盘"属性窗口，选择"配额"选项卡，勾选"启用配额管理"复选框，如图 6-13 所示。各选项的含义如下。

图 6-13　"配额"选项卡

- "拒绝将磁盘空间给超过配额限制的用户"选项：若勾选，超过其配额限制的用户将收到来自 Windows 的"磁盘空间不足"错误信息，并且无法将额外的数据写入卷中；若没有选中该复选框，则对用户写入数据的大小没有限制。如果不想拒绝用户对卷的访问，但想跟踪每个用户的磁盘空间使用情况，可以启用配额但不限制磁盘空间的使用，也可指定当用户超过配额警告级别或超过配额限制时是否要记录事件。
- "将磁盘空间限制为"选项：输入允许卷的新用户使用的磁盘空间量，以及在将事件写入系统日志前已经使用的磁盘空间量。管理员可以在"事件查看器"中查看这些事件，在磁盘空间和警告级别中可以使用十进制数值（例如 20.5），并从下位列表中选择适当的单位，如 KB、MB、GB 等。
- "用户超出配额限制时记录事件"选项：如果启用配额，则只要用户超过其配置限制，事件就会写入到本地计算机的系统日志中。管理员可以用查看器，通过筛选磁盘事件类型来查看这些事件。默认情况下，配额事件每小时写入本地计算机的系统日志一次。
- "用户超过警告等级时记录事件"选项：如果启用配额，则只要用户超过其警告级别，事件就会写入到本地计算机的系统日志中。管理员可以用事件查看器，通过筛选磁盘事件类型来查看这些事件。默认情况下，配额每小时会写入本地计算机的系统日志一次。

设置完毕后单击"确定"按钮，弹出"磁盘配额"相关的信息提示对话框，如图 6-14 所示。单击"确定"按钮，启用磁盘配额。

如果要让某一个用户使用更多的空间，可以为用户单独指定磁盘配额。单击"配额"选项卡中的"配额项"按钮，弹出如图 6-15 所示的配额项窗口。在配额项窗口中可以监视每个用户的磁盘配额使用情况，并可单独设置每个用户可使用的磁盘空间。

　　单击"配额"下拉菜单中的"新建配额项"选项，或单击工具栏中的"新建配额项"按钮，显示"选择用户"窗口；单击"高级"按钮，再单击"立即查找"按钮，即可在"搜索结果"列表框中选择当前计算机中的用户。选择要指定配额的用户后，单击"确定"按钮，返回"选择用户"窗口。单击"确定"按钮，弹出如图 6-16 所示的"添加新配额项"窗口。选中"将磁盘空间限制"单选按钮，并在其后的文本框中为该用户设置访问磁盘的空间。单击"确定"按钮，保存所做设置，至此该磁盘配额的设置工作完成，指定的用户被添加到本地卷配额项列表中。

图 6-14　"硬盘配额"对话框　　　图 6-15　本地卷的磁盘配额项　　　图 6-16　添加新配额项

　　①磁盘配额功能在共享及上传文件时都有效，即不管是在服务器上的共享文件夹中存放文件，还是通过 FTP 来上传文件，所有的文件总尺寸都不能超过磁盘限额所规定的空间大小；②磁盘配额默认对系统管理员不起作用；③用户的已用空间是根据文件的所有者来计算每个用户的已用空间的，如果有压缩的文件或文件夹，其已用空间是用未压缩状态来计算的。

6.2.4　卷影副本

　　共享文件夹的卷影副本提供位于共享资源（如文件服务器）上的实时文件副本。通过使用共享文件夹的卷影副本，用户可以查看在过去某个时刻存在的共享文件和文件夹。卷影副本在用户访问文件的以前版本时非常有用，原因如下：（1）恢复意外删除的文件，如果意外地删除了某文件，则可以打开前一版本，然后将其复制到安全的位置；（2）恢复意外覆盖的文件，如果意外覆盖了某个文件，则可以恢复该文件的前一版本；（3）在处理文件的同时对文件版本进行比较，当希望检查一个文件的两个版本之间发生的更改时，可以使用以前的版本。

　　启用和设置卷影副本的具体操作步骤如下。

　　（1）在 Windows Server 2008 资源管理器中，鼠标右键单击要启动卷影副本的卷，在快捷菜单中选择"属性"选项，打开"磁盘"属性窗口；选择"卷影副本"选项卡，选择要启用"卷影复制"的驱动器（例如 C：），单击"启用"按钮，弹出"启用卷影复制"对话框，如图 6-17 所示。

　　（2）单击"是"按钮，此时系统会自动为该磁盘创建第一个"卷影副本"，也就是磁盘内所有共享文件夹内的文件都复制到"卷影副本"存储区内，而且系统默认以后会在星期一至星期五的上午 7:00 与下午 12:00 两个时间点，分别自动添加一个"卷影副本"，也就是在这两个时间到达时，会将所有共享文件夹内的文件复制到"卷影副本"存储区内备用。

图 6-17　"启用卷影复制"对话框

（3）如图 6-18 所示，C 盘已经有两个"卷影副本"，用户还可以随时单击图中的"立即创建"按钮，自行创建新的"卷影副本"。用户在还原文件时，可以选择在不同时间点所创建的"卷影副本"内的旧文件来还原文件。

（4）系统会以共享文件夹所在磁盘的磁盘空间来决定"卷影副本"存储区的容量大小，以配置该磁盘空间的 10% 作为"卷影副本"的存储区，而且该存储区最小需要 100MB。如果要更改其容量，单击"设置"按钮，打开如图 6-19 所示的"设置"对话框。然后在图中的"最大值"处来更改设置，在图中还可以单击"计划"按钮来更改自动创建"卷影副本"的时间点，如图 6-20 所示。用户还可以通过图中的"位于此卷"下拉列表来更改存储"卷影副本"的磁盘，不过必须在启用"卷影副本"功能前更改，启用后就无法更改了。

图 6-18　"卷影副本"列表对话框

现在可以试验一下卷影副本的功能。打开位于"卷影副本"存储区的某个文件，进行编辑然后保存，然后在"卷影副本"存储区选中这个文件，右键单击，在弹出的快捷菜单中选择"属性"命令。在打开的对话框中，切换到"以前的版本"选项卡，如图 6-21 所示，可以看到此文件创建的版本，单击"打开"按钮，就可以打开以前版本的文件。

图 6-19　"设置"对话框

图 6-20　设置创建卷影副本的计划

图 6-21　查看卷的以前版本

①只能以卷为单位启用共享文件夹的卷影副本，也就是说不能单独指定要复制或不复制卷上的特定共享文件夹和文件；②"卷影副本"内的文件只可以读取，不可以修改，而且每个磁盘最多只可以有 64 个"卷影副本"，如果达到此限制数时，则最旧版本也就是最开始创建的第一个"卷影副本"会被删除。

6.3 任务 2——共享文件夹的管理与使用

【任务描述】

网络最主要的功能就是共享资源，共享文件夹是网络资源共享的一种主要方式，也是其他一些资源共享方式的基础。为了满足网络访问的目标，必须对共享资源进行管理与设置。

【任务目标】

掌握共享文件夹的创建和访问、共享文件夹的管理，让用户很方便地通过网络访问共享文件或文件夹中的资源。

6.3.1 创建共享文件夹

Windows 提供了共享文件夹的两种方法，如下所示。

（1）通过计算机上的任何文件夹来共享文件。通过这种方法，可以决定哪些人可以更改共享文件，以及可以做什么类型的更改。可以通过设置共享权限进行操作，将共享权限授予同一网络中的单个用户或一组用户。

（2）通过计算机上的公用文件夹来共享文件。通过这种共享方法，可将文件复制或移动到公用文件夹中，并通过该位置共享文件。如果打开公用文件夹共享，本地计算机上具有用户账户和密码的任何人，以及网络中的所有人，都可以看到公用文件夹和子文件夹中的所有文件。使用这种共享方式不能限制用户只查看公用文件夹中的某些文件。但是可以设置权限，以完全限制用户访问公用文件夹，或限制用户更改文件或创建新文件。

在创建共享文件夹之前，首先应该确定用户是否有权利创建共享文件夹，用户必须满足以下两个条件才能创建共享文件夹。

- 用户必须属于 Adminidtrators、Server Operators、Power Users 等用户组的成员。
- 如果文件夹位于 NTFS 磁盘分区内，用户还至少需要对此文件夹拥有"读取"的 NTFS 权限。

创建共享文件夹的方法比较简单，下面通过将 c:\data 文件夹设置为共享文件夹来介绍相关的方法和其他需要关注的内容。

（1）选择"开始"→"控制面板"→"网络和共享中心"，查看文件共享是否启用，如果没有，则选择"启用文件共享"单选项，然后单击"应用"按钮。

（2）选择"开始"→"计算机"，进入 C 盘后用鼠标右键单击 data 文件夹，在弹出的菜单中选择"共享"命令，如图 6-22 所示。

（3）进入"文件共享"对话框，可以直接输入有权共享的用户组或用户的名称，也可以通过下拉列表选择用户组或用户；单击"添加"按钮，然后选择共享用户的身份，如图 6-23 所示。被添加的用户身份有以下 3 种。

图 6-22　选择"共享"命令

图 6-23　设置共享用户身份

- 读者：表示用户对此文件夹的共享权限为"读取"。
- 参与者：表示用户对此文件的共享权限为"更改"。
- 共有者：表示用户对此文件的共享权限为"完全控制"。

（4）单击"共享"按钮，在如图 6-24 所示的对话框中单击"完成"按钮即可完成创建共享文件夹的操作。

（5）选择"开始"→"计算机"，在 C 盘上可查看到 data 文件夹的图标此时已发生变化，如图 6-25 所示。

图 6-24　完成共享文件夹设置

图 6-25　共享文件夹的图标

6.3.2　共享文件夹的访问

完成共享文件夹的创建后，就可以在其他计算机上通过网络来对共享资源进行访问。下面介绍利用 Windows Server 2008 对共享文件进行访问的 3 种不同方法。

1.　网上邻居

利用"网上邻居"可以查看计算机 WIN2008-N 共享文件夹 data 的内容，操作步骤如下。

（1）选择"开始"→"网络"命令，用鼠标右键单击提示条，在弹出的菜单中选择"启用网络发现和文件夹"命令，开启"网络发现"功能，如图 6-26 所示。若"网络发现"已为"开启"，则第 1 步可以跳过。

（2）在"网络"窗口中双击所选择的计算机名，若有访问权限要求，则在弹出的"连接到 WIN2008-N"对话框中输入用户名和密码后就可以访问 WIN2008-N 计算机中的共享文件夹了，如图 6-27 所示。

图 6-26　开启"网络发现"功能　　　　　图 6-27　使用共享文件夹

2.　映射网络驱动器

人们通常是通过网上邻居来使用网络的共享资源，但如果用户经常需要连接固定的计算机上的共享文件夹，那么每次通过网上邻居就显得繁琐。此时可以使用映射网络驱动器的方法，将网络上的一个共享文件夹当作本地计算机上的一个驱动器来使用，每次使用这个共享文件夹时，只需像本地驱动器一样使用，从而减少了操作步骤。

利用映射网络驱动器的方法使用计算机 WIN2008-N 的共享文件夹 data，其操作步骤如下。

（1）利用"网上邻居"找到共享文件夹 data 并单击鼠标右键，在弹出的菜单中选择"映射网络驱动器"命令。

（2）在如图 6-28 所示的"映射网络驱动器"对话框中，选择一个驱动器盘符，如果经常需要使用该驱动器，则用户还可以勾选"登录时重新连接"复选框，这样当计算机启动并登录到网络时会自动完成映射驱动器的连接；设置完成后单击"完成"按钮。

（3）完成设置后，选择"开始"→"计算机"，可看到新增的一个映射驱动器图标，双击此图标就可以打开到所连接的远程计算机的共享文件夹，如图 6-29 所示。

图 6-28　设置·"映射网络驱动器"　　　　图 6-29　使用映射网络驱动器

3.　直接输入共享文件夹地址

如果知道共享文件夹的具体名称和位置，也可以通过直接输入地址的方法来连接共享文件夹，方法有下面两种。

- 在浏览器或"开始"→"运行"文本中输入 UNC 路径，如"\\WIN2008-N\data"，按回车键后会连接到共享文件夹。
- 在"命令提示符"中运行 Net use 命令，如输入"Net use z: \\WIN2008-N\data"命令后，它就会以驱动器号 Z 来连接共享文件夹。

6.3.3　共享文件夹的管理

共享文件夹创建完成后就可以让用户使用了，但如果想要共享文件夹所提供的服务更有针对性，则还需要对共享文件夹进行一定的管理和设置。

1. 共享文件夹的权限

用户必须拥有一定的共享权限才可以访问共享文件夹。共享文件夹的共享权限和功能如下。

- 读取：可以查看文件名与子文件夹名，查看文件内的数据及运行程序。
- 更改：拥有读取权限的所有功能，还可以新建与删除文件和子文件夹、更改文件内的数据。
- 完全控制：拥有读取和更改权限的所有功能，还具有更改权限的能力，但更改权限的能力只适用于 NTFS 文件系统内的文件夹。

共享文件夹权限只对通过网络访问此共享文件夹的用户有效，本地登录用户不受此权限的限制，因此为了提高资源的安全性，还应该设置相应的 NTFS 权限。

NTFS 权限是 Windows Server 2008 文件系统的权限，它支持本地安全性。换句话说，它在同一台计算机上以不同用户名登录时，对硬盘上同一文件夹可以有不同的访问权限。

共享权限和 NTFS 权限的特点如下所示。

- 不管是共享权限还是 NTFS 权限，都有累加性。
- 不管是共享权限还是 NTFS 权限，都遵循"拒绝"权限优先于其他权限。
- 当一个账户通过网络访问一个共享文件夹，而这个文件夹又在一个 NTFS 分区上时，那么用户最终的权限是它对该文件的共享权限与 NTFS 权限中最为严格的权限。

共享权限和 NTFS 权限的的联系和区别如下所示。

- 共享权限是基于文件夹的，也就是说，用户只能够在文件夹上而不能在文件上设置共享权限；NTFS 权限是基于文件的，用户既可以在文件夹上也在可以在文件上设置 NTFS 权限。
- 共享权限只有当用户通过网络访问共享文件夹时才起作用，如果用户是本地登录计算机，则共享权限不起作用；而 NTFS 权限则是无论用户通过网络还是本地登录使用文件都会起作用，只不过当用户通过网络访问文件时它会与共享权限联合起作用，规则是取最严格的权限设置。
- 共享权限与文件操作系统无关，只要设置共享就能够应用共享权限；NTFS 权限必须是 NTFS 文件系统，否则不起作用。
- 共享权限只有读者、参与者和所有者 3 种；NTFS 权限有许多种，如读、写、执行、修改以及完全控制等，可以进行非常细致的设置。

2. 高级共享

可以使用共享权限的高级共享的更多设置，例如设置共享名。

每个共享文件夹可以有一个或多个共享名，而且每个共享名还可设置共享权限，默认的共享名就是文件夹的名称。如果要更改或添加共享名，则用鼠标右键单击共享文件夹，在弹出的菜单中选择"属性"命令，选择"共享"选项卡，如图 6-30 所示。单击"高级共享"按钮，在弹出的"高级共享"对话框中，单击"添加"按钮，然后在弹出的"新建共享"对话框中输入新的共享名即可。共享名在计算机上必须唯一，不能以相同的名称共享多个文件夹，共享名可以和文件夹名称不一样。

如果需要修改共享权限，那么可以在输入共享名时单击"权限"按钮，也可以在"高级共享"对话框中单击"权限"按钮，打开权限设置对话框并选择所需要的共享权限，如图 6-31 所示。

图 6-30　设置共享名　　　　　　　　　　　　　图 6-31　共享权限

如要需要使用脱机文件，可以在"高级共享"对话框中单击"权限"按钮，打开"脱机设置"对话框进行设置，如图 6-32 所示。3 个选项的作用分别如下。

- 只有用户指定的文件和程序才能在脱机状态下可用：用户可在客户端自行选择需要进行脱机使用的文件，即只有被用户选择的文件才可脱机使用。
- 用户从该共享打开的所有文件和程序将自动在脱机状态下可用：用户只要访问过共享文件夹内的文件，被访问过的文件就将会自动缓存到用户的硬盘供脱机使用。"已进行性能优化"主要针对的是应用程序，

图 6-32　脱机设置

选择此项后程序会被自动缓存到用户的计算机，当网络上的计算机运行此程序时，用户计算机会直接读取缓存版本，这样可减少网络传输的过程，加快程序的执行速度，但要注意，此程序最好不要设置更改的共享权限。

- 该共享上的文件或程序将在脱机状态下不可用：选择此项将关闭脱机文件的功能。

脱机文件的工作原理是：如果设置了访问的共享文件为可脱机使用，那么在通过网络访问这些文件时，这些文件将会被复制一份到用户计算机的硬盘内。在网络正常时，用户访问的是网络上的共享文件，而当用户计算机脱离网络时，用户仍然可以访问这些文件，只是访问的是位于硬盘内的文件缓存版本，当然，用户访问这些缓存版本的权限和访问网络上的文件是相同的。

使用脱机文件有以下几个优点：（1）不会因为网络的问题影响网络文件的访问；（2）可以方便地和网络文件进行同步；（3）在网速较慢时可提高工作效率。

Windows Server 2008 需要安装"桌面体验"功能，才支持脱机使用共享的文件夹，同时需要在用户计算机上打开使用脱机文件功能。选择"开始"→"控制面板"→"脱机文件"，在"脱机文件"对话框中，单击"启用脱机文件"按钮，如图 6-33 所示。要注意的是，需要重新启动计算机后设置才能生效。

用户在客户端利用访问共享文件夹的方式打开 data 共享文件夹，然后用鼠标右键单击需要脱机访问的文件，在弹出的菜单中选择"始终脱机可用"命令，选择完成后，可看到此文件图标会有一个绿色双箭头，如图 6-34 所示。此时用户可以在脱离网络的状态下，按照 data 共享文件夹的权限对此文件进行操作了。

图 6-33　启用脱机文件

3. 隐藏共享文件夹

如果不希望用户在"网上邻居"中看到共享文件夹，只要在共享名后加上一个"$"符号就可以将它隐藏起来。例如，只要将共享名 data 改为 data$，就可不在网上邻居中显示此共享文件夹。但隐藏并不表示不可访问，用户可通过"\\计算机名\共享名$"的方式访问被隐藏的共享文件夹。在系统中有许多自动创建的被隐藏的共享文件夹，它们是供系统内部使用或管理系统使用的，如 C$（代表 C 分区）、Admin$（代表安装 Windows Server 2008 的文件夹）、IPC$（Internet Process Connection，共享"命名管道"的资源）。查看服务器上的所有共享文件夹，包括隐藏共享的文件，其步骤如下：选择"开始"→"程序"→"管理工具"→"共享和存储管理"命令，如图 6-35 所示。

图 6-34　脱机文件

图 6-35　管理服务器所有共享

6.4　任务 3——创建与访问分布式文件系统

【任务描述】

如果局域网中有多台服务器，并且共享文件夹也分布在不同的服务器上，这就不利于管理员的管理和用户的访问。而使用分布式文件系统，系统管理员就可以把不同服务器上的共享文件夹组织在一起，构建成一个目录树。这在用户看来，所有共享文件仅存储在一个地点，只需访问一个共享的 DFS 根目录，就能够访问分布在网络上的共享文件或文件夹，而不必知道这些文件的实际物理位置。

【任务目标】

掌握分布式文件系统的创建及管理，让用户很方便地通过网络访问共享文件或文件夹中的资源。

6.4.1　创建分布式文件系统

分布式文件系统（Distributed File System，DFS）为整个企业网络上的文件系统资源提供了一个逻辑树结构，用户可以抛开文件的实际物理位置，仅通过一定的逻辑关系就可以查找和访问网络的共享资源。用户能够像访问本地文件一样，访问分布在网络中多个服务器上的文件。分布式文件系统可以实现以下几个功能。

- 确保服务器负载平衡：当文件同时存放到多台服务器上，多个用户同时访问此文件时，DFS 可以避免从一台服务器读取文件数据，它会分散地从不同的服务器上给不同的用户传送数据，因此可以将负载分散到不同的服务器上。
- 提高文件访问的可靠性：即使有一台服务器发生故障，DFS 仍然可以帮助用户从其他的服务器上获取文件数据。
- 提高文件访问的效率：DFS 会自动将用户的访问请求引导到离用户最近的服务器上，以便提高文件的访问效率。

创建分布式文件系统，首先得安装 DFS 组件，具体的操作步骤如下。

（1）选择"开始"→"服务器管理器"命令打开服务器管理器，在左侧选择"角色"选项之后，单击右部区域的"添加角色"链接，并且在如图 6-36 所示的对话框中选择"分布式文件系统"复选框。

（2）单击"下一步"按钮，进入"创建 DFS 命名空间"对话框，选中"立即使用此向导创建命名空间"单选按钮，在文本框中输入"File-Server"，如图 6-37 所示。

图 6-36　选择"分布式文件系统"角色

图 6-37　创建 DFS 命名空间

（3）单击"下一步"按钮，进入"选择命名空间类型"对话框，选中"基于域的命名空间"单选按钮，如图 6-38 所示。

（4）单击"下一步"按钮，进入"配置命名空间"对话框，如图 6-39 所示。若要配置命名空间，可以单击"添加"按钮。

①DFS 支持两种 DFS 命名空间（基于域的命名空间和独立命名空间）。基于域的命名空间与 Active Directory 集成在一起，提供了在域中复制 DFS 拓扑的能力，支持多个命名空间。独立命名空间未与 Active Directory 集成，因此不能提供基于域的 DFS 的复制功能，适合于在非域环境内建立。②命名空间是组织内共享文件夹的一种虚拟视图。命名空间的路径与共享文件夹的通用命名约定（UNC）路径类似，例如"\\Win2008\data\software\install"。可以通过命名空间来将位于不同服务器内的共享文件夹组合在一起。

图 6-38 选择命名空间类型

图 6-39 配置命令空间

（5）单击"下一步"按钮，进入"确认安装选择"对话框，如图 6-40 所示，列出要安装的角色服务的相关信息。

（6）单击"下一步"按钮，进入"安装进度"对话框，如图 6-41 所示，单击"开始"按钮，开始"分布式文件系统"角色的安装。

图 6-40 确认安装选择

图 6-41 安装进度

（7）"分布式文件系统"角色安装完成之后，可以在"安装结果"对话框中看到"安装成功"的提示，如图 6-42 所示。单击"关闭"按钮退出"添加角色服务"对话框。

（8）重新启动服务器，选择"开始"→"程序"→"管理工具"→"DFS 管理"→"命名空间"→"\\nos.com\File-Server"命令，如图 6-43 所示。在一个域中可以有多个命名空间，用户可以使用 DFS 管理工具中 DFS 命名空间。

图 6-42 安装结果

图 6-43 命名空间

安装完 DFS 组件后，开始创建命名空间，具体的操作步骤如下。

（1）在"DFS 管理"窗口中，单击"新建命名空间"按钮，进入"新建文件夹"对话框，输入名称"data"及文件夹目标，单击"添加"按钮，输入"\\nos.com\File-Server\data"，如图 6-44 所示。还可以继续单击"添加"按钮添加多个目标。这些目标文件夹可以避免硬件故意造成的数据丢失，同时多个访问者被均匀地定位到多个目标文件夹，从而实现负载均衡。

（2）单击"确定"按钮，再次单击"新建命名空间"按钮，以同样的方法添加"soft"命名空间，完成后的窗口如图 6-45 所示。

图 6-44　"新建文件夹"对话框

图 6-45　同一命名空间下的目标文件夹

创建完命名空间后，应创建对应的文件夹和设置复制拓扑，具体的操作步骤如下。

（1）在"DFS 管理"窗口中，选择"复制"对象，单击"新建复制组"按钮，打开"新建复制组向导"对话框，在"复制组类型"中选择"多用途复制组"选项，如图 6-46 所示。

（2）单击"下一步"按钮，进入"名称和域"对话框，输入复制组的名称"File-Server-Group"，域为"nos.com"，如图 6-47 所示。

图 6-46　复制组类型

图 6-47　名称和域

（3）单击"下一步"按钮，进入"复制组成员"对话框，单击"添加"按钮，分别添加计算机"WIN2008"和"WIN2008-N"，如图 6-48 所示。

（4）单击"下一步"按钮，进入"拓扑选择"对话框。这里选择"交错"拓扑，如图 6-49 所示。复制拓扑用来描述 DFS 各服务器之间复制数据的逻辑连接，通过这些逻辑连接，DFS 复制服务可以在服务器之间同步数据，可以选择以下几种复制拓扑。

图 6-48　复制组成员

图 6-49　拓扑选择

　　选择拓扑时,可通过有选择地启用或禁用计算机间的连接,进一步自定义该拓扑。可通过完全禁用两台计算机间的关系,从根本上禁止在它们之间复制文件,或者通过禁用从第一台计算机到第二台计算机的连接,同时使反方向的连接可用来实现单向的文件复制。同时在选择网络的拓扑类型时,还应考虑包括带宽、安全性、地理位置和组织等因素。

- 集散:类似于星形拓扑,一台服务器作为中心服务器,其他节点服务器都和它相连,文件数据只会从中心服务器复制到节点服务器或从节点服务器复制到中心服务器,节点服务器之间不会相互复制。
- 交错:所有服务器之间都会相互连接,文件数据会从每一台服务器复制到其他所有服务器上。
- 没有拓扑:没有建立复制拓扑,用户根据需要自行指定复制拓扑。

（5）单击"下一步"按钮,进入"复制组计划和带宽"对话框,如图 6-50 所示。在此选择"使用指定带宽连续复制"单选项,带宽指定为"完整",也可以根据需要选择"在指定日期和时间内复制"选项。

（6）单击"下一步"按钮,进入"主要成员"对话框,如图 6-51 所示。在此选择包含复制到其他成员的内容的服务器,设置为"WIN2008"。

图 6-50　复制组计划和带宽

图 6-51　主要成员

（7）单击"下一步"按钮,进入"要复制的文件夹"对话框,单击"添加"按钮设置要复制的文件夹为"C:\Users",如图 6-52 所示。

（8）单击"下一步"按钮，进入"其他成员上 Users 的本地路径"对话框，单击"编辑"按钮，设置其他成员上 Users 的本地路径，也可以根据需要不设置，如图 6-53 所示。

图 6-52　要复制的文件夹　　　　　　　　　图 6-53　其他成员上 Users 的本地路径

（9）单击"下一步"按钮，进入"复查设置并创建复制组"对话框，如图 6-54 所示，列出复制组的相关配置信息。

（10）单击"创建"按钮，开始创建复制组。创建成功后显示相关的安装信息，如图 6-55 所示。单击"关闭"按钮，完成文件和和复制拓扑的设置。

图 6-54　复查设置并创建复制组　　　　　　　图 6-55　确认复制组安装的相关信息

6.4.2　访问分布式文件系统

支持 DFS 的客户端有 Windows 9x/2000/ME/XP/2003/2008 等操作系统。当配置好 DFS 之后，就可以在网络中的计算机自由地访问 DFS。访问 DFS 可以采用多种方法，如下所示。

方法一：打开"网上邻居"，浏览并打开宿主服务器（DFS 根目录所在的计算机），会看到宿主服务器上所有共享的文件夹。打开作为 DFS 根目录的共享文件夹（如前面建立的 test），就可以看到在创建 DFS 时添加的所有共享文件夹。

方法二：可以使用 6.3.2 小节介绍的方法，将 DFS 根目录文件夹映射为网络驱动器。

方法三：使用浏览器访问 DFS 目录。在浏览器地址栏中，输入 DFS 根目录共享文件夹的正确路径，格式为"\\计算机名\共享文件夹名"，例如\\WIN2008\data，就能直接访问 DFS 目录。

方法四：打开"开始"菜单，在"运行"文本框中，输入 DFS 根目录共享文件夹的正确路径，单击"确定"按钮即可。

在访问 DFS 时，访问共享文件夹的权限由该文件所在的计算机设定。例如，在 WIN2008 计算机上有一个名为"test"的共享文件夹，那么将该文件夹添加到 DFS 中后，其他用户对它的访问权限完全由名为 WIN2008 的计算机设定。

在设置 DFS 访问权限时，可通过多种方法来控制对共享资源的访问，如使用共享权限进行简单的应用和管理，使用 NTFS 文件系统中的访问控制，更详细地控制共享资源及其内容等。也可以将这些方法结合起来使用，则将应用更为严格的权限。

6.5　实训——Windows Server 2008 文件系统的管理

一、实训目标

（1）熟悉 Windows Server 2008 的加密文件系统与 NTFS 压缩。

（2）熟悉 Windows Server 2008 的磁盘限额与卷影副本功能。

（3）熟悉 Windows Server 2008 共享文件夹的管理与使用。

（4）掌握 Windows Server 2008 创建与访问分布式文件。

二、实训设备

（1）网络环境：已建好的 100Mbit/s 的以太网络，包含交换机（或集线器）、五类（或超五类）UTP 直通线若干、2 台及以上数量的计算机（计算机配置要求 CPU 为 Intel Pentium 4 以上，内存不小于 1GB，硬盘剩余空间不小于 20GB，有光驱和网卡）。

（2）软件：Windows Server 2008 安装光盘，或硬盘中有全部的安装程序，VMWARE Workstation 6.5 安装源程序。

三、实训内容

在项目 4 章节实训的基础上完成本实训，在域中的计算机上设置以下内容。

（1）在域控制器 student.com 的本地某磁盘驱动器（分区格式为 NTFS）上新建一个文件夹 ShareTest，并将其设为共享文件夹。

（2）设置用户对共享文件夹 ShareTest 的访问权限：User1、User2 的访问权限为"完全控制"，User3、User4、User5 的访问权限仅为"读取"。

（3）启动域控制器 teacher.com 的卷影副本功能，计划从当前时间开始，每周日 18：00 这个时间点，自动添加一个"卷影副本"，将所有共享文件夹内的文件复制到"卷影副本"存储区备用。

（4）在域内的计算机 Win2003-Client 上，将域控制上的共享文件夹 ShareTest 映设为该计算机的 K 盘驱动器。

（5）对磁盘"D："做磁盘配额操作，设置用户 User1 的磁盘配额空间为 100MB，随后分别将 Windows Server 2008 安装源程序和 VMWARE Workstation 6.5 安装源程序复制到 D 盘，看是否成功。

（6）在域控制器 student.com 上将邻近的某台计算机（假设某计算机名为 Win2003-T）加入到创建的域中，在域控制器和 Win2003-T 上分别创建一个名为"ShareDFS"的文件夹，同时在域控制器"ShareDFS"文件夹中建立 3 个文件。

（7）在域控制器上创建一个 DFS 根目录 root，它指向域控制器上的共享文件夹 Public。

（8）在域控制器的 DFS 根目录下创建一个 DFS 链接，指向域控制器和 Win2003-T 上的

"ShareDFS"文件夹。

（9）设置它们的复制拓扑为环形拓扑，同时只允许从域控制器向客户机进行复制，在星期六和星期日不进行复制。

（10）在 Win2003-T 上检查"ShareDFS"文件夹中是否有内容被复制过来，同时在文件夹中添加文件，检查能否被复制到域控制器的"ShareDFS"文件夹中。

6.6 习题

一、填空题

（1）加密文件系统（EFS）提供了用于在＿＿＿＿＿＿＿＿卷上存储加密文件的核心文件加密技术。

（2）共享权限分＿＿＿＿＿＿＿＿、＿＿＿＿＿＿＿＿、＿＿＿＿＿＿＿＿。

（3）创建共享文件夹的用户必须属于＿＿＿＿、Server Operators、Power Users 等用户组的成员。

（4）分布式文件系统（Distributed File System，DFS）为整个企业网络上的文件系统资源提供了一个＿＿＿＿结构。

（5）共享用户身份有以下 3 种：读者、参与者、＿＿＿＿＿＿。

（6）复制拓扑用来描述 DFS 各服务器之间复制数据的逻辑连接，一般有＿＿＿＿、＿＿＿＿、＿＿＿＿。

二、选择题

（1）下列（　　）不属于 Windows Server 2008 DFS 复制拓扑。

    A. 交错　　　　　　B. 集散　　　　　　C. 环状　　　　　　D. 没有拓扑

（2）目录的可读意味着（　　）。

    A. 该目录下建立文件　　　　　　　　B. 从该目录中删除文件

    C. 可以从一个目录转到另一个目录　　D. 可以查看该目录下的文件

（3）（　　）属于共享命名管道的资源。

    A. driveletter$　　B. ADMIN$　　C. IPC$　　　　D. PRINT$

（4）"卷影副本"内的文件只可以读取，不可以修改，而且每个磁盘最多只可以有（　　）个"卷影副本"，如果达到此限制数时，则最旧版本也就是最开始创建的第一个"卷影副本"会被删除。

    A. 256　　　　　　B. 64　　　　　　C. 1024　　　　　　D. 8

（5）要启用磁盘配额管理，Windows Server 2008 驱动器必须使用（　　）文件系统。

    A. FAT16 或 FAT32　　　　　　　　B. 只使用 NTFS

    C. NTFS 或 FAT 32　　　　　　　　D. 只使用 FAT32

三、问答题

（1）在 Windows Server 2008 桌面上创建一个文件夹，设为共享，在共享权限中设置为 Everyone 可读、可写，从其他客户计算机以非域用户、域用户身份分别访问此文件夹，能否浏览、读取、写入数据？说明原因。

（2）比较对文件、文件夹设置访问权限的不同点。

（3）什么是分布式文件系统？它有什么特点和好处？

（4）怎样创建、添加 DFS 根目录？用户如何访问 DFS 文件系统？

（5）在 Windows Server 2008 怎么限制某个用户使用服务器上的磁盘空间？

项目 7

磁盘管理

项目情境：

如何提高磁盘的性能、可用性及容错性？

　　三峡瑞思信息技术有限公司是一家主要提供计算机网络建设与维护的网络技术服务公司，2004 年为湖北省宜昌市劳动和社会保障局信息中心建设了劳动保障信息系统，该系统管理着宜昌市 400 万人口的养老、医疗、工伤、生育、失业保险等数据，拥有 IBM、HP、SUN、浪潮专业服务器 20 余台。

　　在劳动保障信息系统建设的初期，经常出现服务器硬盘发生故障甚至磁盘空间不足的情况，导致服务器罢工或系统停摆，并造成了重要数据的丢失。作为公司的技术人员，如何利用 Windows Server 2008 的磁盘管理，提高磁盘的性能、可用性及容错性？

　　项目描述： 无论文件服务器还是数据库服务器，都需要磁盘有很好的 I/O 吞吐量，能够有好的性能来快速响应大量并发用户的请求。硬盘崩溃、病毒或自然灾难都可能导致服务器中重要的数据丢失。为了避免由于故障导致服务器停止工作，甚至丢失数据的情况发生，本项目重点对 Windows Server 2008 的磁盘管理进行介绍。

　　项目目标：
- 熟悉 Windows Server 2008 的基本磁盘管理
- 熟悉 Windows Server 2008 的动态磁盘管理
- 掌握 Windows Server 2008 中数据的备份与还原

7.1 知识准备——磁盘基本管理

7.1.1 磁盘的分类

从 Windows 2000 Server 开始，Windows 系统将磁盘存储类型分为基本磁盘和动态磁盘两种。磁盘系统可以包含任意的存储类型组合，但是同一个物理磁盘上所有卷必须使用同一种存储类型。在基本磁盘上，使用分区来分割磁盘；在动态磁盘上，将存储分为卷而不是分区。

基本磁盘是指包含主磁盘分区、扩展磁盘分区或逻辑驱动器的物理磁盘，它是 Windows Server 2008 中默认的磁盘类型，是与 Windows 98/NT/2000 兼容的磁盘操作系统。如果一个磁盘上同时安装 Windows 98/NT/2000，则必须使用基本磁盘，因为这些操作系统无法访问动态磁盘上存储的数据。

基本磁盘上的分区和逻辑驱动器称为基本卷，只能在基本磁盘上创建基本卷。对于"主启动记录（MBR）"基本磁盘（磁盘第一个引导扇区包括分区表和引导代码），最多可以创建 4 个主磁盘分区，或最多 3 个主磁盘分区加上 1 个扩展分区。在扩展分区内，可以创建多个逻辑驱动器。对于 GUID 分区表（GPT）基本磁盘（一种基于安腾计算机的可扩展固件接口 EPI 使用的磁盘分区架构），最多可创建 128 个主磁盘分区。由于 GPT 磁盘并不限制 4 个分区，因而不必创建扩展分区或逻辑驱动器。一个基本磁盘有以下几种分区形式。

- 主磁盘分区：当计算机启动时，会到被设置为活动状态的主磁盘分区中读取系统引导文件，以便启动相应的操作系统。
- 扩展磁盘分区：扩展磁盘分区只能够被用来存储数据，无法启动操作系统。
- 逻辑分区：扩展磁盘分区无法直接使用，必须在扩展磁盘分区上创建逻辑分区才能够存储数据。

动态磁盘可以提供一些基本磁盘不具备的功能，例如创建可跨越多个磁盘的卷（跨区卷和带区卷）和创建具有容错能力的卷（镜像卷和 RAID-5 卷）。所有动态磁盘上的卷都是动态卷，动态卷有 5 种类型：简单卷、跨区卷、带区卷、镜像卷和 RAID-5 卷。不管动态磁盘使用"主启动记录（MBR）"还是"GUID 分区表（GPT）"分区样式，都可以创建最多 2000 个动态卷，推荐值是 32 个或更少。多磁盘的存储系统应该使用动态存储，磁盘管理支持在多个硬盘有超过一个分区的遗留卷，但不允许创建新的卷，不能在基本磁盘上执行创建卷、带、镜像和带奇偶校验的带，以及扩充卷和卷设置等操作。基本磁盘和动态磁盘之间可以相互转换，可以将一个基本磁盘升级为动态磁盘，也可以将动态磁盘转化为基本磁盘。

基本磁盘中的每一个主磁盘分区和逻辑分区又被称为"基本卷"，在 Windows Server 2008 系统中还定义了"系统卷"和"引导卷"这两个和分区有关的概念，这两个卷的概念如下。

- 系统卷：此卷中存放着一些用来启动操作系统的引导文件，系统通过这些引导文件，再到引导卷中读取启动 Windows Server 2008 系统所需的文件。如果计算机安装了多操作系统，系统卷的程序会在启动时显示操作系统选择菜单供用户选择。系统卷必须是处于活动状态的主磁盘分区。
- 引导卷：此卷中存放着 Windows Server 2008 系统的文件，引导卷可以是主磁盘分区，也可以是逻辑分区。

7.1.2 基本磁盘管理

在安装 Windows Server 2008 时，硬盘将自动初始化为基本磁盘。基本磁盘上的管理任务包括磁盘分区的建立、删除、查看以及分区的挂载和磁盘碎片整理等。在 Windows Server 2008 中，磁盘管理任务是以一组磁盘管理实用程序的形式提供给用户的，它们位于"计算机管理"控制台中，都是通过基于图形界面的"磁盘管理"控制台来完成的。启动"磁盘管理"应用程序，可以选择"开始"→"程序"→"管理工具"→"计算机管理"，或者右键单击"我的电脑"，在弹出的快捷菜单中选择"管理"，也可以执行"开始"→"运行"命令，输入"diskmgmt.msc"，并单击"确定"按钮，打开如图 7-1 所示的"计算机管理"控制台窗口。

图 7-1 "计算机管理"控制台

在图 7-1 右侧的底端窗口中，分别以文本和图形方式显示了当前计算机系统安装的 3 个物理磁盘，以及各个磁盘的物理大小和当前分区的结果与状态；顶端窗口以列表的方式显示了磁盘的属性、状态、类型、容量、空闲等详细信息。注意，图中以不同的颜色表示不同的分区（卷）类型，利于用户区别不同的分区（卷）。

7.1.3 创建主磁盘分区

一个基本磁盘内最多可以有 4 个主磁盘分区，创建主磁盘分区的具体操作步骤如下。

（1）打开"开始"→"程序"→"管理工具"→"计算机管理"→"存储"→"磁盘管理"窗口，在窗口右侧的磁盘列表中，右键单击一块未指派的磁盘空间，选择"新建简单卷"命令，弹出"新建简单卷向导"对话框。这里对创建简单卷作了简单介绍。

（2）单击"下一步"按钮，进入"指定卷大小"对话框，显示了磁盘分区可选择的最大值和最小值，如图 7-2 所示。用户可根据实际情况确定主分区的大小。

（3）单击"下一步"按钮，进入"分配驱动器号和路径"对话框，选择"分配以下驱动器号"单选按钮，指派驱动器盘符为"E:"，如图 7-3 所示。3 个选项的作用如下。

- 分配以下驱动器号：表示系统为此卷分配的驱动器号。系统会按 26 个字母顺序分配，一般不需要更改。
- 装入以下空白 NTFS 文件夹中：表示指派一个在 NTFS 文件系统下的空文件夹来代表该磁盘分区。例如用 c:\bak 表示该分区，则以后所有保存到 c:\data 的文件都被保存到该分区中。该文件夹必须是空的文件夹，且位于 NTFS 卷内。这个功能特别适用于 26 个磁盘驱动器号（A：~Z:）不够使用时的网络环境。

- 分配驱动器号或驱动器路径：表示可以事后再分配驱动器号或分配某个空文件夹来代表该磁盘分区。

图 7-2　指定卷大小

图 7-3　"指派驱动器号和路径"对话框

（4）单击"下一步"按钮，进入"格式化分区"对话框，如图 7-5 所示。首先选择是否格式化，如果要格式化要进行如下设置。

图 7-4　"格式化分区"对话框

图 7-5　"正在完成新建简单卷向导

- 文件系统：可以将该分区格式化成 FAT32 或 NTFS 的文件系统，建议格式化为 NTFS 的文件系统，因为该文件系统提供了权限、加密、压缩以及可恢复的功能。
- 分配单元大小：磁盘分配单元大小即磁盘簇的大小。Windows 2000 Server 和 Windows XP 使用的文件系统都根据簇的大小组织磁盘。簇的大小表示一个文件所需分配的最小空间。簇空间越小，磁盘的利用率就越高。格式化时如果未指定簇的大小，系统就自动根据分区的大小来选择簇的大小，推荐使用默认值。
- 卷标：为磁盘分区起一个名字。
- 执行快速格式化：在格式化的过程中不检查坏扇区，一般在确定没有坏扇区的情况下才选择此项。
- 启用文件和文件夹压缩：将该磁盘分区设为压缩磁盘，以后添加到该磁盘分区中的文件和文件夹都自动进行压缩，且该分区只能是 NTFS 类型。

（5）单击"下一步"按钮，进入"正在完成新建简单卷向导"对话框，显示以上步骤的设置信息。单击"完成"按钮，系统开始对该磁盘分区格式化。

7.1.4　创建扩展磁盘分区

在基本磁盘还没有使用（未分配）的空间中，可以创建扩展磁盘分区，但是在一个基本磁盘中只能创建一个扩展磁盘分区。扩展分区创建好后，可以在该分区中创建逻辑磁盘驱动器，并给每个逻辑磁盘驱动器指派驱动器号。Windows Server 2008 已经不提供图形方式来创建扩展磁盘分区，但可以用 diskpart 命令来创建扩展磁盘分区，具体操作步骤如下。

（1）选择"开始"→"命令提示符"命令，打开"命令提示符"窗口，输入"diskpart"命令后按回车键。

（2）继续输入"select disk 2"命令后按回车键，用来选择"磁盘 2"。

（3）再输入"create partition extended size=3000"命令后按回键，就可在选定的"磁盘 2"上创建一个大小为 3GB 的扩展磁盘分区，如图 7-6 所示。

图 7-6　创建扩展磁盘分区

（4）扩展磁盘分区无法直接使用，必须在扩展磁盘分区上划分出逻辑分区才可使用，因此在图 7-1 中用鼠标右键单击刚才创建的扩展磁盘分区（绿色区域），在弹出的菜单中选择"新建简单卷"命令，按照创建主磁盘分区的方法在"新建简单卷向导"对话框创建一个 3GB 的逻辑分区，完成后的结果如图 7-7 所示。

图 7-7　创建逻辑分区

7.1.5　磁盘分区的相关操作

对已经创建好的磁盘分区可以进行多种维护工作，下面介绍几个常用的操作。

1. 指定"活动"的磁盘分区

如果安装了多个无法直接相互访问的不同操作系统，如 Windows Server 2008、UNIX 等，则计算机在启动时，会启动被设为"活动"的磁盘分区内的操作系统。假设当前第一个磁盘分区中安装的是 Windows Server 2008，第二个磁盘分区中安装的是 UNIX，如果第一个磁盘分区被设为"活动"，则计算机启动时就会启动 Windows Server 2008。若要下一次启动时启动 UNIX，只需将第二个磁盘分区设为"活动"即可。由于用来启动操作系统的磁盘分区必须是主磁盘分区，因此，只能将主磁盘分区设为"活动"的磁盘分区。要指定"活动"的磁盘分区，通过右键单击要修改的主磁盘分区，选择"将磁盘分区标为活动的"菜单项即可。

2. 格式化

如果创建磁盘分区时没有进行格式化，则可通过鼠标右键单击该磁盘分区，在弹出的菜单中选择"格式化"，在弹出的对话框中做相应设置，单击"开始"按钮即可。如果要格式化的磁盘分区中包含数据，则格式化之后该分区内的数据都将被毁掉，另外，不能直接对系统磁盘分区和引导磁盘分区进行格式化。

3. 加卷标

右键单击磁盘分区，选择菜单中的"属性"选项，然后在"常规"选项卡中的"卷标"文本框处设置即可。

4. 更改磁盘驱动器号及路径

要更改磁盘驱动器或磁盘路径，右键单击磁盘分区或光驱，选择"更改驱动器号和路径"，弹出如图 7-8 所示的对话框。单击"更改"按钮，即可在如图 7-9 所示的对话中更改驱动器号。若在图 7-8 中单击"添加"按钮，会出现类似如图 7-9 所示的对话框，不同的是："指派以下驱动器号（A）："选项不可用，只可使用"装入以下空白 NTFS 文件夹中（M）："选项，用户可以利用此选项设置一个空文件夹对应到磁盘分区。另外，系统磁盘分区与引导磁盘分区的磁盘驱动器号是无法更改的，对其他的磁盘分区最好也不要随意更改磁盘驱动器号，因为有些应用程序会直接参照驱动器号来访问磁盘内的数据，如果更改了磁盘驱动器号，可能造成这些应用程序无法正常运行。

| 图 7-8 更改驱动器号和路径 | 图 7-9 编辑驱动器号和路径 |

5. 扩展卷

如果创建的磁盘分区空间不够，可以将未分配的空间合并到磁盘分区中，但必须满足以下条件：（1）只有 NTFS 文件系统的磁盘分区才可以被扩展，而 FAT16 和 FAT32 无法实现此功能；（2）新增的容量必须和磁盘分区在空间上是连续的。

FAT16 和 FAT32 磁盘分区可以通过命令"convert"转换成 NTFS 磁盘分区，操作方法是首先进入 MS-DOS 命令提示符环境，然后运行以下命令（假设要将磁盘 F：转换为 NTFS 文件系统）：convert F：/FS：NTFS

6. 压缩卷

可以对原始磁盘分区进行压缩分割操作，获取更多的可用空间。用鼠标选中磁盘卷，右键单击该磁盘卷，选择"压缩卷"命令，进入"压缩"对话框，如图 7-10 所示。在对话框中能直观地看到能够被分割出去的磁盘空间容量以及原始磁盘分区的总容量。正确输入要分割出去的磁盘空间容量大小，单击对应对话框中的"压缩"按钮，即可完成压缩卷的操作。

7.　删除卷

要删除磁盘卷，只需右键单击该磁盘卷，选择"删除卷"命令，并在弹出的系统提示确认对话框中单击"是"即可。

图 7-10　压缩卷

7.2　任务 1——动态磁盘的创建与管理

【任务描述】

动态磁盘可以提供基本磁盘所不具备的一些功能，例如创建可跨越多个磁盘的卷和创建具有容错能力的卷。所有动态磁盘上的卷都是动态卷。在动态磁盘中可以创建 5 种类型的动态卷：简单卷、跨区卷、带区卷、镜像卷和 RAID-5 卷，其中镜像卷和 RAID-5 卷是容错卷。

【任务目标】

掌握创建和删除简单卷、跨区卷、带区卷、镜像卷和 RAID-5 卷，扩展一个简单卷或跨区卷，修改镜像卷和 RAID-5 卷等动态磁盘的相关操作。

7.2.1　升级为动态磁盘

基本磁盘是 Windows Server 2008 默认的磁盘类型，包含主磁盘分区、扩展磁盘分区或逻辑驱动器的物理磁盘。基本磁盘上的分区和逻辑驱动器称为基本卷，只能在基本磁盘上创建基本卷。使用基本磁盘的好处在于，它可以提供单独的空间来组织数据。

目前 Windows Server 2008 服务器中很多使用的是动态磁盘，动态磁盘支持多种特殊的动态卷，包括简单卷、跨区卷、带区卷、镜像卷和 RAID-5 卷，它们提供容错、提高磁盘利用率和访问效率的功能。要创建上述这些动态卷，必须先保证磁盘是动态磁盘，如果磁盘是基本磁盘，则可先将其升级为动态磁盘。

可以在任何时间将基本磁盘转换成动态磁盘，而不会丢失数据。当将一个基本磁盘转换成动态磁盘时，在基本磁盘上的分区将变成卷。也可以将动态磁盘转换成基本磁盘，但是在动态磁盘上的数据将会丢失。为了将动态磁盘转换成基本磁盘，要先删除动态磁盘上的数据和卷，然后从未分配的磁盘空间上重新创建基本分区。将基本磁盘转换为动态磁盘之后，基本磁盘上已有的全部分区或逻辑驱动器都将变为动态磁盘上的简单卷。

下面将在 Windows Server 2008 中进行动态磁盘的实验。为了学习和实验的方便，创建一个 Windows Server 2008 的虚拟机，然后向此虚拟机添加 5 块虚拟硬盘，即可组成实验环境。具体的操作步骤如下。

（1）在已经安装好的 Windows Server 2008 虚拟机中，单击 Edit Virtual Machine Settings 链接，在打开的 Virtual Machine Settings 对话框中，单击 Add 按钮，添加新硬件，如图 7-11 所示。

（2）在打开的 Hardware Type 对话框中，选中 Hard Disk 选项，如图 7-12 所示。单击 Next 按钮，打开如图 7-13 所示的 Select a Disk 对话框，单击 Create a new virtual disk 单选按钮。

图 7-11 添加新硬件

图 7-12 添加新硬盘

（3）单击 Next 按钮，进入如图 7-14 所示的 Select a Disk Type 对话框。单击 SCSI 单选按钮，然后单击 Next 按钮，进入如图 7-15 所示的 Specify Disk Capacity 对话框，设置硬盘的大小为 10GB。

图 7-13 创建一个新的虚拟硬盘

图 7-14 选择硬盘类型

（4）单击 Next 按钮，进入如图 7-16 所示的 Specify Disk File 对话框，设置磁盘文件的位置，单击 Finish 按钮，即完成虚拟硬盘的添加。按照以上方法再添加 4 块大小、型号均相同的硬盘。

图 7-15 添加大小为 10GB 的硬盘

图 7-16 设置磁盘文件的位置

在创建动态磁盘的卷时，必须对新添加的硬盘进行联机、初始化磁盘和转换为动态磁盘工作，否则将不能使用该磁盘，具体的操作步骤如下。

（1）启动实验用的虚拟机，登录 Windows Server 2008 系统后，选择"开始"→"管理工具"→"计算机管理"命令，进入"计算机管理"窗口。

（2）用鼠标右键单击"计算机管理"窗口左侧的"磁盘 1"（这是添加的第一块虚拟硬盘），在弹出的菜单中选择"联机"命令，以同样的方法将另外 4 块磁盘"联机"。

（3）用鼠标右键单击"计算机管理"窗口左侧的"磁盘 1"，在弹出的菜单中选择"初始化磁盘"命令，在如图 7-17 所示的"初始化磁盘"对话框中确认要转换的基本磁盘（磁盘 1、磁盘 2、磁盘 3、磁盘 4、磁盘 5），磁盘选择完成后单击"确定"按钮。

（4）在"计算机管理"窗口左侧用鼠标右键单击初始化后的"磁盘 1"，在弹出的菜单中选择"转换到动态磁盘"命令，在如图 7-18 所示的"转换为动态磁盘"对话框中，还可选择同时需要转换的其他基本磁盘（磁盘 2、磁盘 3、磁盘 4、磁盘 5），单击"确定"按钮，即将原来的基本磁盘转换为动态磁盘。

图 7-17 初始化磁盘

图 7-18 转换为动态磁盘

升级完成后，在"计算机管理"窗口中可以看到，磁盘的类型已被更改为动态磁盘。如果升级的基本磁盘中包括系统磁盘分区或引导磁盘分区，则升级之后需要重新启动计算机。

7.2.2 创建简单卷

简单卷由单个物理磁盘上的磁盘空间组成，它可以由磁盘上的单个区域或者链接在一起的相同磁盘上的多个区域组成。可以在同一磁盘中扩展简单卷或把简单卷扩展到其他磁盘。如果跨多个磁盘扩展简单卷，则该卷就是跨区卷。

只能在动态磁盘上创建简单卷，如果想在创建简单卷后增加它的容量，则可通过磁盘上剩余的未分配空间来扩展这个卷。要扩展简单卷，该卷必须使用 Windows Server 2008 中所用的 NTFS 文件系统格式化，不能扩展基本磁盘上作为以前分区的简单卷。

也可将简单卷扩展到同一计算机的其他磁盘的区域中，当将简单卷扩展到一个或多个其他磁盘时，它会变为一个跨区卷。在扩展跨区卷之后，不删除整个跨区卷便不能将它的任何部分删除，跨区卷不能是镜像卷或带区卷。

下面来创建和扩展简单卷，要求如下："磁盘 1"上分别创建一个 4 000MB 容量的简单卷 D 和 1 000MB 容量的简单卷 E，使"磁盘 1"拥有两个简单卷，然后再从未分配的空间中划分一个 2 000MB 空间的空间添加到 D 中，使简单卷 D 的容量扩展到 6 000MB。具体的操作步骤如下。

（1）启动"计算机管理"控制台，选择"磁盘管理"选项，在右边窗口的底端，鼠标右键单击"磁盘1"，在弹出的菜单中选择"新建简单卷"。

（2）在弹出的"欢迎使用新建简单卷向导"对话框中，单击"下一步"按钮，然后在"指定卷大小"对话框中创建的简单卷容量4 000MB，分配的驱动器符号为"D"，因为过程和创建基本磁盘的主磁盘分区一样，用户可以参考图7-2 ~ 图7-4的过程。

（3）以同样的方法创建简单卷E，容量为1 000MB，如图7-19所示。

（4）用鼠标右键单击简单卷D，在弹出的菜单中选择"扩展卷"命令，进入"欢迎使用扩展卷向导"对话框；单击"下一步"按钮，进入"选择磁盘"对话框，如图7-20所示。在"选择空间量"文本框中输入扩展空间容量2 000MB。

图 7-19　新建简单卷　　　　　　　　　　图 7-20　选择扩展容量

（5）单击"下一步"按钮，进入"完成扩展卷向导"对话框，如图7-21所示。对扩展卷的设置再次进行确认，单击"完成"按钮，完成创建扩展卷的操作。扩展完成后的结果如图7-22所示。可看出整个简单卷D在磁盘的物理空间上是不连续的两个部分，总的容量为6 000MB左右，同时简单卷的颜色变为"橄榄绿"。

图 7-21　完成扩展卷向导　　　　　　　　图 7-22　新建扩展卷

①简单卷可以是 FAT16、FAT32 或 NTFS 文件系统，但若要扩展简单卷就必须使用 NTFS 文件系统；②只有 Windows 2000 Server、Windows XP Professional、Windows Server 2003、Windows Vista、Winodws Server 2008 操作系统才能访问简单卷；③系统卷和引导卷无法被扩展；④扩展的空间可以是同一块磁盘上连续或不连续的空间；⑤简单卷系统与分区相似，但仍有不同；简单卷既没有大小限制，也没有在一块磁盘上可创建卷的数目的限制。

7.2.3　创建跨区卷

跨区卷将来自多个磁盘的未分配空间合并到一个逻辑卷中，这样可以更有效地使用多个磁盘系统上的所有空间和所有驱动器号。如果需要创建卷，但又没有足够的未分配空间分配给单个磁盘上的卷，则可通过将来自多个磁盘的未分配空间的扇区合并到一个跨区卷，来创建足够大的卷。用于创建跨区卷的未分配空间区域的大小可以不同。

跨区卷是这样组织的，它先将一个磁盘上为卷分配的空间充满，然后从下一个磁盘开始，再将该磁盘上为卷分配的空间充满，依次类推。虽然利用跨区卷可以快速增加卷的容量，但是，跨区卷既不能提高对磁盘数据的读取性能，也不提供容错功能，当跨区卷中的某个磁盘出现故障时，那么存储在该磁盘上的所有数据将全部丢失。

跨区卷可以在不使用装入点的情况下，获得更多磁盘上的数据，通过将多个磁盘使用的空间合并为一个跨区卷，从而可以释放驱动器号用于其他用途，并可创建一个较大的卷用于文件系统。增加现有卷的容量称作"扩展"，使用 NTFS 文件系统格式化的现有跨区卷，可由所有磁盘上未分配空间的总量进行扩展。但是，在扩展跨区卷之后，不删除整个跨区卷便无法删除它的任何部分。"磁盘管理"将格式化新的区域，但不会影响原跨区卷上现有的任何文件，不能扩展使用 FAT 文件系统格式化的跨区卷。

下面来创建跨区卷，要求如下：在"磁盘 2"中取一个 1 000MB 的空间，在"磁盘 3"中取一个 1 000MB 的空间，在"磁盘 4"中取一个 800MB 的空间，创建一个容量为 2 800MB 的跨区卷 F。具体的操作步骤如下。

（1）启动"计算机管理"控制台，选择"磁盘管理"选项，在右边窗口的底端，右键单击"磁盘 2"，在弹出的菜单中选择"新建跨区卷"。

（2）在弹出的"欢迎使用新建跨区卷向导"对话框中，单击"下一步"按钮，在"选择磁盘"对话框中，通过"添加"按钮选择"磁盘 2"、"磁盘 3"和"磁盘 4"，分别选择这 3 块磁盘，并在"选择空间量"中设置容量大小为 1 000、1 000、800，设置完后可在"卷大小总数"中看到总容量为 2 800MB，如图 7-23 所示。

（3）接下来的过程就是设置驱动器号和确定格式化文件系统，这些设置可以参考图 7-3 和图 7-4。最后进入"正在完成新建跨区卷向导"对话框，如图 7-24 所示。对跨区卷的设置再次进行确认，

图 7-23　设置跨区卷容量

图 7-24　完成新建跨区卷向导

单击"完成"按钮，完成创建跨区卷的操作。跨区卷完成后的结果如图 7-25 所示，可看出整个跨区卷 F 在磁盘的物理空间分别在"磁盘 2"、"磁盘 3"和"磁盘 4"上，用户看到的是一个容量为 2 800MB 的分区，同时跨区卷的颜色变为"玫瑰红"。

图 7-25 新建跨区卷

①跨区卷可以是 FAT16、FAT32 或 NTFS 文件系统，但若要扩展跨区卷就必须使用 NTFS 文件系统；②只有 Windows 2000 Server、Windows XP Professional、Windows Server 2003、Winodws Server 2008 操作系统才能访问跨区卷；③跨区卷不能包含系统卷和引导卷；④可以在 2～32 块磁盘上创建跨区卷，同时组成跨区卷的空间容量可以不同；⑤一个跨区卷的所有成员被视为一个整体，无法将其中的一个成员独立出来，除非将整个跨区卷删除；⑥跨区卷在磁盘空间的利用率上比简单卷好，但它不能成为其他动态卷的一部分。

7.2.4 创建带区卷

带区卷是通过将两个或更多磁盘上的可用空间区域，合并到一个逻辑卷而创建的。带区卷使用 RAID-0，从而可以在多个磁盘上分布数据。带区卷不能被扩展或镜像，并且不提供容错功能。如果包含带区卷的其中一个磁盘出现故障，则整个卷无法工作。

创建带区卷时，最好使用相同大小、型号和制造商的磁盘。创建带区卷的过程与创建跨区卷的过程类似，唯一的区别就是在选择磁盘时，参与带区卷的空间必须大小一样，并且最大值不能超过最小容量的参与该卷的未指派空间。

利用带区卷，可以将数据分块并按一定的顺序在阵列中的所有磁盘上分布数据，这与跨区卷类似。带区卷可以同时对所有磁盘进行写数据操作，从而可以相同的速率向所有磁盘写数据。尽管不具备容错能力，但带区卷在所有 Windows 磁盘管理策略中的性能最好，同时它通过在多个磁盘上分配 I/O 请求从而提高了 I/O 性能。例如，带区卷在以下情况下提高了性能。

- 从（向）大的数据库中读（写）数据。
- 以极高的传输速率从外部源收集数据。
- 装载程序映像、动态链接库（DLL）或运行时库。

下面来创建带区卷，要求如下：在"磁盘 3"、"磁盘 4"、"磁盘 5"中创建一个容量为 2 700MB 的带区卷 G。具体的操作步骤如下。

（1）启动"计算机管理"控制台，选择"磁盘管理"选项，在右边窗口的底端，右键单击"磁盘 3"，在弹出的菜单中选择"新建带区卷"。

（2）在弹出的"欢迎使用新建带区卷向导"对话框中，单击"下一步"按钮，在"选择磁盘"对话框中，通过"添加"按钮选择"磁盘 3"、"磁盘 4"和"磁盘 5"，分别选择这 3 块磁盘，并在"选择空间量"中设置容量大小均为 900，设置完后可在"卷大小总数"中看到总容量为 2700MB，如图 7-26 所示。

图 7-26　设置带区卷容量

（3）接下来的过程就是设置驱动器号和确定格式化文件系统，这些设置可以参考图 7-3 和图 7-4。最后进入"正在完成新建带区卷向导"对话框，如图 7-27 所示。对带区卷的设置再次进行确认，单击"完成"按钮，完成创建带区卷的操作。带区卷完成后的结果如图 7-28 所示，可看出整个带区卷 G 在磁盘的物理空间分别在"磁盘 3"、"磁盘 4"和"磁盘 5"上，用户看到的是一个容量为 2700MB 的分区，同时带区卷的颜色变为"海绿色"。

图 7-27　完成新建带区卷向导

图 7-28　创建带区卷

①带区卷可以是 FAT16、FAT32 或 NTFS 文件系统；②只有 Windows 2000 Server、Windows XP Professional、Windows Server 2003、Winodws Server 2008 操作系统才能访问带区卷；③带区卷不能包含系统卷和引导卷，并且无法扩展；④可以在 2～32 块磁盘上创建带区卷，至少需要两块磁盘，同时组成带区卷的空间容量必须相同；⑤一个带区卷的所有成员被视为一个整体，无法将其中的一个成员独立出来，除非将整个带区卷删除。

7.2.5　创建镜像卷

利用镜像卷即 RAID-1 卷，可以将用户的相同数据同时复制到两个物理磁盘中，如果一个物理磁盘出现故障，虽然该磁盘上的数据将无法使用，但系统能够继续使用尚未损坏而仍继续正常运转的另一个磁盘进行数据的读写操作，从而通过在这一磁盘上保留完全冗余的副本，保护磁盘上的数据免受介质故障的影响。镜像卷的磁盘空间利用率只有 50%，所以镜像卷的花费相对较高。不过对于系统和引导分区而言，稳定是压倒一切的，一旦系统瘫痪，所有数据都将随之而消失，所以这些代价还是非常值得的。镜像卷被大量应用于系统和引导分区。

要创建镜像卷，必须使用另一磁盘上的可用空间。动态磁盘中现有的任何卷（甚至是系统卷和引导卷），都可以使用相同的或不同的控制器，镜像到其他磁盘上大小相同或更大的另一个卷。最好使用大小、型号和制造厂家都相同的磁盘作镜像卷，以避免可能产生的兼容性问题。镜像卷可以增强读性能，因为容错驱动程序同时从两个成员中同时读取数据，所以读取数据的速度会有所增加。当然，由于容错驱动程序必须同时向两个成员写数据，所以磁盘的写性能会略有降低。

下面来创建镜像卷，要求如下：在"磁盘 4"和"磁盘 5"中创建一个容量为 2000MB 的镜像卷 H。具体的操作步骤如下。

（1）启动"计算机管理"控制台，选择"磁盘管理"选项，在右边窗口的底端，右键单击"磁盘 4"，在弹出的菜单中选择"新建镜像卷"。

（2）在弹出的"欢迎使用新建镜像卷向导"对话框中，单击"下一步"按钮，在"选择磁盘"对话框中，通过"添加"按钮选择"磁盘 4"和"磁盘 5"，分别选择这两块磁盘，并在"选择空间量"中设置容量大小均为 2000，设置完后可在"卷大小总数"中看到总容量为 2000MB，如图 7-29 所示。

（3）接下来的过程就是设置驱动器号和确定格式化文件系统，这些设置可以参考图 7-3 和图 7-4。最后进入"正在完成新建镜像卷向导"对话框，如图 7-30 所示。对镜像卷

图 7-29　设置镜像卷容量

的设置再次进行确认，单击"完成"按钮，完成创建镜像卷的操作。镜像卷完成后的结果如图 7-31 所示，可看出整个镜像卷 H 在磁盘的物理空间分别在"磁盘 4"和"磁盘 5"上，用户看到的是一个容量为 2000MB 的分区，同时镜像卷的颜色变为"褐色"。

图 7-30　完成新建镜像卷向导

图 7-31　创建镜像卷

①镜像卷可以是 FAT16、FAT32 或 NTFS 文件系统；②只有 Windows 2000 Server、Windows XP Professional、Windows Server 2003、Winodws Server 2008 操作系统才能访问镜像卷；③组成镜像卷的空间容量必须相同，并且无法扩展；④只能在两块磁盘上创建镜像卷，用户可通过一块磁盘上的简单卷和另一块磁盘上的未分配空间组合成一个镜像卷，也可直接将两块磁盘上的未分配空间组合成一个镜像卷；⑤一个镜像卷的所有成员被视为一个整体，无法将其中的一个成员独立出来，除非将整个镜像卷删除。

7.2.6 创建 RAID-5 卷

RAID-5 卷即磁盘阵列，Windows Server 2008 通过给该卷的每个硬盘分区中添加奇偶校验信息来实现容错。如果某个硬盘出现故障，Windows Server 2008 便可以用其余硬盘上的数据和奇偶校验信息，重建发生故障的硬盘上的数据。

RAID-5 卷至少要由 3 个磁盘组成，系统在写入数据时，以 64KB 为单位。例如由 4 个磁盘组成 RAID-5 卷，则系统会将数据拆分成每 3 个 64KB 为一组，写数据时每次将一组 3 个 64KB 和它们的奇偶校验数据分别写入 4 个磁盘，直到所有数据都写入磁盘为止，并且奇偶校验数据不是存储在固定的磁盘内，而是依序分布在每个磁盘内，例如第一次写入时存储在磁盘 0、第二次写入时存储在磁盘 1，存储到最后一个磁盘后，再从磁盘 0 开始存储。

由于要计算奇偶校验信息，RAID-5 卷的写入效率相对镜像卷较差。但是，RAID-5 卷比镜像卷提供更好的读性能，Windows Server 2008 可以从多个盘上同时读取数据。与镜像卷相比，RAID-5 卷的磁盘空间有效利用率为（$n-1$）/n（其中 n 为磁盘的数目），硬盘数量越多，冗余数据带区的成本越低，所以 RAID-5 卷的性价比较高，被广泛应用于数据存储的领域。

下面来创建 RAID-5 卷，要求如下：在"磁盘 3"、"磁盘 4"和"磁盘 5"中创建一个容量为 2000MB 的 RAID-5 卷 I。具体的操作步骤如下。

（1）启动"计算机管理"控制台，选择"磁盘管理"选项，在右边窗口的底端，右键单击"磁盘 3"，在弹出的菜单中选择"新建 RAID-5 卷"。

（2）在弹出的"欢迎使用新建 RAID-5 卷向导"对话框中，单击"下一步"按钮，在"选择磁盘"对话框中，通过"添加"按钮选择"磁盘 3"、"磁盘 4"和"磁盘 5"，分别选择这 3 块磁盘，并在"选择空间量"中设置容量大小均为 1000，设置完后可在"卷大小总数"中看到总容量为 2000MB，如图 7-32 所示。

图 7-32 设置 RAID-5 卷容量

（3）接下来的过程就是设置驱动器号和确定格式化文件系统，这些设置可以参考图 7-3 和图 7-4。最后进入"正在完成新建镜像卷向导"对话框，如图 7-33 所示。对镜像卷的设置再次进行确认，单击"完成"按钮，完成创建 RAID-5 卷的操作。RAID-5

卷完成后的结果如图 7-34 所示，可看出整个 RAID-5 卷 I 在磁盘的物理空间分别在"磁盘 3"、"磁盘 4"和"磁盘 5"上，用户看到的是一个容量为 2000MB 的分区，同时 RAID-5 的颜色变为"青绿色"。

①RAID-5 卷可以是 FAT16、FAT32 或 NTFS 文件系统；②只有 Windows 2000 Server、Windows XP Professional、Windows Server 2003、Winodws Server 2008 操作系统才能访问 RAID-5 卷；③组成 RAID-5 卷的空间容量必须相同，并且无法扩展；④可以在 3～32 块磁盘上创建 RAID-5 卷，至少需要 3 块磁盘；⑤一个 RAID-5 卷的所有成员被视为一个整体，无法将其中的一个成员独立出来，除非将整个 RAID-5 卷删除；⑥RAID-5 卷不包含系统卷和引导卷。

图 7-33 完成新建 RAID-5 卷向导　　　　　　图 7-34 创建 RAID-5 卷

7.2.7 使用数据恢复功能

镜像卷和 RAID-5 卷都有数据容错能力，所以当组成卷的磁盘中有一块磁盘出现故障时，仍然能够保证数据的完整性，但此时这两种卷的数据容错能力已失效或下降，若卷中再有磁盘发生故障，那么保存的数据就可能丢失，因此应尽快修复或更换磁盘以恢复卷的容错能力。

下面利用虚拟机来模拟硬盘损坏以及如何使用数据恢复功能，具体的操作步骤如下。

（1）在虚拟的操作系统中，分别在各个硬盘的盘符上分别复制一些文件，然后关闭虚拟的 Windows Server 2008 操作系统。

（2）编辑虚拟机的配置文件，在 Virtual Machine Settings 对话框中的 Hardware 选项卡中选中第 5 块硬盘（添加的第 4 块虚拟硬盘），单击 Remove 按钮将其删除，从而模拟硬盘损坏。

（3）单击 Add 按钮，添加一块新硬盘，大小为 10GB，然后启动虚拟机的操作系统 Windows Server 2008，打开"计算机管理"窗口，系统会要求对新磁盘进行初始化，单击"确定"按钮，对新磁盘进行初始化操作，如图 7-35 所示。"磁盘 4"为新安装的磁盘，而发生故障的原"磁盘 4"此时显示为"丢失"。

（4）在图 7-35 中用鼠标右键单击"磁盘 5"或"丢失"磁盘上有"失败"标识的镜像卷 H，在弹出的菜单中选择"删除镜像"命令。

（5）进入"删除镜像"对话框，如图 7-36 所示。选择标识为"丢失"的磁盘，单击"删除镜像"按钮，在弹出的警告框中单击"是"按钮，完成后可以发现"磁盘 5"中原先失败的镜像卷已经被转换成了简单卷。

图 7-35 丢失数据的磁盘　　　　　　图 7-36 选择删除镜像的磁盘

（6）将"磁盘4"转换为动态磁盘，然后用鼠标右键单击"磁盘5"中经过上一个步骤已转换为简单卷的镜像卷，在弹出的菜单中选择"添加镜像"命令，进入"添加镜像"对话框，如图7-37所示。选择"磁盘4"，单击"添加镜像"按钮即可恢复"磁盘4"和"磁盘5"组成的镜像卷H。

（7）在图7-35中用鼠标右键单击有"失败的重复"标识的RAID-5卷I，在弹出的菜单中选择"修改卷"命令，进入"修改RAID-5卷"对话框。选择新更新的"磁盘4"，以便重新创建RAID-5卷，单击"确定"按钮，完成后RAID-5卷将被恢复，如图7-38所示。

图7-37 选择添加镜像的磁盘

图7-38 恢复数据

（8）在图7-36中用鼠标右键单击"丢失"的磁盘，在弹出的菜单中选择"删除磁盘"命令，将故障磁盘信息在系统中删除。

①镜像卷恢复后，数据会自动从没有发生故障的磁盘复制到新磁盘上，这样数据又恢复了镜像，从而保证了数据的安全性；②RAID-5卷恢复时，系统会利用没有发生故障的RAID-5卷将数据恢复到新磁盘上，保证了数据的安全性；③磁盘4上的带区卷、跨区卷数据不支持容错，不能恢复。

7.3 任务2——备份和还原数据

【任务描述】

数据的备份和还原是预防数据丢失最常用的手段之一，可以使用Windows Server 2008中内置的备份程序进行数据备份。在数据备份完成之后，一旦发现数据出错也能够在最短的时间之内恢复，以确保服务器能够正常稳定运行。

【任务目标】

掌握Windows Server 2008中备份和还原数据的功能。

7.3.1 系统容错和灾难恢复

系统容错指的是在系统出现各种软硬件故障时，系统仍然能够保护正在运行的工作和继续提供正常服务的能力，因此保证数据和服务的可用性是容错的一个重要内容。灾难恢复是指在出现软硬件故障后尽最大可能保护重要的数据，使资源不受破坏，也包括当出现故障时使损失降低到最小，并且不影响其他服务。主要的系统容错和灾难恢复方法有下述 3 种。

1. 配置不间断电源

不间断电源实际上就是一个蓄电池，主要作用是保证输入计算机的供电不中断，防止电压欠载、电涌和频率偏移现象。有了不间断电源之后，一旦遇到意外断电之类的情况，计算机就不会由于突然断电而造成系统崩溃、程序出错、文件丢失，甚至硬盘损坏之类的故障。

2. 利用 RAID 实现容错

RAID 是为了防止因为硬盘故障而导致数据丢失或者导致系统不能正常工作的一组硬盘阵列。通过 RAID 可以将重复的数据保存到多个硬盘上，因此降低了数据丢失的风险。常见的 RAID 分为硬件 RAID 和软件 RAID 两种，前者由第三方供应商提供各种磁盘阵列产品，后者主要是整合在操作系统中的软件 RAID。例如 Windows Server 2008 中内置的 RAID 功能。

3. 数据的备份和还原

数据的备份和还原是预防数据丢失的最常用的手段之一，一方面可以借助 Ghost 之类的专业工具对某个分区甚至整个磁盘进行备份，另一方面可以使用 Windows Server 2008 中内置的备份程序进行数据备份。在数据备份完成之后，一旦发现数据出错也能够在最短的时间之内恢复，以确保计算机能够正常稳定地运行。

Windows Server 2008 中内置的备份和还原数据功能被称为 Windows Server Backup，它和以前版本的 Windows 相比有了很大的改变，也让用户备份数据更加轻松快捷。

- 全新的快速备份技术：Windows Server Backup 使用了卷影副本服务和块级别的备份技术来有效地还原和备份操作系统、文件以及文件夹。当用户第一次完成完全备份后，系统会自动运行增量备份操作，这样就只会传输上次备份后变化的数据，而在以前版本中，用户则需要手动设置每次的备份工作空间是选择完全备份，还是增量备份。
- 简便快捷的还原方法：Windows Server Backup 能够自动识别出备份操作的增量备份动作，然后一次性完成还原，用户可以简单地选择所需还原的文件的不同版本，还可以选择还原一个完整的文件夹或者是文件夹中的某些特定文件。
- 对于 DVD 光盘备份的支持：随着备份量的增大以及刻录工具的普及，DVD 介质的备份使用越来越普遍，Windows Server Backup 也提供了对于 DVD 光盘备份的支持。

7.3.2 添加 Windows Server Backup 功能

虽然 Windows Server 2008 内置了 Windows Server Backup 功能，但是这个组件在安装的时候并没有被默认安装，因此需要参照下述步骤来添加 Windows Server Backup 功能。

（1）在"开始"菜单中选择"服务器管理器"命令，打开服务器管理界面，选择左侧"功能"选项之后，在右部区域中单击"添加功能"，如图 7-39 所示。

（2）进入"选择功能"对话框，在如图 7-40 所示的对话框中选择"Windows Server Backup"接着单击"下一步"按钮开始安装。

图 7-39　添加功能

图 7-40　添加 Windows Server Backup 功能

（3）进入"确认安装选择"对话框，如图 7-41 所示。可以查看到将要安装的功能信息，确认之后单击"安装"按钮开始安装 Windows Server Backup 功能。

（4）等待几分钟后即可完成 Windows Server Backup 功能的安装，最后单击如图 7-42 所示的"关闭"按钮结束 Windows Server Backup 功能的安装。

图 7-41　开始安装 Windows Server Backup

图 7-42　完成 Windows Server Backup 的安装

7.3.3　使用 Windows Server Backup 备份数据

安装 Windows Server Backup 功能之后，运行"开始"→"管理工具"→"Windows Server Backup"命令打开 Windows Server Backup 功能功能主界面，如图 7-43 所示。在窗口右侧提供了备份计划、一次性备份、恢复等选项，接着可以对 Windows Server 2008 创建备份。

1．备份计划

备份计划是指预先设定需要备份的源文件路径与时间，而由系统自动进行备份。设置备份计划可以参照以下述步骤进行操作。

（1）单击如图 7-43 所示的 Windows Server Backup 主界面右侧的"备份计划"，打开如图 7-44 所示的备份计划向导"入门"对话框，并单击"下一步"按钮继续。

（2）进入"选择备份配置"对话框，如图 7-45 所示。可以选择"整个服务器"或者"自定义"

两项，在此单击"整个服务器"单选按钮进行备份。两个选项具体功能如下。

图 7-43　Windows Server Backup 主界面

图 7-44　备份计划向导

- 整个服务器：能够备份所有服务器数据、应用程序以及系统状态，是对 Windows Server 2008 系统创建一个完整的备份。
- 自定义：根据实际需要选择需要备份的项目。

（3）单击"下一步"按钮，进入"指定备份时间"对话框，如图 7-46 所示。此时可以选取每日备份一次或者多次，如果每日备份则只需设置固定备份的时间点即可；如果对服务器中的数据非常关注，刚可以选择"每天多次"单选按钮，并且在"可用时间"列表中选取时间点，单击"添加"按钮将其添加到右侧"已计划的时间"列表中，以实现每天多次备份的目的。

图 7-45　选择备份配置

（4）单击"下一步"按钮，进入"选择目标磁盘"对话框，如图 7-47 所示。在此选择备份文件夹存放的目标磁盘，这时需要选择有较多可用空间的磁盘来存储备份文件。

图 7-46　指定备份时间

图 7-47　选择目标磁盘

完成上述备份计划设置向导操作之后，系统就会在预设的时间自动进行文件数据备份。对于采用这种备份方式的用户而言，可以设置在深夜或者服务器负担较小的时刻进行备份，这样既确保了服务器的正常运行，又能够顺利完成系统备份。

2. 一次性备份

　　与备份计划相比，一次性备份是让用户设置相关的备份参数，并立即开始数据备份。进行一次性备份可以参照下述步骤进行操作。

　　（1）单击如图 7-43 所示的 Windows Server Backup 主界面右侧的"一次性备份"，打开如图 7-48 所示的一次性备份向导"备份选项"对话框，并单击"下一步"按钮继续。

　　（2）进入"选择备份配置"对话框，如图 7-49 所示。在选择备份类型的时候可以针对整个服务器备份，也可以自定义备份特定的项目，在此选择"自定义"单选按钮。

图 7-48　一次性备份向导　　　　　　　　图 7-49　选择"自定义"备份类型

　　（3）单击"下一步"按钮，进入"选择备份项目"对话框，如图 7-50 所示。选择备份项目的时候可以取消不需要项目的复选框，只保留所需备份数据卷。

　　（4）单击"下一步"按钮，进入"指定目标类型"对话框，如图 7-51 所示。此时可以选择本地驱动器或者远程计算机中的某个共享文件夹，一般建议选择"本地驱动器"单选按钮，直接把备份文件存放到本地磁盘中。

图 7-50　选择备份项目　　　　　　　　　图 7-51　指定目标类型

（5）单击"下一步"按钮，进入"选择备份目标"对话框，如图 7-52 所示。选择有较大可用空间的本地磁盘来存放备份文件。

（6）单击"下一步"按钮，进入"指定高级选项"对话框，如图 7-53 所示。选择创建卷影复制服务备份类型，这里提供了"VSS 副本备份"和"VSS 完全备份"两种，一般建议选择前者。

图 7-52　选择备份目标

图 7-53　指定高级选项

（7）单击"下一步"按钮，进入"确认"对话框，如图 7-54 所示。在这里可以了解到备份设置的主要信息，确认无误之后单击"备份"按钮开始备份操作。

（8）单击"备份"按钮，进入"备份进度"对话框，如图 7-55 所示。整个备份过程所需时间比较长，在此期间可以查看到备份完成的百分比、数据容量等信息，完成后可以在如图 7-43 所示的主界面中查看到相关信息，这有助于用户了解备份内容和备份文件信息。

图 7-54　确认备份的相关设置

图 7-55　备份进度信息

7.3.4　使用 Windows Server Backup 恢复数据

一旦由于误操作、病毒或者是其他意外原因导致系统数据受损，就可以通过已经备份的文件快速恢复系统。在 Windows Server Backup 恢复备份文件可以通过下述步骤进行。

（1）单击如图 7-43 所示的 Windows Server Backup 主界面右侧的"恢复"，打开如图 7-56 所示的恢复向导"入门"对话框，选择从哪个服务器恢复数据，并单击"下一步"按钮继续。

（2）进入"选择备份日期"对话框，如图 7-57 所示。这里提供了可用备份文件的日期，选择所需要的备份文件之后单击"下一步"按钮继续操作。

图 7-56　选择恢复数据源　　　　　　　　　图 7-57　选择备份日期

（3）进入"选择恢复类型"对话框，如图 7-58 所示。在设置恢复类型的时候可以选择恢复文件与文件夹，也能够针对整个卷恢复。当恢复文件和文件夹的时候，可以由用户指定部分文件与文件夹恢复，而恢复卷则是把整个卷中的所有数据全部恢复。在此选择"文件和文件夹"单选按钮进行恢复。

（4）进入"选择要恢复的项目"对话框，如图 7-59 所示。在进行文件和文件夹恢复的时候，可以在目录树中选择某个需要恢复的文件夹，选择之后即可针对性该文件夹进行恢复。

（5）进入"指定恢复选项"对话框，如图 7-60 所示。指定恢复选项中相关的设置参数，一般采用默认的设置即可。需要注意的是，"当该向导在恢复目标中查找文件和文件夹时"区域建议设置为"创建副本，以便我具有两个版本的文件或文件夹"，这样可以避免直接覆盖已有的文件或文件夹造成的数据丢失。

图 7-58　选择恢复类型　　　　　　　　　图 7-59　选择需要恢复的文件夹

（6）单击"下一步"按钮，进入"确认"对话框，如图 7-61 所示。这里提供了需要恢复的项目信息，确认之后单击"恢复"按钮开始恢复操作。恢复过程中可以查看到每个文件夹或者文件夹的恢复进度信息，在所有文件恢复完毕之后单击"关闭"按钮结束恢复操作。恢复备份完成之后再次进入 Windows Server Backup 主界面，可以查看到备份文件和恢复备份之后的相关信息。

图 7-60 设置恢复选项数据库   图 7-61 恢复项目信息

7.4 实训——Windows Server 2008 磁盘管理

一、实训目标

（1）熟悉 Windows Server 2008 基本磁盘管理的相关操作。

（2）掌握 Windows Server 2008 在动态磁盘上创建各种类型的卷。

（3）掌握 Windows Server 2008 的备份与还原操作。

二、实训设备

（1）网络环境：已建好的 100Mbit/s 的以太网络，包含交换机（或集线器）、五类（或超五类）UTP 直通线若干、2 台及以上数量的计算机（计算机配置要求 CPU 为 Intel Pentium 4 以上，内存不小于 1GB，硬盘剩余空间不小于 20GB，有光驱和网卡）。

（2）软件：Windows Server 2008 安装光盘，或硬盘中有全部的安装程序；②VMWARE Workstation 6.5 安装源程序。

三、实训内容

在安装了 Windows Server 2008 的虚拟机上完成如下操作。

（1）在安装了 Windows Server 2008 的虚拟机上（有一块硬盘，硬盘分区为 C、D、E），添加 5 块虚拟硬盘（磁盘 1、磁盘 2、磁盘 3、磁盘 4、磁盘 5），类型为 SCSI，大小为 4GB，并初始化新添加的硬盘。

（2）利用 Windows Server 2008 "磁盘管理" 在磁盘 1、磁盘 2 创建磁盘镜像（RAID 1），大小为 1GB，盘符为 G。

（3）利用 Windows Server 2008 "磁盘管理" 在磁盘 3、磁盘 4、磁盘 5 创建 RAID 5，大小为 2233MB，盘符为 H。

（4）利用 Windows Server 2008 "磁盘管理" 在磁盘 1、磁盘 2、磁盘 3、磁盘 4、磁盘 5 创建带区卷，每个硬盘使用了 800MB 空间，总大小为 4000MB，盘符为 I。

（5）利用 Windows Server 2008 "磁盘管理"，对 E 盘在磁盘 1、磁盘 3 上进行扩展，在磁盘 1 上扩展 2271MB，在磁盘 3 上扩展 1062MB 空间。

（6）编辑虚拟机的配置文件，将虚拟硬盘磁盘 3 删除来模拟硬盘损坏，同时添加一块新硬盘

（大小为 7GB），恢复 RAID 5 卷的数据。

（7）对整个服务器创建一个备份计划，要求凌晨 2:00 对数据进行备份，备份至光盘。对服务器 D 盘创建一个一次性备份，备份至 E 盘。

四、实训注意事项

（1）一般的高校很少有条件做 RAID 实验，这些实验需要专业的服务器或者专用的硬盘，如 SCSI 卡、RAID 卡、多个 SCSI 硬盘等，当然有也 IDE 的 RAID，但大多数只支持 RAID 0 和 RAID 1，很少有支持 RAID 5 的。

（2）本实训内容是使用 Windows Server 2008 实现"软件" RAID，虽然与硬件的 RAID 效果类似，但对于使用专用服务器的"硬件" RAID 来说，实现的操作步骤是不同的。硬件的 RAID 需要在安装操作系统之前创建，而软件的 RAID 是在安装系统之后实现。

7.5　习题

一、填空题

（1）Windows Server 2008 将磁盘存储类型分为两种：_____ 和 _____。

（2）Windows 2000 Server 和 Windows XP 使用的文件系统都根据 _____ 的大小组织磁盘。

（3）基本磁盘是指包含 _____、_____ 或 _____ 的物理磁盘，它是 Windows Server 2008 中默认的磁盘类型。

（4）镜像卷的磁盘空间利用率只有 _____，所以镜像卷的花费相对较高。与镜像卷相比，RAID-5 卷的磁盘空间有效利用率为 _____，硬盘数量越多，冗余数据带区的成本越低，所以 RAID-5 卷的性价比较高，被广泛应用于数据存储的领域。

（5）带区卷又称为 _____ 技术，RAID-1 又称为 _____ 卷，RAID-5 又称为 _____ 卷。

二、选择题

（1）一个基本磁盘上最多有（　　）主分区。

　　A. 1 个　　　　　　B. 2 个　　　　　　C. 3 个　　　　　　D. 4 个

（2）镜像卷不能使用（　　）文件系统。

　　A. FAT16　　　　　B. NTFS　　　　　 C. FAT 32　　　　　D. EXT3

（3）主要的系统容错和灾难恢复方法不包括（　　）。

　　A. 对重要数据定期存盘　　　　　　　 B. 配置不间断电源系统

　　C. 利用 RAID 实现容错　　　　　　　 D. 数据的备份和还原

（4）下列（　　）支持容错技术。

　　A. 跨区卷　　　　　B. 镜像卷　　　　　C. 带区卷　　　　　D. 简单卷

三、问答题

（1）磁盘管理主要完成哪些工作？磁盘管理在 Windows Server 2008 中有哪些新特性？

（2）区别几种动态卷的工作原理及创建方法。

（3）假设 RAID-5 卷中某一块磁盘出现了故障，应怎样恢复？

（4）在 Windows Server 2008 中如何实现数据的备份和还原？

项目 8

打印机管理

项目情境：

如何组织与管理网络打印系统？

　　三峡瑞思信息技术有限公司是一家主要提供计算机网络建设与维护的网络技术服务公司，2000年为上市公司湖北宜化集团建设了内部管理信息系统，2009年将该集团内部管理信息系统改造升级成 ERP 系统后，该集团各项事务的效率得到了较大的提高。

　　湖北宜化集团内部有各种型号与档次的打印机近百台，大部分打印服务器用于打印办公日常文档，少部分打印服务器用于网络打印，主要供各部门的驻外员工以及出差在外地使用笔记本的员工使用，以方便他们将销售以及其他报告通过网络打印出来。作为公司的技术人员，如何利用 Windows Server 2008 组织与管理网络打印系统？

　　项目描述：对一个信息化的企业网来说，网络打印不仅是一个资源共享的技术问题，也是一个组织和管理的问题。因此，对于管理和组织一个打印系统来说，首先应明确了解企业打印机的硬件结构，此外还应了解网络中打印设备的各种组织方式，这样才能正常地组织与管理企业网络中的打印系统。

　　项目目标：
- 熟悉 Windows Server 2008 中打印机相关的基本术语
- 熟悉 Windows Server 2008 中打印机的安装
- 掌握 Windows Server 2008 中打印机的管理

8.1 知识准备——打印机基本概述

8.1.1 Windows Server 2008 打印概述

用户通过使用 Windows Server 2008 家族中的产品，可以在整个网络范围内共享打印资源。各种计算机和操作系统上的客户端，可以通过 Internet 将打印作业发送到运行 Windows Server 2008 家庭操作系统的打印服务器所连接的本地打印机，或者发送到使用内置网卡连接到网络或其他服务器的打印机。

Windows Server 2008 家族中的产品支持多种高级打印功能。例如，无论运行 Windows Server 2008 操作系统的打印服务器位于网络中的哪个位置，管理员都可以对它进行管理。另一项高级功能是，客户不必在 Windows XP 客户端计算机上安装打印机驱动程序就可以使用打印机。当客户端连接运行 Windows Server 2008 家族操作系统的打印服务器计算机时，驱动程序将自动下载。

为了建立 Windows Server 2008 网络打印服务环境，首先需要掌握以下几个基本概念。

- 打印设备：实际执行打印的物理设备，可以分为本地打印设备和带有网络接口的打印设备。根据使用的打印技术，可以分为针式打印设备、喷墨打印设备和激光打印设备。
- 打印机：即逻辑打印机，打印服务器上的软件接口。当发出打印作业时，作业在发送到实际的打印设备之前先在逻辑打印机上进行后台打印。
- 打印服务器：连接本地打印机，并将打印机共享出来的计算机系统。网络中的打印机客户端会将作业发送到打印服务器处理，因此打印服务器需要有较高的内存以处理作业。对于较频繁的或大尺寸文件的打印环境，还需要打印服务器上有足够的磁盘空间以保存打印机脱机文件。

8.1.2 共享打印机的类型

在网络中共享打印机时，主要有两种不同的连接模式，即"打印服务器+打印机"模式和"打印服务器+网络打印机"模式。

1. 打印服务器+打印机

此模式就是将一台普通打印机安装在打印服务器上，然后通过网络共享该打印机，供局域网上的授权用户使用。打印服务器既可以由通用计算机担任，也可以由专门的打印服务器担任。如果网络规模较小，则可采用普通计算机来担任服务器，操作系统可以用 Windows 95/98/XP/Vista 等。如果网络规模较大，则应当采用专门的服务器，操作系统也应当采用 Windows Server 2003/2008，以便于打印权限和打印队列的管理，并适应繁重的打印任务。

2. 打印服务器+网络打印机

此模式是将一台带有网卡的网络打印设备通过网线接入局域网，给定网络打印设备的 IP 地址，使网络打印设备成为网络上的一个不依赖于其他 PC 的独立结点，然后在打印服务器上对该网络打印设备进行管理，用户就可以使用网络打印机进行打印了。网络打印设备通过 EIO 插槽直接连接网络适配卡，能够以网络的速度实现高速打印输出。打印设备不再是 PC 的外设，而成为一个独立的网络结点。由于计算机的端口有限，因此采用普通打印设备时，打印服务器所能管理的打印机数量也就较少。而由于网络打印设备采用以太网端口接入网络，因此一台打印服务器可以管理数量非常多的网络打印机，这更适合于大型网络的打印服务。

8.2　任务1——打印服务器的安装

【任务描述】

要提供网络打印服务，必须先将计算机安装为打印服务器，然后安装并设置共享打印机，还要再为不同操作系统安装驱动程序，使得网络客户端在安装共享打印机时，不再需要单独安装驱动程序。

【任务目标】

正确理解打印服务器相关的基本概念，掌握建立打印服务器的工作流程和操作技术。

8.2.1　安装打印服务角色

安装打印服务器，首先利用"添加角色"向导安装打印服务。这个向导可以通过"服务器管理器"或"初始化配置任务"应用程序打开。安装打印服务的具体操作步骤如下。

（1）在服务器中选择"开始"→"服务器管理器"命令打开服务器管理器窗口。选择左侧"角色"选项之后，单击右侧的"添加角色"链接，在如图 8-1 所示的对话框中勾选"打印服务"复选框，然后单击"下一步"按钮。

（2）在如图 8-2 所示的"打印服务"对话框中，对打印服务进行了简要介绍，在此单击"下一步"按钮继续操作。

图 8-1　选择角色

图 8-2　打印服务简介

（3）进入如图 8-3 所示的"选择角色服务"对话框，选择"打印服务"、"LPD 服务"和"Internet 打印"复选框，在弹出的对话框中，单击"添加必要的角色服务"按钮，单击"下一步"按钮。

打印管理用于管理多个打印机或打印服务器，它是"打印服务"角色一项必需的子角色服务，并从其他 Windows 打印服务器迁移打印机或向这些打印服务器迁移打印机。根据需要我们还可以添加另外两种子服务。①LPD 服务（Line Printer Daemon）：该服务使基于 UNIX 的计算机或其他使用 LPR 服务（LPR）的计算机可以通过此服务器上的共享打印机进行打印，还会在具有高级安全性的 Windows 防火墙中为端口 515 创建一个入站例外。②Internet 打印：创建一个由 Intetnet 信息服务（IIS）托管的网站，用户可以管理服务器上的打印作业，还可以使用 Web 浏览器，通过 Intetnet 打印协议连接到此服务器上的共享打印机并进行打印。

（4）进入如图 8-4 所示的"Web 服务器（IIS）"对话框，单击"下一步"按钮。

图 8-3　添加必要的角色

图 8-4　安装 IIS 角色

（5）进入如图 8-5 所示的"选择角色服务"对话框，这里保持默认设置，单击"下一步"按钮。

（6）进入如图 8-6 所示的"确认安装选择"对话框，对选择的角色进行确认。单击"安装"按钮，进入如图 8-7 所示的"安装进度"对话框，显示安装角色的进度。安装完成后，进入如图 8-8 所示的"安装结果"对话框，显示安装的相关信息。单击"关闭"按钮，即完成打印服务角色的安装。

图 8-5　选择角色服务

图 8-6　确认安装选择

图 8-7　安装进度

图 8-8　安装结果

8.2.2　添加打印机

服务器添加打印服务的角色后，可以为服务器添加打印机，相关的步骤如下。

（1）选择"开始"→"程序"→"管理工具"→"打印管理"命令，在"打印管理"窗口中右键单击服务器名（WIN2008-N），在弹出的快捷菜单中选择"添加打印机"命令，将打开网络打印机安装向导"打印机安装"对话框，如图 8-9 所示。

（2）在"打印机安装"对话框中选中"使用现有的端口添加新打印机"单选按钮，选中连接打印机的端口，单击"下一步"按钮。若选择"在网络中搜索打印机"单选按钮，实质上是连接一个其他服务器已经共享了的打印机。若选择"按 IP 地址或主机名称添加 TCP/IP 或 Web 服务打印"单选按钮，就是连接网络接口打印机。

（3）进入"打印机驱动程序"对话框，如图 8-10 所示。选中"安装新驱动程序"单选按钮，单击"下一步"按钮。

图 8-9　选择端口

图 8-10　安装新驱动

（4）进入"打印机安装"对话框，如图 8-11 所示。选择一个厂商并选中一种打印机型号（凡是能够列出来的厂商的打印设备驱动，都支持即插即用，只要将打印设备接好，驱动将会自动安装，也就不需要这样添加驱动；如果没有接硬件而添加驱动，只能这样添加），单击"下一步"按钮。

（5）进入"打印机名称和共享设置"对话框，如图 8-12 所示，输入打印机名以及共享名称，单击"下一步"按钮。

图 8-11　选择厂商和打印机类型

图 8-12　共享打印机

　　　　要添加和设置直接连接到服务器上的打印机,必须以 Administrators 组成员的身份登录。在 Windows Server 2008 中,默认情况下,添加打印机向导会共享该打印机并在 Active Directory 中发布,除非在向导的"打印机名称和共享设置"对话框中不选择"共享打印机"复选框。

　　(6)进入"找到打印机"对话框,如图 8-13 所示,显示找到的打印机详细参数及设置,单击"下一步"按钮继续操作。

　　(7)进入"正在完成网络打印机安装向导"对话框,如图 8-14 所示。这里显示网络打印机安装的相关状态及信息,单击"完成"按钮即可完成打印机的添加工作。

图 8-13　找到打印机

图 8-14　完成网络打印完成向导

8.3　任务 2——打印服务器的管理

【任务描述】

　　在打印服务器上安装共享打印机后,可通过设置打印机的属性来进一步管理打印机,例如设置打印优先级、设置打印机池、设置打印机权限、管理打印队列、设置 Internet 打印等,以方便用户更好地使用打印机资源。

【任务目标】

　　熟练掌握打印服务器的基本设置与方法,重点掌握 Internet 打印的设置。

8.3.1　设置打印权限

将打印机安装在网络上后，系统会为它指派默认的打印机权限，该权限允许所有用户访问打印机并进行打印，也允许管理员选择组来对打印机和发送给它的打印文档进行管理。由于打印机可用于网络上的所有用户，因此可能需要管理员通过指派特定的打印机权限，来限制某些用户的访问权。

Windows Server 2008 提供了 3 种等级的打印安全权限，如下所示。

● 打印：使用打印权限，用户可以连接到打印机，并将文档发送到打印机。在默认情况下，打印权限将指派给 Everyone 组中所有成员。

● 管理打印机：使用管理打印机权限，用户可以执行与打印权限相关联的任务，并且具有对打印机的完全管理控制权。用户可以暂停和重新启动打印机、更改打印后台处理程序设置、共享打印机、调整打印机权限，还可以更改打印机属性。默认情况下，管理打印机权限将指派给 Administrators 组和 Power Users 组的成员。

● 管理文档：使用管理文档权限，用户可以暂停、继续、重新开始和取消由其他用户提交的文档，还可以重新安排这些文档的顺序。但是，用户无法将文档发送到打印机或控制打印机的状态。默认情况下，管理文档权限指派给 Creator Owner 组的成员。

当共享打印机被安装到网络上时，默认的打印机权限将允许所有的用户访问该打印机并进行打印。为了保证安全性，管理员可以选择指定的用户组来管理发送到打印机的文档，可以选择指定的用户组来管理打印机，也可以明确地拒绝指定的用户或组对打印机的访问。

管理员可能想通过授予明确的打印机权限来限制一些用户对打印机的访问。例如，管理员可以给部门中所有无管理权的用户设置打印权限，而给所有管理人员设置打印和管理文档权限，这样所有用户和管理人员都能打印文档，但只有管理人员能更改发送给打印机的任何文档的打印状态。

有些情况下，管理员可能想给某个用户组授予访问打印机的权限，但同时又想限制该组中的若干成员对打印机的访问。在这种情况下，管理员可以先为整个用户组授予可以访问打印机的权限（允许权限），然后再为该组中指定的用户授予拒绝权限。

可以通过以下步骤来为管理打印机访问设置权限：选择"开始"→"程序"→"管理工具"→"打印管理"命令，在"打印管理"窗口中右键单击打印机，在弹出的快捷菜单中选择"属性"命令，弹出打印机属性对话框，默认显示"常规"选项卡，如图 8-15 所示。单击"安全"选项卡，如图 8-16 所示，单击"添加"按钮可以给用户授权或解除授权。要查看或更改打印操作、管理打印机和管理文档的基本权限，可以单击"高级"按钮。

图 8-15　"常规"选项卡

图 8-16　"安全"选项卡

8.3.2 设置打印优先级

在实际环境中，某个部门的普通员工经常打印一些文档，但不着急用，而该部门的客户经常打印一些短小但是急着用的文件。如果普通员工已经向打印机发送了打印任务，那么如何让客户的文件优先打印呢？在打印机之间设置优先权可以优化到同一台打印设备的文档打印，即可以加速需要立即打印的文档。高优先级的用户发送来的文档可以越过等候打印的低优先级的文档队列而先行打印。如果两个逻辑打印机都与同一打印机相关联，则 Windows Server 2008 操作系统首先将优先级最高的文档发送到该打印设备。

要利用打印优先级系统，需为同一打印设备创建多个逻辑打印机。为每个逻辑打印机指派不同的优先等级，然后创建与每个逻辑打印机相关的用户组。例如，Group1 中的用户拥有访问优先级为 1 的打印机的权利，Group2 中的用户拥有访问优先级为 2 的打印机的权利，以此类推。1 代表最低优先级，99 代表最高优先级。

设置打印机优先级的方法为：选择"开始"→"程序"→"管理工具"→"打印管理"命令，在"打印管理"窗口中右键单击打印机，在弹出的快捷菜单中选择"属性"命令，在弹出的对话框中选择"高级"选项卡，如图 8-17 所示，其中相关设置功能如下。

- 始终可以使用：系统默认选中该单选按钮，表示此打印机全天 24 小时都提供服务。
- 使用时从：如果选中了该单选按钮，则可以进一步设置此打印机允许使用的时间区间，例如一般的上班时间为 8：00～18：00。
- 优先级：可以设置此打印机的打印优先级，默认值为 1，这是最低的优先级，最高的优先级为 99。
- 使用后台打印，以便程序更快地结束打印：选中该单选按钮，可以先将打印文件保存到硬盘中，然后再将其送往打印设备进行打印。文件送往打印设备的操作是由 spooler（后台缓冲器）在后台执行并完成的。这里有两个单选按钮可供选择，可以选择"在后台处理完最后一页时开始打印"单选按钮，也可以选择"立即开始打印"单选按钮，表示在用户文件无法使用 spooler 打印时（即后台缓冲器无法正常运行），可以将打印文件直接送往打印设备上。"立即开始打印"选项只适合于本机送出的文件，不适合网络客户送来的文件。
- 打印默认值：单击此按钮，打开如图 8-18 所示的对话框，该对话框有"布局"、"纸张/质量"两个选项卡，通过设置可以改变打印机的系统默认参数。

图 8-17 "高级"选项卡

图 8-18 "打印默认值"对话框

使打印机得到最大限度利用的一个有效方法是为长文档或特定类型的文档安排轮流打印时间。管理员在计划打印时间时，应考虑以下建议：①使用安全设置来限制在可用时间段内访问打印机的用户；②告诉用户打印机什么时候可用，什么时候不可用，可以帮助用户正确使用有时间计划限制的打印机；③配置两台指向同一打印设备的打印机，并且分别为这两台打印机设置不同的计划备用打印时间；④确保磁盘空间足够大，以便能够存储等待打印的后台打印作业。

8.3.3　设置支持多种客户端

　　如果运行不同版本的 Windows 的用户共享此打印机，则可以安装其他驱动程序。这样，当用户连接到共享打印机时就不需要再来查找打印驱动程序。

　　设置支持多种客户端的方法为：选择"开始"→"程序"→"管理工具"→"打印管理"命令，在"打印管理"窗口中右键单击打印机，在弹出的快捷菜单中选择"属性"命令，在弹出的对话框中选择"共享"选项卡，如图 8-19 所示。各选项参数的含义如下。

- 共享这台打印机：选中此复选框，表示该打印机可以提供给网络中的其他客户机使用，并可以更改打印机的共享名。
- 在客户端计算机上呈现打印作业：客户端在将打印作业发送到打印服务器之前可以在本地呈现它们，这样可减小服务器负载，提高其可用性。
- 列入目录：若选择了此复选框，可以将打印机列入活动目录。
- 其他驱动程序：单击"其他驱动程序"按钮，将打开"其他驱动程序"对话框，如图 8-20 所示。选中"x86"和"Itanium"复选框，单击"确定"按钮，可添加 x86 和 Itanium 的驱动。

图 8-19　"共享"选项卡

图 8-20　"其他驱动程序"对话框

8.3.4　设置打印机池

　　用户可以通过创建打印机池将打印作业自动分发到下一台可用的打印机。打印机池是多台打印设备组织的一种典型形式，它是一台逻辑打印机，它通过打印服务器的多个端口连接到多台打印机，处于空闲状态的打印机可以接收发送到逻辑打印机的下一份文档。这对于打印量很大的网络非常有用，因为它可以减少用户等待文档打印的时间。当企业内部有多个相同或相似的打印设备时，使用打印机池可以自动均衡打印负荷，而不会出现某台打印设备十分繁忙，而其他打印设备却十分空闲的现象。同时使用打印机池可以简化管理，管理员可以用服务器上的一台逻辑打印机来管理多台打印机。

使用创建的打印机池,用户在打印文档时不再需要查找哪一台打印机目前可用。逻辑打印机将检查可用的端口,并按端口的添加顺序将文档发送到各个端口。应首先添加连接到快速打印机上的端口,这样可以保证发送到打印机的文档在被分配给打印机池中的慢速打印机前以最快的速度打印。

用户在设备打印池之前,应了解打印池相关的特性和管理方法。

- 打印机池是一个"打印机"对应多台物理打印设备的组织方式,所以暂停"打印机",即意味着暂停"打印机池"。

- 由于打印机池中的所有打印设备都使用同一个"打印机"名称,因此要求打印机池中的多台物理打印设备应当是相同或兼容的,即多台打印设备必须使用同一个打印驱动程序。

- 当打印文件送往"打印机"时,"打印机池"会先检查哪一台打印设备处于空闲状态,并使该文件通过"空闲"的打印设备输出,检查空闲的顺序为"先安装的端口先检查"。"打印机池"是通过建立"打印机"时,为它指定多个输出端口而实现的,可以通过计算机的串行口(COM)、并行口(LPT)或网络端口与打印设备相连,也可以创建各种端口连接。

- 如果"打印机池"中有一台打印设备因故暂停,并不影响其他打印设备的使用。例如,一台打印设备卡纸,那么目前正在打印设备上打印的文件就会被暂停,而其他的打印文件还可以由其他的打印设备继续打印。

图 8-21 "端口"选项卡

管理员可以通过以下操作来启用打印机池:选择"开始"→"程序"→"管理工具"→"打印管理"命令,在"打印管理"窗口中右键单击打印机,在弹出的快捷菜单中选择"属性"命令,在弹出的对话框中选择"端口"选项卡,选中"启用打印机池"复选框,选择连接打印设备的端口,如图 8-21 所示。单击"确定"按钮,即可启用打印机池。

8.3.5 管理打印作业

在 Microsoft 网络中,无论哪种组织方式,管理员通常使用"打印机"管理器进行打印作业的管理。打印机的管理器常规操作如下:选择"开始"→"控制面板"→"打印机"命令,双击需要管理的"打印机"图标,即可打开选定的打印机管理器,如图 8-22 所示。管理打印作业,主要有以下 3 个方面的内容。

图 8-22 打印机管理器

1. 删除打印文档

在如图 8-22 所示的打印机管理器窗口中,选中拟删除的打印文档,有以下 3 种方法可以删除选定的打印文档。

- 选中文档后,选择"文档"→"取消"命令。
- 选中文档后,单击鼠标右键,在快捷菜单中选择"取消"命令。
- 选中文档后,直接按键盘上的 Del 键,即可删除选中的文档。

如果选择"打印机"→"取消所有文档"命令，则可以删除所有的文档。

2. 暂停打印文档

在如图 8-22 所示的打印机管理器窗口中，选中拟暂停的打印文档，单击鼠标右键，在快捷菜单中选择"暂停"命令即可暂停打印文档。打印文档被暂停之后需要恢复时，单击鼠标右键，在快捷菜单中选择"继续"命令，即可恢复该文档的打印。

3. 改变打印文件的执行顺序

用户打印的文件输出到网络打印机后，若此时的打印机空闲，则输出的文件可以立即打印。但是如果用户的打印文件很多，则需要排队等候。如果某用户的文件急于打印，网络管理员可以采用如下步骤进行控制和调整：在如图 8-22 所示的打印机管理器窗口中，从多个等待打印的文档中选择需要改变打印顺序的文档后，选择"文档"→"属性"命令，打开其属性对话框。在该对话框中，可以更改选中打印文件的优先级，以此改变原有的打印顺序，之后单击"确定"按钮，即可改变打印文件的执行顺序。

8.3.6 配置 Internet 打印

局域网、Internet 或内部网中的用户，如果出差在外，或在家办公，是否能够使用网络中的打印机呢？如果能够像浏览网页那样实现 Internet 打印，无疑会给远程用户带来极大的方便。这种方式就是基于 Web 浏览器方式的打印。这样，对于局域网中的用户来说，可以避免登录到"域控制器"的繁琐设置与登录过程；对于 Internet 中的用户来说，基于 Internet 技术的 Web 打印方式可能是其使用远程打印机的唯一途径。

Internet 打印服务系统是基于 B/S 方式工作的，因此在设置打印服务系统时，应分别设置打印服务器和打印客户端两部分。配置 Internet 打印，首先得检查打印服务器是否已经配置好了对 Internet 打印的支持，操作步骤如下所示。

在打印服务器上，选择"开始"→"程序"→"管理工具"→"Internet 信息服务（IIS）管理器"命令，展开"网站"→"Default Web Site"→"Printers"节点，如图 8-23 所示。单击"浏览*:80(http)"按钮，如图 8-24 所示。在浏览器中能够看到打印服务器上共享的打印机，说明打印服务器支持 Internet 打印。

图 8-23　浏览 Printers 目录

图 8-24　查看打印服务器上的打印机

在客户端的计算机使用 Internet 打印时要注意，除了 Windows Vista 默认已经安装了 Internet 打印客户端外，其他操作系统没有安装 Internet 打印客户端。Windows Server 2008 必须安装 Internet 打印客户端后才能连接 Internet 打印机。客户端配置 Internet 打印的操作步骤如下所示。

（1）选择"开始"→"服务器管理器"命令，打开服务器管理器，在左侧选择"功能"选项之后，单击右部区域的"添加功能"链接，并且在如图 8-25 所示的对话框中选择"Internet 打印客户端"复选框。

（2）单击"下一步"按钮，按照提示完成"Internet 打印客户端"功能的安装，并重新启动客户端计算机。登录后启动 IE 浏览器，选择"工具"→"Internet 选项"命令，在"安全"选项卡中，单击"站点"按钮，在弹出的"可信站点"对话框中输入"http://nos.com"，单击"添加"按钮，如图 8-26 所示。

图 8-25　安装 Internet 打印客户端　　　　　　图 8-26　添加可信站点

（3）选择"开始"→"控制面板"→"打印机"命令，单击"添加打印机"选项，在出现的添加打印机向导"选择本地或网络打印机"对话框中，单击"添加网络、无线或 Bluetooth"按钮，如图 8-27 所示。

（4）单击"下一步"按钮，在出现的"正在搜索可用的打印机"对话框中，单击"我需要的打印机不在列表中"按钮，如图 8-28 所示。

图 8-27　添加网络打印机　　　　　　　　　图 8-28　搜索打印机

（5）单击"下一步"按钮，在出现的"按名称或 TCP/IP 地址查找打印机"对话框中，单击"按名称选择共享打印机"单选按钮，并在文本框中输入"http://nos.com/printers/Samsung/.printer"，如图 8-29 所示。

（6）单击"下一步"按钮，在出现的"安装打印机驱动程序"对话框中，选择打印机的型号，如图 8-30 所示。

图 8-29　输入打印机名称　　　　　　　　图 8-30　选择打印机型号和驱动

在图 8-29 中输入的 URL 地址中，nos.com 是打印服务器的域名，该域名在 Internet 上必须能够解析为打印服务器的 IP 地址，同时该域名在前面的设置中，被添加到受信站点列表中，这是因为要通过网站下载打印驱动程序。"Samsung"是打印服务器上打印机的共享名称，其他都是固定的格式。

（7）单击"下一步"按钮，在出现的"键入打印机名称"对话框中，单击"下一步"按钮，完成打印机的添加，如图 8-31 所示，可以看到已添加一个网络打印机，如图 8-32 所示。

图 8-31　打印机名称　　　　　　　　　图 8-32　添加的网络打印机

（8）在浏览器的地址栏中输入"http://nos.com/printer"，可以查看打印机相关的信息，如图 8-33 和图 8-34 所示。

图 8-33 打印机状态

图 8-34 打印机属性

8.4 实训——Windows Server 2008 打印机管理

一、实训目标

（1）熟悉 Windows Server 2008 打印服务器的安装。

（2）掌握 Windows Server 2008 打印服务器的管理与配置。

（3）掌握 Windows Server 2008 打印客户端的管理与配置。

二、实训设备

（1）网络环境：已建好的 100Mbit/s 的以太网络，包含交换机（或集线器）、五类（或超五类）UTP 直通线若干、2 台及以上数量的计算机（计算机配置要求 CPU 为 Intel Pentium 4 以上，内存不小于 1GB，硬盘剩余空间不小于 20GB，有光驱和网卡），Samsung ML-1650 打印机 3 台或 HP LaserJet 1100 打印机 1 台。

（2）软件：Windows Server 2008 安装光盘，或硬盘中有全部的安装程序；②VMWARE Workstation 6.5 安装源程序。

三、实训内容

在安装了 Windows Server 2008 的虚拟机上完成如下操作。

（1）在安装了 Windows Server 2008 的虚拟机添加本地打印机 HP LaserJet 1100，使其成为网络打印机。

（2）在另外一台安装了 Windows Server 2008 的虚拟机上安装打印服务器角色，使其成为打印服务器，并添加一台本地打印机 Samsung ML-1650，使其成为网络打印机。

（3）在打印服务器上添加用户"PrinterG"和"PrinterL"，设置"PrinterG"的权限为打印，设置"PrinterL"的权限为打印、管理打印机和管理文档，然后分别设置"PrinterG"的打印优先级为 1，"PrinterL"的打印优先级为 99。

（4）添加另外两台 Samsung ML-1650 到打印机池中，分别使用并行口（LPT2 和 LPT3），并启用打印机池打印测试文档 10 份。

（5）管理打印机池内的打印文档，删除要打印的第 5 个测试文档，暂停第 10 个测试文档的打印，改变第 10 个测试文档的打印顺序，立即打印。

（6）分别配置打印服务器和打印机客户端，使打印服务器具有 Internet 打印功能，并配置打印机客户端，使用 Internet 打印功能打印测试文档。

8.5 习题

一、填空题

（1）根据使用的打印技术，打印设备可以分为_____、_____和激光打印设备。

（2）在 Windows Server 2008 中，默认情况下，添加打印机向导会_____并在 Active Directory 中发布，除非在向导的"打印机名称和共享设置中"对话框中不选择"共享打印机"复选框。

（3）使用管理文档权限，用户可以暂停、继续、重新开始和取消由其他用户提交的文档，还可以_____。

（4）要利用打印优先级系统，需为同一打印设备创建多个逻辑打印机。为每个逻辑打印机指派不同的优先等级，然后创建与每个逻辑打印机相关的用户组，_____代表最低优先级，99 代表最高优先级。

（5）管理打印作业，主要有如下 3 个方面的内容：_____、暂停打印文档、改变打印文件的执行顺序。

二、选择题

（1）下列权限（　　）不是打印安全权限。

    A．打印　　　　　　　B．浏览　　　　　　　C．管理打印机　　　　D．管理文档

（2）Internet 打印服务系统是基于（　　）方式工作的文件系统。

    A．B/S　　　　　　　B．C/S　　　　　　　C．B2B 32　　　　　　D．C2C

（3）不能通过计算机的（　　）端口与打印设备相连。

    A．串行口（COM）　　　　　　　　　　　B．并行口（LPT）

    C．网络端口　　　　　　　　　　　　　　D．RS232

（4）下列（　　）不是 Windows Server 2008 支持的其他驱动程序类型。

    A．x86　　　　　　　B．x64　　　　　　　C．486　　　　　　　D．Itanium

三、问答题

（1）在 Windows 操作系统中，"打印机"和"打印设备分别指什么"？二者有什么区别？

（2）在什么情况下选择"打印机池"的连接方式？该连接方式的优点有哪些？

（3）什么是 Internet 打印？它有哪些优点，适用于哪些场合？

（4）如何启动打印管理器？如何改变打印文件的输出顺序？

第三篇

Windows Server 2008
应用服务器架设

项目 9

创建与管理 DNS 服务

项目情境：

如何使 IP 地址的管理更有效、更方便？

　　三峡瑞思信息技术有限公司是一家主要提供计算机网络建设与维护的网络技术服务公司，2003 年为宜昌市国际大酒店建设了酒店的内部局域网络，该网络在建设初期主要为酒店内部办公使用，计算机只有 50 台左右，使用静态 IP 地址分配方案。

　　随着酒店办公业务的不断扩大以及商务网络的需求，酒店接入了 Internet，酒店网络的计算机数量也越来越多，目前已达到 300 台。但是，计算机数量的增多导致经常出现因为 IP 地址冲突而无法上网的问题。酒店近期计划对办公和商务网络进行改造，作为瑞思公司的技术人员，你如何使酒店网络的 IP 地址的管理更有效、更方便？

　　项目描述：在网络管理中，DNS 服务器是最重要和最基本的服务器之一，它不仅担负着 Internet、内部网、外部网等网络的域名解析的任务，在域方式组建的局域网中，它还承担着用户账户名、计算机名、组名及各种对象的名称解析服务。DNS 服务器的好坏将直接影响到整个网络的运行。

　　项目目标：

- 熟悉 DNS 基本概念和原理
- 熟悉 Windows Server 2008 中安装 DNS 服务器
- 掌握 Windows Server 2008 中配置与管理 DNS
- 掌握 DNS 客户端的测试

9.1　知识准备——DNS 基本概念和原理

众所周知，在网络中唯一能够用来标识计算机身份和定位计算机位置的方式就是使用 IP 地址，但网络中往往存在许多服务器，如 E-mail 服务器、Web 服务器、FTP 服务器等，记忆这些纯数字的 IP 地址不仅枯燥无味，而且容易出错。通过 DNS 服务器，将这些 IP 地址与形象易记的域名一一对应起来，可以使网络服务的访问更加简单，并完美地实现与 Internet 的融合，这对于一个网站的推广发布来说极其重要。而且许多重要网络服务（如 E-mail 服务）也需要借助于 DNS 服务来实现。因此，DNS 服务可视为网络服务的基础。

9.1.1　域名空间与区域

域名系统（DNS）是一种采用客户机/服务器模式，实现名称与 IP 地址转换的系统，它建立了称为域名空间的逻辑树结构，是负责分配、改写、查询域名的综合性服务系统，该域名空间中的每个结点或域都有唯一的名字。

1．DNS 的域名空间规划

要在 Internet 上使用自己的 DNS，将企业网络与 Internet 很好地整合在一起，实现企业网络与 Internet 的相互通信，用户必须先向 DNS 域名注册颁发机构申请合法的域名，获得至少一个可在 Internet 上有效使用的 IP 地址。这项业务通常可由 ISP 代理。如果准备使用 Active Directory，则应从 Active Directory 设计着手，并用适当的 DNS 域名空间支持它。若要实现其他网络服务（如 Web 服务、E-mail 服务等），DNS 服务是必不可少的。没有 DNS 服务，就无法将域名解析为 IP 地址，客户端也就无法享受相应的网络服务。若欲实现服务器的 Internet 发布，就必须申请合法的 DNS 域名。

2．DNS 服务器的规划

确定网络中需要的 DNS 服务器的数量及其各自的作用，根据通信负载、复制和容错问题，确定在网络上放置 DNS 服务器的位置。为了实现容错，至少应该对每个 DNS 区域使用两台服务器，一个是主服务器，另一个是备份或辅助服务器。在单个子网环境中的小型局域网上仅使用一台服务器时，可以配置该服务器扮演区域的主服务器和辅助服务器两种角色。

3．DNS 域名空间

组成 DNS 系统的核心是 DNS 服务器，它的作用是回答域名服务查询，它允许为私有 TCP/IP 网络和连接公共 Internet 的用户服务器保存包含主机名和相应 IP 地址的数据库。例如，如果提供了域名：www.sanxia.net.cn，DNS 服务器将返回该域名的 IP 地址 61.136.143.142。图 9-1 显示了顶级域的名字空间及下一级子域之间的树型结构关系，每一个结点以及其下的所有结点叫做一个域，域可以有主机（计算机）和其他域（子域）。在该图中，www.sanxia.net.cn 就是一个主机，而 sanxia.net.cn 则是一个子域。一般在子域中会含有多个主机，sanxia.net.cn 子域下就含有 mail.sanxia.net.cn、www.sanxxia.net.cn 以及 ftp.sanxia.net.cn 3 台主机。

图 9-1   DNS 的组成

　　　DNS 是一种看起来与磁盘文件系统的目录结构相类似的命名方案，域名也通过使用句点"."分隔每个分支来标识一个域在逻辑 DNS 层次中相对于其父域的位置。但是，当定位一个文件位置时，是从根目录到子目录再到文件名，如 c:\windows\win.exe；而当定位一个主机名时，是从最终位置到父域再到根域，如 microsoft.com。

　　域名和主机名只能用字母"a~z"（在 Windows 服务器中大小写等效，而在 UNIX 中则不同）、数字"0~9"和连线"_"组成，其他公共字符如连接符"&"、斜杠"/"、句点"."、和下划线"_"都不能用于表示域名和主机名。

- 根域：代表域名命名空间的根，这里为空。
- 顶级域：直接处于根域下面的域，代表一种类型的组织或一些国家。在 Internet 中，顶级域由 Inter NIC（Internet Network Information Center）进行管理和维护。
- 二级域：在顶级域下面，用来标明顶级域以内的一个特定的组织。在 Internet 中，二级域也是由 Inter NIC 负责管理和维护。
- 子域：在二级域的下面所创建的域，它一般由各个组织根据自己的需求与要求，自行创建和维护。
- 主机：是域名命名空间中的最下面一层，它被称之为完全合格的域名（Fully Qualified Domain Name，FQDN），例如 www.sanxia.net.cn 就是一个完全合格的域名。

4. Zone（区域）

　　区域（Zone）是一个用于存储单个 DNS 域名的数据库，它是域名称空间树状结构的一部分。DNS 服务器是以 Zone 为单位来管理域名空间的，Zone 中的数据保存在管理它的 DNS 服务器中。在现有的域中添加子域时，该子域既可以包含在现有的 Zone 中，也可以为它创建一个新 Zone 或包含在其他的 Zone 中。一个 DNS 服务器可以管理一个或多个 Zone，一个 Zone 也可以由多个 DNS 服务器来管理。用户可以将一个域划分成多个 Zone 分别进行管理，以减轻网络管理的负担。

5. 启动区域传输和复制

　　用户可以通过多个 DNS 服务器，提高域名解析的可靠性和容错性。当一台 DNS 服务器发生问题时，可以用其他 DNS 服务器提供域名解析。这就需要利用区域复制和同步方法，保证管理区域的所有 DNS 服务器中域的记录相同。在 Windows Server 2008 服务器中，DNS 服务支持增量区域传输（incremental Zone transfer），也就是在更新区域中的记录时，DNS 服务器之间只传输发生改变的记录，因此提高了传输的效率。区域传输在以下情况启动：管理区域的辅助 DNS 服务器启动、区域的刷新时间间隔过期、主 DNS 服务器记录发生改变并设置了 DNS 通告列表。在这里，所谓 DNS 通告是利用"推"的机制，即当 DNS 服务器中的区域记录发生改变时，它将通知选定的 DNS 服务器进行更新，被通知的服务器启动区域复制操作。

9.1.2　名称解析与地址解析

在网络系统中，一般存在着以下 3 种计算机名称的形式。

1.　计算机名

通过计算机"系统属性"对话框或 hostname 命令，可以查看和设置本地计算机名（Local Host Name）。

2.　NetBIOS 名

NetBIOS（Network Basic Input/Output System）使用长度限制在 16 个字符以内的名称来标识计算机资源，这个标识也称为 NetBIOS 名。在一个网络中，NetBIOS 名是唯一的，在计算机启动、服务被激活、用户登录到网络时，NetBIOS 名将被动态地注册到数据库中。

NetBIOS 名主要用于 Windows 早期的客户端，它可以通过广播方式或者查询网络中的 WINS 服务器进行解析。伴随着 Windows 2000 Server 的发布，网络中的计算机不再需要 NetBIOS 名称接口的支持，Windows Server 2003/2008 也是如此，只要求客户端支持 DNS 服务就可以了，不再需要 NetBIOS 名。

3.　FQDN

FQDN（Fully Qualified Domain Name，完全合格域名）是指主机名加上全路径，全路径中列出了序列中所有域成员。完全合格域名可以从逻辑上准确地表示出主机在什么地方，也可以说它是主机名的一种完全表示形式。该名字不可超过 256 个字符，我们平时访问 Internet 使用的就是完整的 FQDN，如 www.sina.com，其中 www 就是 sina.com 域中的一台计算机的 NetBIOS 名。

实际上在客户端计算机上输入命令提交地址的查询请求之后，相关名称的解析会遵循以下的顺序来应用。

（1）查看是不是自己（Local Host Name）。

（2）查看 NetBIOS 名称缓存。通常在本地会保存最近与自己通信过的计算机的 NetBIOS 名和 IP 地址的对应关系，可以在 DOS 下使用 nbtstat -c 命令查看缓存区中的 NetBIOS 记录。

（3）查询 WINS 服务器。WINS（Windows Internet Name Server）原理和 DNS 有些类似，可以动态地将 NetBIOS 名和计算机的 IP 地址进行映射，它的工作过程为：每台计算机开机时，先在 WINS 服务器注册自己的 NetBIOS 名和 IP 地址，其他计算机需要查找 IP 地址时，只要向 WINS 服务器提出请求，WINS 服务器就将已经注册了 NetBIOS 名的计算机的 IP 地址响应给它。当计算机关机时，也会在 WINS 服务器中把该计算机的记录删除。

（4）在本网段广播中查找。

（5）Lmhosts 文件。该文件与 hosts 文件的位置和内容都相同，但是要从 lmhosts.sam 模板文件复制过来。

（6）host 文件。在本地的%systmeroot%\system32\drivers\etc 目录下有一个系统自带的 hosts 文件，用户可以在 hosts 文件中自主定制一些最常用的主机名和 IP 地址的映射关系，以提高上网效率。

（7）查询 DNS 服务器。Internet 利用地址解析的方法将用户使用的域名方式的地址解析为最终的物理地址，中间经历了两层地址的解析工作。

① FQDN 与 IP 地址之间的解析。

DNS 的域名解析包括正向解析和反向解析两个不同方向的解析。

● 正向解析：是指从主机域名到 IP 地址的解析。

● 反向解析：是指从 IP 地址到域名的解析。

例如，正向解析是将用户习惯使用的域名，如 www.sina.com，解析为其对应的 IP 地址；反向解析将新浪网站的 IP 地址解析为主机域名。DNS 中的正向区域存储着正向解析需要的数据，而反向区域在存储着逆向解析需要的数据。无论是 DNS 服务器、客户端，还是服务器中的区域，只有经过管理员配置后才能完成 FQDN 到 IP 之间的解析任务。

② IP 地址与物理地址之间的解析。

在 TCP/IP 网络中，IP 地址统一了各自为政的物理地址；这种统一仅表现在自 IP 层以上使用了统一形式的 IP 地址。然而，这种统一并非取消了设备实际的物理地址，而是将其隐藏起来。因此在使用 Internet 技术的网络中必然存在着两种地址，即 IP 地址和各种物理网络的物理地址。若想把这两种地址统一起来，就必须建立两者之间的映射关系。

● 正向地址解析：是指从 IP 地址到物理地址之间的解析，在 TCP/IP 中，正向地址解析协议（ARP）完成正向地址解析的任务。

● 逆向地址解析：是指从物理地址到 IP 地址的解析，逆向地址解析协议（RARP）完成逆向地址的解析任务。

与 DNS 不同的是，用户只要安装和设置了 TCP/IP，就可以自动实现 IP 地址与物理地址之间的转换工作。TCP/IP 及 DNS 服务器与客户端配置完成之后，计算机名字的查找过程是完全自动的。

9.1.3 查询模式

当客户机需要访问 Internet 上的某一主机时，首先向本地 DNS 服务器查询对方的 IP 地址，本地 DNS 服务器往往继续向另外一台 DNS 服务器查询，直到解析出需访问主机的 IP 地址，这一过程称为查询。DNS 查询模式有 3 种，即递归查询、迭代查询和反向查询。

1. 递归查询（Recursive Query）

递归查询，是指 DNS 客户端发出查询请求后，如果 DNS 服务器内没有所需的数据，则 DNS 服务器会代替客户端向其他的 DNS 服务器进行查询。在这种方式中，DNS 服务器必须向 DNS 客户端做出回答。DNS 客户端的浏览器与本地 DNS 服务器之间的查询通常是递归查询，客户端程序送出查询请求后，如果本地 DNS 服务器内没有需要的数据，则本地 DNS 服务器会代替客户端向其他 DNS 服务器进行查询。本地 DNS 会将最终结果返回给客户端程序。因此从客户端来看，它是直接得到了查询的结果。

2. 迭代查询（Iterative Query）

迭代查询多用于 DNS 服务器与 DNS 服务器之间的查询方式。它的工作过程是：当第 1 台 DNS 服务器向第 2 台 DNS 服务器提出查询请求后，如果第 2 台 DNS 服务器内没有所需要的数据，则它会提供第 3 台 DNS 服务器的 IP 地址给第 1 台 DNS 服务器，让第 1 台 DNS 服务器直接向第 3 台 DNS 服务器进行查询。依此类推，直到找到所需的数据为止。如果到最后 1 台 DNS 服务器中还没有找到所需的数据时，则通知第 1 台 DNS 服务器查询失败。

例如在 Internet 中的 DNS 服务器之间的查询就是迭代查询，客户端浏览器向本地服务器查询 www.sina.com 的迭代查询过程如下：①客户端向本地 DNS 服务器提出查询请求；②本地服务器内没有客户端请求的数据，因此本地 DNS 服务器就代替客户端，向其他 DNS 服务器查询，假定使用"根提示"的方法，会向根域的 DNS 服务器查询，即向默认的 13 个根域的 DNS 服务器之一提出请求。根域的 DNS 服务器将返回顶级域服务器的 IP 地址，例如 com 的 IP 地址；③本地服务器随后向该 IP 地址所对应的 com 顶级域的 DNS 服务器提出请求，该顶级域服务器返回二级域的 DNS 服务器的 IP 地址，例如 sina.com 的 IP 地址；④本地服务器向该 IP 地址对应的二级域服务器提出请求，由二级域服务器对请求做出最终的回答，例如 www.sina.com 的 IP 地址。

3. 反向查询（Reverse Query）

反向查询的方式与递归型和迭代型两种方式都不同，它是让 DNS 客户端利用自己的 IP 地址查询它的主机名称。反向查询是依据 DNS 客户端提供的 IP 地址，来查询它的主机名。由于 DNS 名字空间中域名与 IP 地址之间无法建立直接对应关系，所以必须在 DNS 服务器内创建一个反向查询的区域，该区域名称的最后部分为 in-addr.arpa。由于反向查询会占用大量的系统资源，因而会给网络带来安全隐患，因此通常不提供反向查询。

9.1.4 活动目录与 DNS 服务的关联

在域模式的网络中，DNS 服务器是其中最重要的一个服务器，也是活动目录实现的一个最重要的支持部件。在 Windows Server 2008 操作系统的活动目录内，集成了两个最重要的 Internet 技术标准，这就是 DNS 和 LDAP。DNS 是活动目录资源定位服务所必需的服务，而 LDAP 是 Internet 的标准目录访问协议。

1. DNS 与活动目录的区别

DNS 与活动目录集成，并且共享相同的名称空间结构，但是这两者之间存在如下差异。

（1）DNS 是一种独立的名称解析服务。DNS 的客户端向 DNS 服务器发送 DNS 名称查询请求，DNS 服务器接收名称查询请求后，先向本地存储的文件进行名称解析查询，有则返回结果，没有则向其他 DNS 服务器进行名称解析的查询。由此可见，DNS 服务器并没有向活动目录查询就能够运行。因此，使用 Windows 2000/Server 2003/Server 2008 服务器各个版本的计算机，无论是否建立了域控制器或活动目录，都可以单独建立 DNS 服务器。

（2）活动目录是一种依赖 DNS 的目录服务。活动目录采用了与 DNS 一致的层次划分和命名方式。当用户和应用程序进行信息访问时，活动目录提供信息存储库及相应的服务。活动目录的客户使用"轻量级目录访问协议（LDAP）"向活动目录服务器发送各种对象的查询请求时，都需要 DNS

服务器来定位活动目录所在的域控制器。因此，活动目录的服务必须有 DNS 的支持才能工作。

2．DNS 与活动目录的联系

（1）活动目录与 DNS 具有相同的层次结构：虽然活动目录与 DNS 具有不同的用途，并分别独立地运行，但是由于与活动目录集成的 DNS 的域名空间和活动目录具有相同的结构，例如域控制器活动目录中的"nos.com"既是 DNS 的域名，也是活动目录的域名。

（2）DNS 区域可以在活动目录中直接地存储：当用户需要使用 Windows Server 2008 域中的 DNS 服务器时，其主要区域的文件可以在建立活动目录时一并生成，并存储在活动目录中，这样才能方便地复制到其他域控制器的活动目录中。

（3）活动目录的客户需要使用 DNS 服务定位域控制器：活动目录的客户端查询时，需要使用 DNS 服务来定位指定的域控制器，即活动目录的客户会把 DNS 作为查询定位的服务工具来使用，通过与活动目录集成的 DNS 区域将域中的域控制器、站点和服务的名称解析为所需要的 IP 地址。例如，当活动目录的客户要登录到活动目录所在的域控制器时，首先向网络中的 DNS 服务器进行查询，获得指定域的"域控制器"上运行的 LDAP 主机的 IP 地址之后，才能完成其他工作。

9.2 任务 1——DNS 服务器的安装

【任务描述】

当某个用户需要使用以域名的方式来访问网络中各种服务器资源时，就需要安装 DNS 服务器，解决 DNS 的主机名称自动解析为 IP 地址的问题。

【任务目标】

做好安装 DNS 服务器前的准备，熟悉 DNS 服务器的安装步骤。

默认情况下，Windows Server 2008 系统中没有安装 DNS 服务器，因此管理员需要手工进行 DNS 服务器的安装操作。如果服务器已经安装了活动目录，则 DNS 服务器已经自动安装，不必再进行 DNS 安装。如果希望该 DNS 服务器能够解析 Internet 上的域名，还需保证该 DNS 服务器能正常连接 Internet。安装 DNS 服务器的具体操作步骤如下。

（1）在服务器中选择"开始"→"服务器管理器"命令，打开服务器管理器窗口，选择左侧"角色"选项之后，单击右侧的"添加角色"链接，在如图 9-2 所示的对话框中勾选"DNS 服务"复选框，然后单击"下一步"按钮。

（2）在如图 9-3 所示的"DNS 服务器"对话框中，对 DNS 服务进行了简要介绍，在此单击"下一步"按钮继续操作。

（3）进入如图 9-4 所示的"确认安装选择"对话框，这里显示了需要安装的服务器角色信息，此时单击"安装"按钮开始 DNS 服务器的安装。

（4）DNS 服务器安装完成后会自动出现如图 9-5 所示的"安装结果"对话框，此时单击"关闭"按钮结束向导操作。

图 9-2　选择服务器角色

图 9-3　DNS 服务简介

图 9-4　确认安装选择

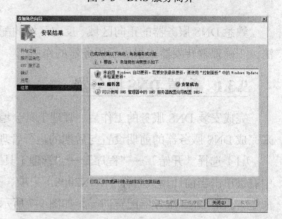

图 9-5　安装结果

（5）返回服务器管理器界面之后，可以在"角色"中查看到当前服务器中已经安装了 DNS 服务器，如图 9-6 所示。

图 9-6　在服务器管理器中查看 DNS 服务器

　　　　DNS 服务器安装成功后会自动启动，并且会在系统目录%systemroot%\system32\下生成一个 dns 文件夹，其中默认包含了缓存文件、日志文件、模板文件夹、备份文件夹等与 DNS 相关的文件，如果创建了 DNS 区域，还会生成相应的区域数据库文件。

9.3 任务 2——DNS 服务器的配置与管理

【任务描述】

DNS 服务器安装之后，还无法提供域名解析服务，此时还需要配置一些记录，设置一些信息，才能实现具体的管理目标。

【任务目标】

熟悉 DNS 服务器的正向区域、反向区域的配置，掌握主机、别名和邮件交换等记录的管理方法，正确理解转发器或根提示服务器的作用。

9.3.1 配置 DNS 服务器

完成安装 DNS 服务的工作后，管理工具会增加一个"DNS"选项，管理员正是通过这个选项来完成 DNS 服务器的前期设置与后期的运行管理工作的。具体的操作步骤如下。

（1）选择"开始"→"程序"→"管理工具"→"DNS 服务器"命令，在 DNS 管理器窗口中右键单击当前计算机名称（WIN2008）一项，并从弹出的快捷菜单中选择"配置 DNS 服务器"命令，激活 DNS 服务器配置向导，如图 9-7 所示。

图 9-7　DNS 管理器

（2）进入"欢迎使用 DNS 服务器配置向导"对话框，如图 9-8 所示，单击"下一步"按钮。

（3）进入"选择配置操作"对话框，可以设置网络查找区域的类型。如图 9-9 所示，在默认的情况下系统自动选择"创建正向查找区域（适合小型网络使用）"单选按钮，如果用户设置的网络属于小型网络，则可以保持默认选项并单击"下一步"按钮继续操作。

图 9-8　欢迎使用 DNS 服务器配置向导

图 9-9　选择配置操作

提示

　　"创建正向查找区域（适合小型网络使用）"方式无法将在本地查询的 DNS 名称转发给 ISP 的 DNS 服务器。在大型网络环境中，可以选择"创建正向和反向查找区域（适合大型网络使用）"单选按钮，认同时提供正向和反向 DNS 查询。"只配置根提示（只适合高级用户使用）"选项可以使非根域的 DNS 服务器可以查找到根域 DNS 服务器。

　　（4）进入"主服务器位置"对话框，如图 9-10 所示。如果当前所设置的 DNS 服务器是网络中的第一台 DNS 服务器，选择"这台服务器维护该区域"单选按钮，将该 DNS 服务器作为主 DNS 服务器使用，否则可以选择"ISP 维护该项区域，一份只读的次要副本常驻在这台服务器上"单选按钮。

　　（5）单击"下一步"按钮，进入"区域名称"对话框，如图 9-11 所示。在文本框中输入一个区域的名称，建议输入正式的域名。

图 9-10　主服务器位置

图 9-11　区域名称

　　（6）单击"下一步"按钮，进入"区域文件"对话框，如图 9-12 所示。系统根据区域默认填入了一个文件名。该文件是一个 ASCII 文本文件，其中保存着该区域的信息。默认情况下该文件保存在%systemroot%\system32\dns 文件夹中。通常情况下不需要更改默认值。

　　（7）单击"下一步"按钮，进入"动态更新"对话框，如图 9-13 所示，选择"不允许动态更新"单选按钮，不接受资源记录的动态更新，而以安全的手动方式更新 DNS 记录。各选项功能如下。

- 只允许安全的动态更新（适合 Active Directory 使用）：只有在安装了 Active Directory 集成的区域才能使用该项，所以该选项目前是灰色状态，不可选取。
- 允许非安全和安全动态更新：如果要使任何客户端都可接受资源记录的动态更新，可选择该项，但由于该选项可以接受来自非信任源的更新，所以使用时可能会不安全。
- 不允许动态更新：可使此区域不接受资源记录的动态更新。使用此项比较安全。

　　（8）单击"下一步"按钮，进入"转发器"对话框，如图 9-14 所示。保持"是，应当将查询转送到有下列 IP 地址的 DNS 服务器上"默认选项设置，可以在 IP 地址编辑框中输入 ISP 或者上级 DNS 服务器提供的 DNS 服务器 IP 地址，如果没有上级 DNS 器则可以选择"否，不向前转发查询"单选按钮。

图 9-12　区域文件

图 9-13　动态更新

（9）单击"下一步"按钮，进入"正在完成 DNS 服务器配置向导"对话框，如图 9-15 所示。这里可以查看到有关 DNS 配置的信息，单击"完成"按钮关闭向导。

图 9-14　转发器

图 9-15　正在完成服务器配置向导

　　　　这里给出的 202.103.24.68 和 202.103.44.150 是湖北电信的 DNS 服务器，这与服务器所在的地区、所选用的网络运营商有关。在配置 DNS 服务器时，网络运营商的 DNS 服务器地址一定要询问清楚后填写，因为有时使用同一城市的同一个网络运营商的网络时，客户的类型不同，他们的 DNS 服务器也有可能不同。

9.3.2　添加 DNS 记录

创建新的主区域后，"域服务管理器"会自动创建起始机构授权、名称服务器等记录。除此之外，DNS 数据库还包含其他的资源记录，用户可根据需要，自行向主区域或域中添加资源记录，常用记录类型如下。

1. 主机（A 类型）记录

主机记录在 DNS 区域中，用于记录在正向搜索区域内建立的主机名与 IP 地址的关系，以实现从 DNS 的主机域名、主机名到 IP 地址的查询，即完成计算机名到 IP 地址的映射。在实现虚拟机技术时，管理员通过为同一主机设置多个不同的 A 类型记录，来达到同一 IP 地址的主机对应不同主机域名的目的。

创建步骤如下：在 DNS 管理窗口中，选择要创建主机记录的区域（如 nos.com），用鼠标右键单击并选择快捷菜单中的"新建主机"选项，弹出如图 9-16 所示的窗口。在"名称"文本框中输入主机名称"www"，这里应输入相对名称，而不能是全称域名（输入名称的同时，域名会在

"完全合格的域名"文本框中自动显示出来）。在"IP 地址"文本框中输入主机对应的 IP 地址，然后单击"添加主机"按钮，如图弹出 9-17 所示的提示框，表示已经成功创建了主机记录。

图 9-16　新建主机

图 9-17　创建主机记录

并非所有计算机都需要主机记录，但是在网络上以域名来提供共享资源的计算机，都需要该记录。一般为具有静态 IP 地址的服务器创建主机记录，也可以为分配有静态 IP 地址的客户端创建主机记录。当 IP 配置更改时，运行 Windows 2000 及以上版本操作系统的计算机，使用 DHCP 客户服务在 DNS 服务器上动态注册和更新自己的主机记录。如果运行更早版本的 Windows 系统，且启用 DHCP 的客户机从 DHCP 服务器获取它们的 IP 租约时，则可通过代理来注册和更新其主机记录。

提示　　按照上述方法可以建立 WWW、FTP、Mail 等多个虚拟主机的记录；如果在"新建主机"对话框中，选择了"创建相关的指针（PTR）记录"复选框，则在"反向查找区域"刷新后，会自动生成相应的指针记录，以供反向查找时使用；若选择了"允许所有经过身份验证的用户用相同的所有者名称来更新 DNS 记录"复选框，则允许动态更新记录。

2. 起始授权机构（SOA）记录

起始授权机构（Start of Authority，SOA）用于记录此区域中的主要名称服务器以及管理此 DNS 服务器的管理员的电子邮件信箱名称。在 Windows Server 2008 操作系统中，每创建一个区域就会自动建立 SOA 记录，因此这个记录就是所建区域内的第一条记录。

修改和查看该记录的方法如下：在 DNS 管理窗口中，选择要创建主机记录的区域（如 nos.com），在窗口右侧，用鼠标右键单击"起始授权机构"记录，在快捷菜单中选中"属性"命令，打开如图 9-18 所示的"nos.com 属性"对话框。

3. 名称服务器（NS）记录

名称服务器记录的英文全称是"Name Server"，英文缩写为"NS"。它用于记录管辖此区域的名称服务器，包括主要名称和辅助名称服务器。在 Windows Server 2008 操作系统的 DNS 管理工具窗口中，每创建一个区域就会自动建立这个记录。如果需要修改和查看该记录的属性，可以如图 9-18 所示的对话框中，选择"名称服务器"选项卡，如图 9-19 所示，单击其中的项目即可修改 NS 记录。

4. 别名（CNAME）记录

别名用于将 DNS 域名映射为另一个主要的或规范的名称。有时一台主机可能担当多个服务器，这时需要给这台主机创建多个别名。例如，一台主机既是 Web 服务器，也是 FTP 服务器，这时就要给这台主机创建多个别名，也就是根据不同的用途起不同的名称。如 Web 服务器和 FTP

服务器分别为 www.nos.com 和 ftp.nos.com，而且还要知道该别名是由哪台主机所指派的。

图 9-18 "nos.com 属性"对话框

图 9-19 "名称服务器"选项卡

在 DNS 管理窗口中用右键单击已创建的主要区域（nos.com），选择快捷菜单中的"新建别名"选项，显示"新建资源记录"窗口，如图 9-20 所示。输入主机别名（ftp）和指派该别名的主机名称，如（www.nos.com），或单击"浏览"按钮来选择，如图 9-21 所示。

图 9-20 "新建资源记录"对话框

图 9-21 "浏览"对话框

 "别名"必须是主机名，而不能是全称域名 FQDN，而"目标主机的完全合格的域名"文本框中的域名，必须是全称域名 FQDN，不能是主机名。如果当前 DNS 服务器同时也是域控制器（安装有 Active Directory 服务），则该对话框中还会显示"允许任何经过身份验证的用户用相同的名称来更新所有 DNS 记录。这个设置只适用于新名称的 DNS 记录"复选框，将其忽略即可。

5. 邮件交换器（MX）记录

邮件交换器记录的缩写是 MX，它的英文全称是 Mail Exchanger。MX 记录为电子邮件服务专用，它根据收信人地址后缀来定位邮件服务器，使服务器知道该邮件将发往何处。也就是说，根据收信人邮件地址中的 DNS 域名，向 DNS 服务器查询邮件交换器记录，定位到要接收邮件的邮件服务器。

例如，将邮件交换器记录所负责的域名设为 noso.com，发送"admin@nos.com"信箱时，系统对该邮件地址中的域名 nos.com 进行 DNS 的 MX 记录解析。如果 MX 记录存在，系统就根据 MX 记录的优先级，将邮件转发到与该 MX 相应的邮件服务器上。

在 DNS 管理窗口中选取已创建的主要区域（nos.com），右键单击并在快捷菜单中选择"新建邮件交换器"选项，弹出如图 9-22 所示的窗口，相关选项的功能如下。

- 主机或子域：邮件交换器（一般是指邮件服务器）记录的域名，也就是要发送邮件的域名，例如 mail，得到的用户邮箱格式为 user@mail.nos.com，但如果该域名与"父域"的名称相同，则可以不填或为空，得到的邮箱格式为 user@nos.com。
- 邮件服务器的完全合格的域名：设置邮件服务器的全称域名 FQDN（如 mail.nos.com），也可单击"浏览"按钮，在如图 9-23 所示的"浏览"对话框中选择。

图 9-22　"新建资源记录"对话框

图 9-23　"浏览"对话框

- 邮件服务器优先级：如果该区域内有多个邮件服务器，可以设置其优先级，数值越低，优先级越高（0 最高），范围为 0～65535。当一个区域中有多个邮件服务器，其他的邮件服务器向该区域的邮件服务器发送邮件时，它会先选择优先级最高的邮件服务器。如果传送失败，则会再选择优先级较低的邮件服务器。如果有两台以上的邮件服务器的优先级相同，系统会随机选择一台邮件服务器。

设置完成以上选项以后单击"确定"按钮，一个新的邮件交换器记录便添加成功。

6. 创建其他资源记录

在区域中可以创建的记录类型还有很多，例如 HINFO、PTR、MINFO、MR、MB 等，用户需要的话，可以查询 DNS 管理窗口的帮助信息，或者是有关书籍。

具体的操作步骤为：选择一个区域或域（子域），鼠标右键单击并选择快捷菜单中的"其他新记录"选项，弹出如图 9-24 所示的窗口。从中选择所要建立的资源记录类型，例如 ATM 地址（ATM），然后单击"创建记录"按钮，即可打开如图 9-25 所示的对话框，这里同样需要指定主机名称和值。在建立资源记录后，如果还想修改，可右键单击该记录，选择快捷菜单中的"属性"选项。

图 9-24　查看记录类型

图 9-25　添加其他记录

9.3.3　添加反向查找区域

反向查找就是和正向查找相对应的一种 DNS 解析方式。在网络中，大部分 DNS 搜索都是正向查找。但为了实现客户端对服务器的访问，不仅需要将一个域名解析成 IP 地址，还需要将 IP 地址解析成域名，这时就需要使用反向查找功能。在 DNS 服务器中，通过主机名查询其 IP 地址的过程称为正向查询，而通过 IP 地址查询其主机名的过程叫做反向查询。

1. 反向查找区域

DNS 提供了反向查找功能，可以让 DNS 客户端通过 IP 地址来查找其主机名称，例如 DNS 客户端，可以查找 IP 地址为 192.168.1.3 的主机名称。反向区域并不是必需的，可以在需要时创建，例如若在 IIS 网站利用主机名称来限制联机的客户端，则 IIS 需要利用反向查找来检查客户端的主机名称。当利用反向查找来将 IP 地址解析成主机名时，反向区域的前面半部分是其网络 ID（Network ID）的反向书写，而后半部分必须是 in-addr.arpa。in-addr.arpa 是 DNS 标准中为反向查找定义的特殊域，并保留在 Internet DNS 名称空间中，以便提供切实可靠的方式来执行反向查询。例如，如果要针对网络 ID 为 192.168.1 的 IP 地址来提供反向查找功能，则此反向区域的名称必须是 1.168.192.in-addr.arpa。

2. 创建反向查找区域

这里我们创建一个 IP 地址为 192.168.1 的反向查找区域，其操作步骤与创建正向查找区域的操作有些相似，如下所示。

（1）选择"开始"→"程序"→"管理工具"→"DNS 服务器"命令，在 DNS 管理器窗口的左侧目录树中右键单击"反向查找区域"项，选择快捷菜单中的"新建区域"选项，显示新建区域向导；单击"下一步"按钮，弹出如图 9-9 所示的"区域类型"窗口，选择"主要区域"选项（提示：当前 DNS 服务器同时也是一台域控制器）。

（2）单击"下一步"按钮，进入如图 9-26 所示的"Active Directory 区域传送作用域"对话框，选择"至此域中所有域控制器（为了与 Windows 2000 兼容）：nos.com"单选按钮。

（3）单击"下一步"按钮，进入如图 9-27 所示的"反向查找区域名称"对话框。根据目前网络的状况，一般建议选择"IPv4 反向查找区域"。

图 9-26　Active Directory 区域传送作用域

图 9-27　反向查找区域名称

（4）单击"下一步"按钮，进入如图 9-28 所示的"反向查找区域名称"对话框，输入 IP 地址 192.168.1，同时它会在"反向查找区域名称"文本框中显示为 1.168.192.in-addr.arpa。

（5）单击"下一步"按钮，弹出如图 9-13 所示的"动态更新"窗口。建议选择"不允许动态更新"单选项,以减少来自网络的攻击。

(6)继续单击"下一步"按钮,即可完成"新建区域向导"。当反向区域创建完成以后,该反向主要区域就会显示在 DNS 的"反向查找区域"项中,且区域名称显示为"1.168.192.in-addr.arpa"。

3．创建反向记录

当反向标准主要区域创建完成以后,还必须在该区域内创建记录数据,只有这些记录数　据在实际的查询中才是有用的。具体的操作步骤为:右键单击反向主要区域名称"1.168.192.in-addr.arpa",选择快捷菜单中的"新建指针(PTR)"选项,弹出如图 9-29 所示的"新建资源记录"窗口。在"主机 IP 地址"文本框中,输入主机 IP 地址的最后一段(前 3 段是网络 ID),并在"主机名"后输入主机名或单击"浏览"按钮,选择该 IP 地址对应的主机名,最后单击"确定"按钮,这时,一个反向记录就创建成功了。

图 9-28　反向查找区域名称

图 9-29　新建资源记录

9.3.4　缓存文件与转发器

缓存文件内存储着根域内的 DNS 服务器的名称与 IP 地址的对应信息,每一台 DNS 服务器内的缓存文件都是一样的。企业内的 DNS 服务器要向外界 DNS 服务器执行查询时,需要用到这些信息,除非企业内部的 DNS 服务器指定了"转发器"。

本地 DNS 服务器就是通过名为 cache.dns 的缓存文件找到根域内的 DNS 服务器的,内容如图 9-30 所示。在安装 DNS 服务器时,缓存文件就会被自动复制到"%systemroot%system32\dns"目录下。

除了直接查看缓存文件,还可以在"服务器管理器"窗口中查看。用鼠标右键单击 DNS 服务器名,在弹出的菜单中选择"属性"命令,打开如图 9-31 所示的 DNS 服务器属性对话框,选择"根提示"选

图 9-30　缓存文件

图 9-31　根提示

项卡，在"名称服务器"列表中就会列出 Internet 的 13 台根域服务器的 FQDN 和对应的 IP 地址。

这些自动生成的条目一般不需要修改，当然如果企业的网络不需要连接到 Internet，则可以根据需要将此文件内根域的 DNS 服务器信息更改为企业内部最上层的 DNS 服务器。最好不要直接修改 cache.dns 文件，而是通过 DNS 服务器所提供的根提示功能来修改。

如果企业内部的 DNS 客户端要访问公网，有两种解决方案：在本地 DNS 服务器上启用根提示功能或者为它设置转发器。转发器是网络上的一台 DNS 服务器，它将以外部 DNS 为名称的查询结果转发给该网络外的 DNS 服务器。转发器可以管理对网络外的名称（如 Internet 上的名称）的解析，并改善网络中计算机的名称解析效率。

对于小型网络，如果没有本网络域名解析的需要，则可以只设置一个与外界联系的 DNS 转发器。对于公网主机名称的查询，将全部被转发到指定的公用 DNS 的 IP 地址或者转发到"根提示"选项项卡中提示的 13 个根服务器。

对于大中型企事业单位，可能需要建立多个本地 DNS 服务器。如果所有 DNS 服务器都使用根提示向网络外发送查询，则许多内部和非常重要的 DNS 信息就可能暴露在 Internet 上，这除了导致安全和隐私问题外，还可生成费用昂贵的大量外部通信，降低了效率。为了内部网络的安全，一般只将其中的一台 DNS 服务器设置为可以与外界 DNS 服务器直通的服务器，这台负责所有本地 DNS 服务器查询的计算机就是 DNS 服务的转发器。

图 9-32　DNS 服务器属性

如果在 DNS 服务器上存在一个"."域（如在安装活动目录的同时安装 DNS 服务，就会自动生成该域），根提示和转发器功能就会全部失效，解决的方法就是直接删除"."域。设置转发器的具体操作步骤如下。

（1）选择"开始"→"程序"→"管理工具"→"DNS 服务器"命令，在左侧的目录树中右键单击 DNS 服务器名称，并在快捷菜单中选择"属性"选项，弹出如图 9-32 所示"Win2008 属性"窗口。

（2）选择"转发器"选项卡，如图 9-33 所示。单击"编辑"按钮，进入"编辑转发器"对话框，可添加或修改转发器的 IP 地址。

图 9-33　转发器

图 9-34　编辑转发器

（3）在"转发服务器的 IP 地址"列表中，可以输入 ISP 提供的 DNS 服务器的 IP 地址。重复上述操作，可添加多个 DNS 服务器的 IP 地址。需要注意的是，除了可以添加本地 ISP 的 DNS 服器的 IP 地址外，也可以添加其他著名 ISP 的 DNS 服务器的 IP 地址。

（4）在转发服务器的 IP 地址列表中，选择要调整顺序或删除的 IP 地址，单击"上移"、"下移"或"删除"按钮，即可执行相关操作。应当将反应最快的 DNS 服务器的 IP 地址调整到最高端，从而提高 DNS 查询速度。单击"确定"按钮，保存对 DNS 转发器的设置。

9.3.5　配置 DNS 客户端

在 C/S 模式中，DNS 客户端就是指那些使用 DNS 服务的计算机。从系统软件平台来看，这些计算机有可能安装的是 Windows 的服务器版本，也可能安装的是 Linux 工作站系统。

DNS 客户端分为静态 DNS 客户和动态 DNS 客户。静态 DNS 客户是指管理员手工配置 TCP/IP 协议的计算机，对于静态客户，无论是 Windows 98/NT/2000/XP 操作系统，还是 Windows Server 2003/2008 操作系统，设置的主要内容就是指定 DNS 服务器。一般只要设置 TCP/IP 的 DNS 选项卡的 IP 地址即可，微软公司早期的操作系统可能还需要设置域后缀。动态 DNS 客户是指使用 DHCP 服务的计算机，对于动态 DNS 客户来说，重要的是在配置 DHCP 服务时，指定"域名称和 DNS 服务器"。

在 Windows Server 2008 或 Windows XP 操作系统中配置 DNS 客户端的步骤大同小异，下面仅以 Windows XP 操作系统中配置静态 DNS 客户为例进行介绍，具体的操作步骤如下。

（1）在"控制面板"中双击"网络连接"图标，打开"网络连接"窗口，列出的所有可用的网络连接。右键单击"本地连接"图标，并在快捷菜单中选择"属性"项，弹出如图 9-35 所示"本地连接 属性"窗口。

（2）在"此连接使用下列项目"列表框中，选择"Internet 协议（TCP/IP）"，并单击"属性"按钮，弹出如图 9-36 所示的"Internet 协议（TCP/IP）属性"窗口。选择"使用下面的 DNS 服务器地址"选项，分别在"首选 DNS 服务器"和"备用 DNS 服务器"文本框中，输入主 DNS 服务器和辅 DNS 服务器的 IP 地址。单击"确定"按钮，保存对设置的修改即可。

图 9-35　本地连接属性

图 9-36　Internet 协议（TCP/IP）属性

9.4　任务 3——DNS 测试

【任务描述】

DNS 服务器安装与配置之后，还要在 DNS 客户端测试 DNS 服务器是否正常工作，一般使用

DOS 命令来进行测试。

【任务目标】

熟悉 DOS 命令 ping、nslookup 以及 ipconfig 等，正确使用这些 DOS 命令以及相关参数来测试 DNS 服务是否工作正常。

9.4.1　ping

ping 命令是用来测试 DNS 能否正常工作的最为简单和实用的工具。如果想测试 DNS 服务器能否解析域名 nos.com，可直接在客户端命令行直接输入命令，然后根据输出结果判断出 DNS 解析是成功。

```
C:\>ping nos.com
正在 Ping nos.com [192.168.1.27] 具有 32 字节
来自 192.168.1.27 的回复: 字节=32 时间=3ms T
来自 192.168.1.27 的回复: 字节=32 时间=5ms T
来自 192.168.1.27 的回复: 字节=32 时间=1ms T
来自 192.168.1.27 的回复: 字节=32 时间=2ms T

192.168.1.27 的 Ping 统计信息:
    数据包: 已发送 = 4，已接收 = 4，丢失 = 0
往返行程的估计时间（以毫秒为单位）:
    最短 = 1ms，最长 = 5ms，平均 = 2ms
```

9.4.2　nslookup

nslookup 是一个监测网络中 DNS 服务器是否能正确实现域名解析的命令行工具，它用来向 Internet 域名服务器发出查询信息，有两种模式：交互式和非交互式。

当没有指定参数（使用默认的域名服务器）或第一个参数是 "_"，第二个参数为一个域名服务器的主机名或 IP 地址时，nslookup 为交互模式；当第一个参数是待查询主机的域名或 IP 地址时，nslookup 为非交互模式。这时，任选的第二个参数指定了一个域名服务器的主机名或 IP 地址。

下面通过实例介绍如何使用交互式模式对在 DNS 服务进行测试（分 3 种不同的情况：①nos.com；②network.com；③sina.com）。

1.　查找主机

nslookup 命令用来查找默认 DNS 服务器主机 nos.com 的 IP 地址。

```
C:\>nslookup
默认服务器: www.nos.com
Address: 192.168.1.27
```

① > nos.com	② > network.com	③ > sina.com
服务器: www.nos.com	服务器: www.nos.com	服务器: www.nos.com
Address: 192.168.1.27	Address: 192.168.1.27	Address: 192.168.1.27
名称: nos.com	名称: network.com	非权威应答:
Address: 192.168.1.27	Address: 192.168.1.32	名称: sina.com
		Address: 12.130.152.116

2. 查找域名信息

set type 表示设置查找的类型，ns 表示域名服务器。

```
> set type=ns
①  > nos.com
服务器：  www.nos.com
Address:  192.168.1.27
nos.com nameserver = win2008.nos.com
win2008.nos.com internet address = 192.168.1.27
②  > network.com
服务器：  www.nos.com
Address:  192.168.1.27
network.com       nameserver = network.com
network.com       nameserver = win2008.nos.com
network.com       internet address = 192.168.1.32
win2008.nos.com internet address = 192.168.1.27
③  > sina.com
服务器：  www.nos.com
Address:  192.168.1.27
```

非权威应答（即此处提供的 address：202.106.184.166 是通过第三方得到的，临时的，并不是 ns1.sina.com.cn 所对应的 IP，可以随时发生变化的）：

```
sina.com          nameserver = ns3.sina.com.cn
sina.com          nameserver = ns1.sina.com.cn
sina.com          nameserver = ns2.sina.com.cn
ns1.sina.com.cn internet address = 202.106.184.166
ns2.sina.com.cn internet address = 61.172.201.254
ns3.sina.com.cn internet address = 202.108.44.55
```

3. 检查反向 DNS

假如已知道客户端 IP 地址，要查找其域名，输入下列命令。

```
> set type=ptr
①  > 192.168.1.27
服务器：  www.nos.com
Address:  192.168.1.27
27.1.168.192.in-addr.arpa       name = www.nos.com
②  > 192.168.1.32
服务器：  www.nos.com
Address:  192.168.1.27
*** www.nos.com 找不到 32.1.168.192.in-addr.arpa.: Non-existent domain
③  > 202.103.24.68
服务器：  www.nos.com
Address:  192.168.1.27
```

非权威应答：

```
68.24.103.202.in-addr.arpa       name = ns.wuhan.net.cn
```

4. 检查 MX 邮件记录

要查找域名的邮件记录地址，输入下列命令。

```
> set type=mx
①> nos.com
```

```
服务器: www.nos.com
Address: 192.168.1.27
nos.com
        primary name server = win2008.nos.com
        responsible mail addr = hostmaster
        serial  = 49
        refresh = 900 (15 mins)
        retry   = 600 (10 mins)
        expire  = 86400 (1 day)
        default TTL = 3600 (1 hour)
②> network.com
服务器: www.nos.com
Address: 192.168.1.27
network.com
        primary name server = win2008.nos.com
        responsible mail addr = hostmaster.network.com
        serial  = 8
        refresh = 900 (15 mins)
        retry   = 600 (10 mins)
        expire  = 86400 (1 day)
        default TTL = 3600 (1 hour)
③> sina.com
服务器: www.nos.com
Address: 192.168.1.27
```

非权威应答:

```
sina.com      MX preference = 10, mail exchanger = freemx1.sinamail.sina.com.cn
sina.com      MX preference = 10, mail exchanger = freemx2.sinamail.sina.com.cn
sina.com      MX preference = 10, mail exchanger = freemx3.sinamail.sina.com.cn
sina.com      nameserver = ns3.sina.com.cn
sina.com      nameserver = ns1.sina.com.cn
sina.com      nameserver = ns2.sina.com.cn
freemx1.sinamail.sina.com.cn   internet address = 202.108.3.242
freemx3.sinamail.sina.com.cn   internet address = 60.28.2.248
ns1.sina.com.cn internet address = 202.106.184.166
ns2.sina.com.cn internet address = 61.172.201.254
ns3.sina.com.cn internet address = 202.108.44.55
```

5. 检查 CNAME 别名记录

此操作用来查询域名主机有无别名。

```
> set type=cname
① > nos.com
服务器: www.nos.com
Address: 192.168.1.27
nos.com
        primary name server = win2008.nos.com
        responsible mail addr = hostmaster
        serial  = 49
        refresh = 900 (15 mins)
        retry   = 600 (10 mins)
        expire  = 86400 (1 day)
        default TTL = 3600 (1 hour)
② > network.com
服务器: www.nos.com
```

```
Address: 192.168.1.27
network.com
        primary name server = win2008.nos.com
        responsible mail addr = hostmaster.network.com
        serial = 8
        refresh = 900 (15 mins)
        retry  = 600 (10 mins)
        expire = 86400 (1 day)
        default TTL = 3600 (1 hour)
③   > sina.com
服务器：www.nos.com
Address: 192.168.1.27
sina.com
        primary name server = ns1.sina.com.cn
        responsible mail addr = zhihao.staff.sina.com.cn
        serial = 2005042601
        refresh = 900 (15 mins)
        retry  = 300 (5 mins)
        expire = 604800 (7 days)
        default TTL = 300 (5 mins)
```

①加粗部分为操作者在交互式模式下输入的部分。②任何合法有效的域名都必须有至少一个主名字服务器。当主名字服务器失效时，才会使用辅助名字服务器。这里的失效指服务器没有响应。③DNS 中的记录类型有很多，分别有不同的作用，常见的有 A 记录（主机记录，用来指示主机地址）、MX 记录（邮件交换记录，用来指示邮件服务器的交换程序）、CNAME 记录（别名记录）、SOA（授权记录）、PTR（指针）等。④一个有效的 DNS 服务器必须在注册机构注册，这样才可以进行区域复制。所谓区域复制，就是把自己的记录定期同步到其他服务器上。当 DNS 接收到非法 DNS 发送的区域复制信息时，会将信息丢弃。⑤DNS 有两种，一种是普通 DNS，另一种是根 DNS，根 DNS 不能设置转发查询，也就是说根 DNS 不能主动向其他 DNS 发送查询请求。如果内部网络的 DNS 被设置为根 DNS，则将不能接收网外的合法域名查询。

9.4.3　ipconfig/displaydns 与/flushdns

DNS 客户端会将 DNS 服务器发来的解析结果缓存下来，在一定时间内，若客户端需要再次解析相同的名字，则会直接使用缓存中的解析结果，而不必向 DNS 服务器发起查询。解析结果在 DNS 客户端缓存的时间取决于 DNS 服务器上相应资源记录设置的生存时间（TTL）。如果在生存时间规定的时间内，DNS 服务器对该资源记录进行了更新，则在客户端会出现短时间的解析错误。此时可尝试清空 DNS 客户端缓存来解决问题，具体的操作如下。

1．查看 DNS 客户端缓存

在 DNS 客户端输入以下命令来查看 DNS 客户端缓存。

```
ipconfig /displaydns
    localhost
    ----------------------------------------
    记录名称........：localhost
    记录类型........：1
```

```
        生存时间. . . . . . . : 86400
        数据长度. . . . . . . : 4
        部分. . . . . . . . . : 答案
        A（主机）记录  . . . . : 127.0.0.1
        nos.com
        ----------------------------------------
        记录名称. . . . . . . : nos.com
        记录类型. . . . . . . : 1
        生存时间. . . . . . . : 546
        数据长度. . . . . . . : 4
        部分. . . . . . . . . : 答案
        A（主机）记录  . . . . : 192.168.1.27
        （中间省略部分显示结果）
        68.24.103.202.in-addr.arpa
        ----------------------------------------
        记录名称. . . . . . . : 68.24.103.202.in-addr.arpa
        记录类型. . . . . . . : 12
        生存时间. . . . . . . : 54669
        数据长度. . . . . . . : 8
        部分. . . . . . . . . : 答案
        PTR 记录 . . . . . . . : ns.wuhan.net.cn
```

2. 清空 DNS 客户端缓存

在 DNS 客户端输入以下命令来清空 DNS 客户端缓存。

```
ipconfig /flushdns
```

再次使用命令"ipconfig/displaydns"来查看 DNS 客户端缓存，可以看到已将其部分内容清空。

9.5 实训——DNS 服务器的配置

一、实训目标
（1）熟悉在 Windows Server 2008 中安装 DNS 服务器。

（2）掌握在 Windows Server 2008 中配置 DNS 服务器的正向区域、反向区域。

（3）掌握 Windows Server 2008 的主机、别名和邮件交换等记录的含义和管理方法。

（4）掌握 Windows Server 2008 中 DNS 客户机的配置方法及测试命令。

二、实训设备
（1）网络环境：已建好的 100Mbit/s 的以太网络，包含交换机（或集线器）、五类（或超五类）UTP 直通线若干、2 台及以上数量的计算机（计算机配置要求 CPU 为 Intel Pentium 4 以上，内存不小于 1GB，硬盘剩余空间不小于 20GB，有光驱和网卡）。

（2）软件：Windows Server 2008 安装光盘，或硬盘中有全部的安装程序。

三、实训内容
在安装了 Windows Server 2008 的虚拟机上完成如下操作。

（1）运行虚拟操作系统 Windows Server 2008，为虚拟机保存一个还原点，以方便以后的实训调用这个还原点。

（2）将虚拟操作系统 Windows Server 2008 设置其 IP 地址为 192.168.1.1，子网掩码为 255.255.255.0，DNS 地址为 192.168.1.1，网关设置为 192.168.1.254，其他网络设置暂不修改。为其安装 DNS 服务器，域名为 student.com。

（3）配置该 DNS 服务器，创建 student.com 正向查找区域。

（4）新建主机 www，IP 为 192.168.1.100，别名为 web，指向 www，MX 记录为 mail，邮件优先级为 10。

（5）创建 student.com 反向查找区域。

（6）在该虚拟机的宿主操作系统 Windows XP 系统中，配置成为该 DNS 服务器的客户端，并用 ping、nslookup、ipconfig 等命令测试 DNS 服务器能否正常工作。

9.6　习题

一、填空题

（1）_____是一个用于存储单个 DNS 域名的数据库，是域名称空间树状结构的一部分，它将域名空间分区为较小的区段。

（2）_____是指 DNS 客户端发出查询请求后，如果 DNS 服务器内没有所需的数据，则 DNS 服务器会代替客户端向其他的 DNS 服务器进行查询。

（3）_____将主机名映射到 DNS 区域中的一个 IP 地址。

（4）_____就是和正向搜索相对应的一种 DNS 解析方式。

（5）通过计算机"系统属性"对话框或_____命令，可以查看和设置本地计算机名（Local Host Name）。

（6）如果要针对网络 ID 为 192.168.1 的 IP 地址来提供反向查找功能，则此反向区域的名称必须是_____。

二、选择题

（1）DNS 提供了一个（　　）命名方案。

　　A. 分级　　　　　　B. 分层　　　　　　C. 多级　　　　　　D. 多层

（2）DNS 顶级域名中表示商业组织的是（　　）。

　　A. COM　　　　　　B. GOV　　　　　　C. MIL　　　　　　D. ORG

（3）（　　）表示别名的资源记录。

　　A. MX　　　　　　B. SOA　　　　　　C. CNAME　　　　　D. PTR

（4）常用的 DNS 测试的命令包括（　　）。

　　A. nslookup　　　　B. hosts　　　　　C. debug　　　　　D. trace

三、问答题

（1）客户机向 DNS 服务器查询 IP 地址有哪 3 种模式？

（2）配置 DNS 服务器时，如何添加别名记录？添加别名记录有何好处？

（3）在 DNS 系统中，什么是反向解析？如何设置反向解析？

（4）DNS 服务器转发器功能是什么？如何设置？

项目 10

创建与管理 DHCP 服务

项目情境：

如何使 IP 地址的管理更有效、更方便？

三峡瑞思信息技术有限公司是一家主要提供计算机网络建设与维护的网络技术服务公司，2003 年为宜昌市国际大酒店建设了酒店的内部局域网络，该网络在建设初期主要为酒店内部办公使用，计算机只有 50 台左右，使用静态 IP 地址分配方案。

随着酒店办公业务的不断扩大以及商务网络的需求，酒店接入了 Internet，酒店网络中的计算机数量也越来越多，目前已达到 300 台。因此经常出现 IP 地址冲突导致无法上网的问题，并经常遭到住店客人的投诉。酒店近期计划对办公和商务网络进行改造，作为瑞思公司的技术人员，你如何使酒店网络的 IP 地址的管理更有效、更方便？

项目描述：在 TCP/IP 网络上，每台工作站在使用网络上的资源之前，都必须进行基本的网络配置，如 IP 地址、子网掩码、默认网关、DNS 的配置等。通常采用 DHCP 服务器技术来实现网络的 TCP/IP 动态配置与管理，这是网络管理任务中应用最多、最普通的一项管理技术。

项目目标：
- 掌握 DHCP 协议的原理和工作过程
- 掌握 DHCP 服务器的安装、配置与维护
- 熟悉 DHCP 客户端的配置
- 掌握复杂网络中 DHCP 服务器的部署

10.1　知识准备——DHCP 简介

在 TCP/IP 网络中，计算机之间通过 IP 地址互相通信，因此管理、分配与设置客户端 IP 地址的工作非常重要。以手工方式设置 IP 地址，不仅非常费时、费力，而且也非常容易出错，尤其在大中型网络中，手工设置 IP 地址更是一项非常复杂的工作。如果让服务器自动为客户端计算机配置 IP 地址等相关信息，就可以大大提高工作效率，并减少 IP 地址故障的可能性。

10.1.1　DHCP 的意义

DHCP 是动态主机分配协议（Dynamic Host Configuration Protocol）的简称，是一个简化主机 IP 地址分配管理的 TCP/IP 标准协议。管理员可以利用 DHCP 服务器，从预先设置的 IP 地址池中，动态地给主机分配 IP 地址，这种分配方式不仅能够保证 IP 地址不重复分配，也能及时回收 IP 地址，从而提高了 IP 地址的利用率。

TCP/IP 目前已经成为 Internet 的公用通信协议，它在局域网上也必不可少。用 TCP/IP 协议进行通信时，每一台计算机（主机）都必须有一个 IP 地址用于在网络上标识自己。对于一个设立了 Internet 服务的组织机构，由于其主机对外开放了诸如 WWW、FTP、E-mail 等服务，通常要对外公布一个固定的 IP 地址，以方便用户访问。如果 IP 地址由系统管理员在每一台计算机上手动进行设置，把它设定为一个固定的 IP 地址时，就称为静态 IP 地址方案。当然，数字 IP 不便于记忆和识别，人们更习惯于通过域名来访问主机，而域名实际上仍然需要被域名服务器（DNS）翻译为 IP 地址。

而对于大多数拨号上网的用户，由于其上网时间和空间的离散性，为每个用户分配一个固定的静态 IP 地址是不现实的，如果 ISP（Internet Service Provider，Internet 服务提供商）有 10000 个用户，就需要 10000 个 IP 地址，这将造成 IP 地址资源的极大浪费。截至 2008 年 3 月底，我国的 IP 地址已经达到 1.4 亿个，超过日本位居世界第二，而我国上网的网民数量达到了 2.53 亿，超过美国成为全球第一，由此可见，我国正面临着 IP 地址与网络用户高速发展不匹配的问题。

在局域网中，对于网络规模较大的用户，系统管理员给每一台计算机分配 IP 地址的工作量就会很大，而且用户常常会因为不遵守规则而出现错误，例如导致 IP 地址的冲突等。同时在把大批计算机从一个网络移动到另一网络，或者改变部门计算机所属子网时，同样存在改变 IP 地址的问题。

DHCP 应运而生，采用 DHCP 配置的计算机 IP 地址的方案称为动态 IP 地址方案。在动态 IP 地址方案中，每台计算机并不设置固定的 IP 地址，而是在计算机开机时才被分配一个 IP 地址，这样可以解决 IP 地址不够用的问题。

在 DHCP 网络中有三类对象，分别是 DHCP 客户端、DHCP 服务器和 DHCP 数据库。DHCP 是采用客户端/服务器模式，有明确的客户端和服务器角色的划分，分配到 IP 地址的计算机被称为 DHCP 客户端（DHCP Client），负责给 DHCP 客户端分配 IP 地址的计算机称为 DHCP 服务器，DHCP 数据库是 DHCP 服务器上的数据库，存储了 DHCP 服务配置的各种信息。

10.1.2　BOOTP 引导程序协议

DHCP 前身是 BOOTP（Bootstrap Protocol，引导程序协议），所以这里先介绍 BOOTP。BOOTP 也称为自举协议，它使用 UDP 协议来使一个工作站自动获取配置信息。BOOTP 原本是用于无盘工作站连接到网络服务器的，网络的工作站使用 BOOTROM 而不是硬盘起动并连接上网络服务。

为了获取配置信息，协议软件广播一个 BOOTP 请求报文，收到请求报文的 BOOTP 服务器查找出发出请求的计算机的各项配置信息（如 IP 地址、默认路由地址、子网掩码等），然后将配置信息放入一个 BOOTP 应答报文，并将应答报文返回给发出请求的计算机。

这样，一台网络中的工作站就获得了所需的配置信息。由于计算机发送 BOOTP 请求报文时还没有 IP 地址，因此它会使用全广播地址作为目的地址，使用"0.0.0.0"作为源地址。BOOTP 服务器可使用广播将应答报文返回给计算机，或使用收到的广播帧上的网卡的物理地址进行单播。

BOOTP 用于相对静态的环境，管理员负责创建一个 BOOTP 配置文件，该文件定义了每一台主机的一组 BOOTP 参数。配置文件只能提供主机标识符到主机参数的静态映射，如果主机参数没有要求变化，则 BOOTP 的配置信息通常保持不变。BOOTP 的配置文件不能快速更改，此外管理员必须为每一台主机分配一个 IP 地址，并对服务器进行相应的配置，使它能够理解从主机到 IP 地址的映射。

由于 BOOTP 是静态配置 IP 地址和 IP 参数，不可能充分利用 IP 地址和大幅度减少配置的工作量，因此非常缺乏"动态性"，已不适应现在日益庞大和复杂的网络环境。

10.1.3 DHCP 动态主机配置协议

DHCP 是 BOOTP 的增强版本，此协议从两个方面对 BOOTP 进行有力的扩充。第一，DHCP 可使计算机通过一个消息获取它所需要的配置信息。例如：一个 DHCP 报文除了能获得 IP 地址，还能获得子网掩码、网关等。第二，DHCP 允许计算机快速动态获取 IP 地址。为了使用 DHCP 的动态地址分配机制，管理员必须配置 DHCP 服务器，使得它能够提供一组 IP 地址。任何时候一旦有新的计算机联网，新的计算机将与服务器联系并申请一个 IP 地址。服务器从管理员指定的 IP 地址中选择一个地址，并将它分配给该计算机。

DHCP 允许有 3 种类型的地址分配，如下所示。

- 自动分配方式：当 DHCP 客户端第一次成功地从 DHCP 服务器端租用到 IP 地址之后，就永远使用这个地址。
- 动态分配方式：当 DHCP 第一次从 HDCP 服务器端租用到 IP 地址之后，并非永久使用该地址，只要租约到期，客户端就得释放这个 IP 地址，以给其他工作站使用。当然，客户端可以比其他主机更优先地更新租约，或是租用其他的 IP 地址。
- 手工分配方式：DHCP 客户端的 IP 地址是由网络管理员指定的，DHCP 服务器只是把指定的 IP 地址告诉客户端。

动态地址分配是 DHCP 的最重要和新颖的功能，与 BOOTP 所采用的静态分配地址不同，DHCP 动态 IP 地址的分配不是一对一的映射，服务器事先并不知道客户端的身份。

可以配置 DHCP 服务器，使得任意一台客户端都可以获得 IP 地址并开始通信。为了使自动配置成为可能，DHCP 服务器保存着网络管理员定义的一组 IP 地址等 TCP/IP 参数，DHCP 客户端通过与 DHCP 服务器交换信息协商 IP 地址的使用。在交换中，服务器为客户端提供 IP 地址，客户端确认它已经接收到此地址。一旦客户端接收了一个地址，它就开始使用此地址进行通信。

将所有的 TCP/IP 参数保存在 DHCP 服务器，使网络管理员能够快速检查 IP 地址及其他配置参数，而不必前往每一台计算机进行操作。此外，由于 DHCP 的数据库可以在一个中心位置（即

DHCP 服务器）完成更改，因此重新配置时也无需对每一台计算机进行配置。同时 DHCP 不会将同一个 IP 地址同时分配给两台计算机，从而避免了 IP 地址的冲突。

10.1.4 DHCP 的工作过程

DHCP 客户端为了分配地址和 DHCP 服务器而进行报文交换的过程如下。

1. IP 租约的发现阶段

发现阶段是 DHCP 客户端寻找 DHCP 服务器的过程。客户端启动时，以广播方式发送 DHCP DISCOVER 发现报文消息，来寻找 DHCP 服务器，请求租用一个 IP 地址。由于客户端还没有自己的 IP 地址，所以它使用 0.0.0.0 作为源地址，同时客户端也不知道服务器的 IP 地址，所以它以 255.255.255.255 作为目标地址。网络上每一台安装了 TCP/IP 协议的主机都会接收到这种广播信息，但只有 DHCP 服务器才会做出响应。

2. IP 租约的提供阶段

当客户端发送要求租约的请求后，所有的 DHCP 服务器都收到了该请求，然后所有的 DHCP 服务器都会广播一个愿意提供租约的 DHCP OFFER 提供报文消息（除非该 DHCP 服务器没有空余的 IP 可以提供）。在 DHCP 服务器广播的消息中包含以下内容：源地址（DHCP 服务器的 IP 地址）、目标地址（因为这时客户端还没有自己的 IP 地址，所以用广播地址 255.255.255.255）、客户端地址（DHCP 服务器可提供给客户端使用的 IP 地址），另外还有客户端的硬件地址、子网掩码、租约的时间长度和该 DHCP 服务器的标识符等。

当发送第一个 DHCP DISCOVER 发现报文消息后，DHCP 客户端将等待 1 秒。在此期间，如果没有 DHCP 服务器响应，DHCP 客户端将分别在第 9 秒、第 13 秒和第 16 秒时重复发送一次 DHCP DISCOVER 发现报文消息。如果仍然没有得到 DHCP 服务器的应答，将再每隔 5 分钟广播一次 DHCP DISCOVER 发现报文消息，直到得到一个应答为止，同时客户端会使用预留的 B 类中的网络（169.254.0.1～169.254.255.254），子网掩码为 255.255.0.0 来自动配置 IP 地址和子网掩码，这个就被称作自动专用 IP 编址（Automatic Private IP Adderssing, APIPA）。因此，如果用 ipconfig 命令发现一个客户端的 IP 地址为 169.254.x.x 的时候，那就说明可能是 DHCP 服务器没有设置好或是服务器有故障。即使在网络中 DHCP 服务器有故障，计算机之间仍然可以通过网上邻居发现彼此。

3. IP 租约的选择阶段

如果有多台 DHCP 服务器向 DHCP 客户端发来 DHCP OFFER 提供报文消息，则 DHCP 客户端只接受第一个收到的 DHCP OFFER 提供报文消息，然后就以广播方式回答一个 DHCP REQUEST 请求报文消息，该消息中包含向它所选定的 DHCP 服务器请求 IP 地址的内容。之所以要以广播方式回答，是为了通知所有的 DHCP 服务器，它将选择某台 DHCP 服务器所提供的 IP 地址，从而使其他的 DHCP 服务器撤销它们提供的租约。

4. IP 租约的确认阶段

当 DHCP 服务器收到 DHCP 客户端回答的 DHCP REQUEST 请求报文消息之后，它便向 DHCP

客户端发送一个包含它所提供的 IP 地址和其他设置的 DHCP ACK 确认报文消息，告诉 DHCP 客户端可以使用它所提供的 IP 地址。然后 DHCP 客户端便将其 TCP/IP 协议与网卡绑定，之后便可以在局域网中与其他设备之间通信了。

当 IP 地址使用时间达到租期的一半时，将向 DHCP 服务器发送一个新的 DHCP 请求，服务器接收到该信息后回送一个 DHCP 应答报文信息，以重新开始一个租用周期。该过程就像是续签租赁合同，只是续约时间必须在合同期的一半时进行。在进行 IP 地址的续租中有以下两种特殊情况。

（1）DHCP 客户端重新启动时。

不管 IP 地址的租期有没有到期，DHCP 客户端每次重新登录网络时，不需要再发送 DHCP DISCOVER 发现报文消息，而是直接发送包含前一次所分配的 IP 地址的 DHCP REQUEST 请求报文信息。当 DHCP 服务器收到这一消息后，它会尝试让 DHCP 客户端继续使用原来的 IP 地址，并回答一个 DHCP ACK 确认报文消息。如果此 IP 地址已无法再分配给原来的 DHCP 客户端使用（例如此 IP 地址已分配给其他 DHCP 客户端使用），则 DHCP 服务器给 DHCP 客户端回答一个 DHCP NACK 否认报文消息。当原来的 DHCP 客户端收到此 DHCP NACK 否认报文消息后，它就必须重新发送 DHCP DISCOVER 发现报文消息来请求新的 IP 地址。

（2）IP 地址的租期超过一半时。

DHCP 服务器向 DHCP 客户端出租的 IP 地址一般都有一个租借期限，期满后 DHCP 服务器便会收回出租的 IP 地址。如果 DHCP 客户端要延长其 IP 租约，则必须更新其 IP 租约。客户端在 50%的租借时间过去以后，每隔一段时间就开始请求 DHCP 服务器更新当前租约，如果 DHCP 服务器应答则租用延期。如果 DHCP 服务器始终没有应答，则在有效租借期的 87.5%时，客户端应该与其他的 DHCP 服务器通信，并请求更新它的配置信息。如果客户端不能和所有的 DHCP 服务器取得联系，租借时间到期后，必须放弃当前的 IP 地址，并重新发送一个 DHCP DISCOVER 报文开始上述的 IP 地址获得过程。

10.1.5 DHCP 的优缺点

作为优秀的 IP 地址管理工具，DHCP 具有以下优点。

1. 提高效率

DHCP 使计算机自动获得 IP 地址信息并完成配置，减少了由于手工设置而可能出现的错误，并极大地提高了工作效率。利用 TCP/IP 进行通信时，仅有 IP 地址是不够的，常常还需要网关、WINS、DNS 等设置，DHCP 服务器除了能动态提供 IP 地址外，还能同时提供 WINS、DNS 主机名、域名等附加信息，完善 IP 地址参数的设置。

2. 便于管理

当网络使用的 IP 地址范围改变时，只需修改 DHCP 服务器的 IP 地址池即可，而不必逐一修改网络内的所有计算机的 IP 地址。

3. 节约 IP 地址资源

在 DHCP 系统中，只有当 DHCP 客户端请求时才由 DHCP 服务器提供 IP 地址，而当计算机关机后，又会自动释放该 IP 地址。通常情况下，网络内的计算机并不都是同时开机，因此即使有较小数量的 IP 地址，也能够满足较多计算机的需求。

DHCP 服务优点不少，但同时也存在着缺点：DHCP 不能发现网络上非 DHCP 客户端已经使用的 IP 地址；当网络上存在多个 DHCP 服务器时，一个 DHCP 服务器不能查出已被其他服务器租出去的 IP 地址；DHCP 服务器不能跨越子网路由器与客户端进行通信，除非路由器允许 BOOTP 转发。

使用 DHCP 服务时还要注意的是，由于客户端每次获得的 IP 地址不是固定的（当然现在的 DHCP 已经可以针对某一计算机分配固定的 IP 地址），如果想利用某主机对外提供网络服务（如 Web 服务、DNS 服务）等，一般采用静态 IP 地址配置方法，这是因为使用动态的 IP 地址比较麻烦，还得需要动态域名解析服务（DDNS）来支持。

DHCP 是用来动态分配地址的，所以很难在 DNS 服务器中保持精确的名称到地址的映射。节点地址发生改变后，DNS 数据库中的记录就变得无效了。Windows Server 2008 DHCP 让 DHCP 服务器和客户端在地址或主机名改变时请求 DNS 数据库更新，这种方式甚至能使客户端的 DNS 数据库保持最新并动态分配 IP 地址。

> DDNS（Dynamic Domain Name Server）是动态域名服务的缩写，它的出现主要是为了解决域名和动态 IP 地址之间的绑定问题。相对于传统的静态 DNS 而言，它可以将一个固定的域名解析到一个动态的 IP 地址。用户每次连接网络的时候，客户端程序就会通过信息传递把该主机的动态 IP 地址传送给位于服务商主机上的服务器程序，服务器程序负责提供 DNS 服务并实现动态域名解析。也就是说 DDNS 捕获用户每次变化的 IP 地址，然后将其与域名相对应，这样其他上网用户就可以通过域名来进行交流了。目前国内比较著名的提供动态域名解析服务的有花生壳（www.oray.net）、金万维（www.gnway.com）、希网（www.3322.org）等。

10.2 任务 1——配置 DHCP 服务器

【任务描述】

在大中型网络以及 ISP 网络中，通常采用 DHCP 服务器实现网络的 TCP/IP 动态配置与管理。这是网络管理任务中应用最多、最普通的一项管理技术。DHCP 服务系统采用了 C/S 网络服务模式，因此其配置与管理应当包括服务器端和客户端。

【任务目标】

熟练掌握 DHCP 服务器与客户端的设置及管理技术，并且能够正确设置安装与配置过程中的各项参数。

10.2.1 安装 DHCP 服务

与 DNS 服务一样，用"添加角色"向导可以安装 DHCP 服务。这个向导可以通过"服务器管理器"或"初始化配置任务"应用程序打开。安装 DHCP 服务的具体操作步骤如下。

（1）在服务器中选择"开始"→"服务器管理器"命令打开服务器管理器窗口，选择左侧"角色"选项之后，单击右侧的"添加角色"链接，在如图 10-1 所示的对话框中勾选"DHCP 服务器"复选框，然后单击"下一步"按钮。

（2）在如图 10-2 所示的对话框中，对 DHCP 服务器进行了简要介绍，在此单击"下一步"按钮继续操作。

图 10-1　选择服务器角色　　　　　图 10-2　DHCP 服务器简介

（3）系统会检测当前已经具有静态 IP 地址的网络连接，每个网络连接都可以用于为单独子网上的 DHCP 客户端计算机提供服务。如图 10-3 所示，在此勾选需要提供 DHCP 服务的网络连接后，单击"下一步"按钮继续操作。

（4）如果服务器中安装了 DNS 服务，就需要在如图 10-4 所示的对话框中设置 IPv4 类型的 DNS 服务器参数，例如输入"www.nos.com"作为父域，输入"192.168.1.27"作为 DNS 服务器地址，单击"下一步"按钮继续操作。

图 10-3　选择网络连接绑定　　　　　图 10-4　设置 DNS 服务器参数

（5）如果当前网络中的应用程序需要 WINS 服务，还要在如图 10-5 中所示的对话框中选择"此网络上的应用程序需要 WINS"单选按钮，并且输入 WINS 服务器的 IP 地址，然后单击"下一步"按钮继续操作。

WINS（Windows Internet Name Server）和 DNS 有些类似，可以动态地将内部计算机名称（NetBIOS 名）和 IP 地址进行映射。在网络中进行通信的计算机双方需要知道对方的 IP 地址才能通信，然而计算机的 IP 地址是一个 4 个字节的数字，难以记忆。除了使用主机名（DNS 计算机名）外，还可以使用内部计算机名称来代替 IP 地址，NetBIOS 名对早期一些 Windows 版本（如 Windows 95/98）来说是不可缺少的。

（6）在如图 10-6 所示的对话框中，单击"添加"按钮来设置 DHCP 作用域，此时将打开"添加作用域"对话框，如图 10-7 所示，来设置作用域的相关参数：①首先输入作用域的名称，这是出现在 DHCP 控制台中的作用域名称；②接着在"起始 IP 地址"和"结束 IP 地址"文本框中分别输入作用域的起始 IP 地址和结束 IP 地址，例如在此设置起始 IP 和结束 IP 地址分别为 192.168.1.50 和 192.168.1.249；③根据网络的需要设置子网掩码和默认网关参数；④在"子网类型"下拉列表中设置租用的持续时间；⑤复选框"激活此作用域"：创建作用域之后必须激活作用域才能提供 DHCP 服务。设置完毕后，单击"确定"按钮，返回上级对话框，单击"下一步"按钮继续操作。

图 10-5 设置 WINS 服务器参数　　　　　　　　图 10-6 设置 DHCP 作用域

在"子网类型"下拉列表中设置租用的持续时间有两个选项：①"有线（租用持续时间为 6 天）"：对于台式机较多的网络而言，租约期限应当相对较长一些，这样将有利于减少网络广播流量，从而提高传输效率；②"无线（租用持续时间为 8 小时）"：对于笔记本较多的网络而言，租约期限则应当短一些，从而有利于在新的位置及时获取新的 IP 地址，特别是对于划分了较多 VLAN 的网络，如果原有 VLAN 的 IP 地址得不到释放，那么就无法获取新的 IP 地址，接入新的 VLAN。

（7）Windows Server 2008 的 DHCP 服务器支持用于 IPv6 客户端的 DHCPv6 协议，此时可以根据网络中使用的路由器是否支持该功能进行设置。如图 10-8 所示，根据网络的需要将其设置为"对此服务器禁用 DHCPv6 无状态模式"，单击"下一步"按钮继续操作。

图 10-7　设置作用域参数

图 10-8　禁用 DHCPv6 无状态模式

　　虽然 IPv6 支持通过 DHCPv6 服务器自动分配地址，但是 IPv6 不需要使用配置协议（如 DHCP）来自动分配地址。不使用 DHCPv6 服务器的自动配置称为无状态自动配置，主机通过这种方法使用从链路上路由器中收到的路由器播发的消息配置地址。Windows Server 2008 支持无状态自动配置。IPv6 也提供有状态自动配置，它依靠 DHCPv6 服务器来分配地址。不过，Windows Server 2008 现在还不支持有状态自动配置，Windows Server 2008 中包括的 DHCP 服务也不支持 DHCPv6 地址分配，所以需要依靠无状态自动配置，或者禁用无状态自动配置，手动配置地址和其他属性。

　　（8）在如图 10-9 所示的对话框中显示了 DHCP 服务器的相关配置信息，如果确认安装则可以单击"安装"按钮，开始安装的过程。

　　（9）在 DHCP 服务器安装完成之后，可以看到如图 10-10 所示的提示信息，此时单击"关闭"按钮结束安装向导。

图 10-9　DHCP 服务器安装信息

图 10-10　完成 DHCP 服务器安装

　　DHCP 服务器安装完成之后，在服务器管理器窗口中选择左侧的"角色"选项，即可在右部区域中查看到当前服务器安装的角色类型。如果其中有刚刚安装的 DHCP 服务器，则表示 DHCP 服务器已经成功安装，如图 10-11 所示。

图 10-11　在"服务器管理器"中查看 DHCP 服务器

10.2.2　DHCP 服务器的管理

1. DHCP 服务器的启动与停止

在安装 DHCP 服务之后，可以在如图 10-11 所示的"服务器管理器"窗口中，单击右侧的"转到 DHCP 服务器"链接，可以打开如图 10-12 所示的 DHCP 服务器摘要界面，在其中可以启动与停止 DHCP 服务器，查看事件以及相关的资源和支持。

图 10-12　DHCP 服务器摘要窗口

2. 修改 DHCP 服务器的配置

对于已经建立 DHCP 服务器，可以修改其配置参数，具体的操作步骤如下：在服务器管理窗口左部目录树中的 DHCP 服务器名称下选中"IPv4"选项，右键单击并在弹出的快捷菜单中选择"属性"命令，如图 10-13 所示。在打开的属性对话框中，可通过不同的选项卡来修改 DHCP 服务器的设置。各选项卡的设置如下。

① "常规"选项卡的设置：图 10-14 所示为"常规"选项卡，参数如下。

图 10-13　DHCP 管理窗口

- 自动更新统计信息间隔：可以设置按照小时和分钟为单位，服务器自动更新统计信息。
- 启用 DHCP 审核记录：DHCP 日志将记录服务器活动以供管理员参考。
- 显示 BOOTP 表文件夹：可以查看 Windows Server 2008 下建立的 DHCP 服务器的列表。

② "DNS" 选项卡的设置：图 10-15 所示为 "DNS" 选项卡，参数如下。

- 根据下面的设置启用 DNS 动态更新：表示 DNS 服务器上该客户端的 DNS 设置参数如何变化，有两种方式：选择 "只有在 DHCP 客户端请求时才动态更新 DNS A 和 PTR 记录" 单选按钮，表示 DHCP 客户端主动请求时，DNS 服务器上的数据才进行更新；选择 "总是动态更新 DNS A 和 PTR 记录" 单选按钮，表示 DNS 客户端的参数发生变化后，DNS 服务器的参数就发生变化。
- 在租用被删除时丢弃 A 和 PTR 记录：表示 DHCP 客户端的租约失效后，其 DNS 参数也被丢弃。
- 为不请求更新的 DHCP 客户端动态更新 DNS A 和 PTR 记录：表示 DNS 服务器可以对非动态的 DHCP 客户端执行更新。

图 10-14　"常规" 选项卡

图 10-15　"DNS" 选项卡

③ "网络访问保护" 选项卡的设置：图 10-16 所示为 "网络访问保护" 选项卡，参数如下。

- 网络访问保护设置：对所有作用域可以启用或禁用网络访问保护功能。
- 无法连接网络策略服务器（NPS）时 DHCP 服务器行为：有 "完全访问"、"受限访问"、

"丢弃客户端数据包" 3 个单选按钮。

 　　　网络访问保护是 Windows Server 2008 操作系统附带的一组新的操作系统组件,它提供一个平台,以帮助确保专用网络上的客户端计算机符合网络管理员定义的系统安全要求。Windows Server 2008 中的网络访问保护使用 DHCP 强制功能,换言之,为了从 DHCP 服务器无限制地访问 IP 地址配置,客户端计算机必须达到一定的相容级别,例如它可以要求计算机安装具有最新签名的防病毒软件,安装当前操作系统的更新并且启用基于主机的防火墙。通过这些强制策略,可以帮助网络管理员降低因客户端计算机配置不当所导致的一些风险。对于不符合的计算机,网络访问 IP 地址配置限制只能访问受限网络或是丢弃客户端的数据包。

④ "高级"选项卡的设置:图 10-17 所示为"高级"选项卡,参数如下。

● 冲突检测次数:设置用于 DHCP 服务器在给客户端分配 IP 地址之前,对该 IP 地址进行冲突检测的次数,最高为 5 次。

图 10-16 "网络访问保护"选项卡　　　　　　图 10-17 "高级"选项卡

● 审核日志文件路径:在此可以修改审核日志文件的存储路径。

● 更改服务器连接的绑定:如果需要更改 DHCP 服务器和网络连接的关系,单击"绑定"按钮,弹出如图 10-18 所示的"绑定"对话框,从"连接和服务器绑定"列表框中选中绑定关系后单击"确定"按钮。

● DNS 动态更新注册凭据:由于 DHCP 服务器给客户端分配 IP 地址,因此 DNS 服务器可以及时从 DHCP 服务器上获得客户端的信息。为了安全起见,可以设置 DHCP 服务器访问 DNS 服务器时的用户名和密码。单击"凭据"按钮,出现如图 10-19 所示的"DNS 动态更新凭据"对话框,在此可以设置 DHCP 服务器访问 DNS 服务器的参数。

图 10-18 "绑定"对话框　　　　　　图 10-19 "DNS 动态更新凭据设置"对话框

3. 作用域的配置

对于已经建立好的作用域，可以修改其配置参数，操作步骤为：在 DHCP 管理窗口的左部目录树中右键单击"作用域[192.168.1.0]"，并在弹出的快捷菜单中选择"属性"命令，可以打开作用域属性对话框，如图 10-20 所示。

和 DHCP 服务器的配置选项卡相似，作用域共有 4 个选项卡，其中"DNS"选项卡和"网络访问保护"选项卡相同，这里不再介绍，不同的选项卡如下。

① "常规"选项卡的设置：图 10-20 所示为"常规"选项卡，参数如下。

- "起始 IP 地址"和"结束 IP 地址"：在此可以修改作用域分配的 IP 地址范围，但"子网掩码"是不可编辑的。
- DHCP 客户端的租用期限：有两个单选按钮，"限制为"单选按钮设置期限；选择"无限制"单选按钮表示租约无期限限制。
- 描述：可以修改作用域的描述。

② "高级"选项卡的设置：图 10-21 所示为"高级"选项卡，参数如下。

- 动态为以下客户端分配 IP 地址：有 3 个单选按钮，"仅 DHCP"单选按钮表示只为 DHCP 客户端分配 IP 地址；"仅 BOOTP"单选按钮表示只为 Windows NT 以前的一些支持 BOOTP 的客户端分配 IP 地址；"两者"单选按钮支持多种类型的客户端。
- BOOT 客户端的租约期限：设置 BOOTP 客户端的租约期限，由于 BOOTP 最初被设计为用于无盘工作站，可以使用服务器的操作系统启动，但现在已经很少使用，因此可以直接采用默认参数。

图 10-20　作用域属性对话框

图 10-21　"高级"选项卡

4. 修改作用域的地址池

对于已经设置的作用域的地址池，可以修改其配置，其操作步骤为：在 DHCP 管理窗口左部目录树中右键单击"作用域[192.168.1.0]"，并在弹出的快捷菜单中选择"新建排除范围"命令，如图 10-22 所示。在弹出的"添加排除"对话框中，如图 10-23 所示，可以设置地址池中排除的 IP 地址范围。

5. 显示 DHCP 客户端和服务器的统计信息

在 DHCP 管理窗口右部目录树依次展开"作用域[192.168.1.0]"→"地址租用"选项，可以查看已经分配给客户端的租约情况，如图 10-24 所示。如果服务器为客户端成功分配分配了 IP 地址，在"地址租用"列表栏下，就会显示客户端的 IP 地址，客户端名、租约截止日期和类型信息。

图 10-22　选择修改地址池的配置　　　　　　　图 10-23　添加排除范围

在 DHCP 管理窗口右键单击目录树中的服务名称，并在弹出的快捷菜单中选择"显示统计信息"命令，可以打开如图 10-25 所示的统计信息界面，其中显示了 DHCP 服务器的开始时间、正常运行时间、发现的 DHCP 客户端的数量等信息。

图 10-24　查看地址租用　　　　　　　　　图 10-25　DHCP 服务器的统计信息

6. 建立保留 IP 地址

对于某些特殊的客户端，需要一直使用相同的 IP 地址，这可以通过建立保留来为其分配固定的 IP 地址，具体的操作步骤如下：在 DHCP 管理窗口左部目录树依次展开"作用域 [192.168.1.0]"→"保留"选项，单击鼠标右键之后从弹出的快捷菜单中选择"新建保留"命令，如图 10-26 所示。在弹出的如图 10-27 所示的"新建保留"对话框中，在"保留名称"文本框中输入名称，在"IP 地址"文本框中输入保留的 IP 地址，在"MAC 地址"文本框中输入客户端网卡的 MAC 地址，完成设置后单击"添加"按钮。

图 10-26 选择"新建保留"命令　　　　　　　　图 10-27 "新建保留"对话框

10.2.3　DHCP 客户端配置

DHCP 客户端的操作系统有很多种类，如 Windows 98/2000/XP/2003/Vista 或 Linux 等，我们现在重点了解 Windows 2000/XP/2003 客户端的设置，具体的操作步骤如下。

（1）在客户端计算机的"控制面板"中双击"网络连接"图标，打开"网络连接"窗口，其中列出了所有可用的网络连接。右键单击"本地连接"图标，并在快捷菜单中选择"属性"项，弹出"本地连接 属性"窗口，如图 10-28 所示。

（2）在"此连接使用下列项目"列表框中，选择"Internet 协议（TCP/IP）"，单击"属性"按钮，弹出如图 10-29 所示的"Internet 协议（TCP/IP）属性"窗口，分别选择"自动获得 IP 地址"和"自动获得 DNS 服务器地址"单选按钮，然后单击"确定"按钮，保存对设置的修改即可。

> 在局域网中的任何一台 DHCP 客户端上，可以进入 DOS 命令提示符界面，利用 ipconfig 命令的相关操作查看 IP 地址的相关信息。
> ① 执行 c:\ipconfig/renew 可以更新 IP 地址。
> ② 执行 c:\ipconfig/all 可以看到 IP 地址、WINS、DNS、域名是否正确。
> ③ 要释放地址可以使用 C:\ipconfig/release 命令。

图 10-28 选取"Internet 协议（TCP/IP）"　　　　图 10-29 选择"自动获得 IP 地址"选项

```
C:\>ipconfig/renew
Windows IP Configuration Ethernet adapter 本地连接:
   Connection-specific DNS Suffix  . :
   IP Address. . . . . . . . . . . : 192.168.1.50          【IP 地址 】
   Subnet Mask . . . . . . . . . . : 255.255.255.0         【子网掩码】
   Default Gateway . . . . . . . . : 192.168.1.1           【默认网关】
C:\>ipconfig/all
Windows IP Configuration
   Host Name . . . . . . . . . . . : Win2008               【主机名称】
   Primary Dns Suffix  . . . . . . : Nos.com               【主 DNS 后缀】
   Node Type . . . . . . . . . . . : Hybrid
      【节点类型:有 3 种类型①Hybrid(混合)②Broadcast(广播)③Unkown(未知)】
   IP Routing Enabled. . . . . . . : No                    【IP 路由启用】
   WINS Proxy Enabled. . . . . . . : No                    【WINS 代理服务启用】
   DNS Suffix Search List. . . . . : Nos.com               【DNS 后缀搜索列表】
Ethernet adapter 本地连接:
   Connection-specific DNS Suffix  . :              【具体连接的 DNS 后缀】
   Description . . . . . . . . . . : Realtek RTL8139 NIC    【网卡描述】
   Physical Address. . . . . . . . : 00-E0-4C-00-08-30      【网卡物理地址】
   DHCP Enabled. . . . . . . . . . : Yes                   【DHCP 服务启用】
   Autoconfiguration Enabled . . . : Yes                   【自动配置启用】
   IP Address. . . . . . . . . . . : 192.168.1.50          【IP 地址 】
   Subnet Mask . . . . . . . . . . : 255.255.255.0         【子网掩码】
   Default Gateway . . . . . . . . : 192.168.1.1           【默认网关】
   DHCP Server . . . . . . . . . . : 192.168.1.27          【DHCP 服务器地址】
   Lease Obtained. . . . . . . . . : 2010 年 1 月 22 日 8:05:58【租用开始时间】
   Lease Expires . . . . . . . . . : 2010 年 1 月 28 日 8:05:58【地址释放时间】
C:\>ipconfig/release
Windows IP Configuration Ethernet adapter 本地连接:
   Connection-specific DNS Suffix  . :
   IP Address. . . . . . . . . . . : 0.0.0.0
   Subnet Mask . . . . . . . . . . : 0.0.0.0
   Default Gateway . . . . . . . .
```

10.3 任务 2——复杂网络的 DHCP 服务器的部署

【任务描述】

网络环境是复杂的,在不同的网络环境中对 DHCP 的需求也不一样。对于较复杂的网络,主要涉及 3 种情况:配置多个 DHCP 服务器、超级作用域的建立、多播作用域的建立。

【任务目标】

掌握在复杂网络环境中如何在部署多台 DHCP 服务器,能够正确设置超级作用域与多播作用域。

10.3.1　配置多个 DHCP 服务器

在一些比较重要的网络中，需要在一个网段中配置多个 DHCP 服务器。这样做有两大好处。一是提供容错，如果网络中仅有的一个 DHCP 服务器出现故障，所有 DHCP 客户端都将无法获得 IP 地址，也无法释放已有的 IP 地址，从而导致网络瘫痪。如果有两个服务器，此时第二个服务器就可以取代它，并继续提供租用新的地址或续租现有地址的服务。二是负载均衡，配置多个 DHCP 服务器可以起到平衡网络负载的作用。

一般在一个网络中配置两台 DHCP 服务器，在这两台服务器上分别创建一个作用域，这两个作用域同属一个子网。在分配 IP 地址时，一个 DHCP 服务器作用域上可以分配 80% 的 IP 地址，另一个 DHCP 服务器作用域上可以分配 20% 的 IP 地址。这样当一台 DHCP 服务器出现故障不可使用时，另一台 DHCP 服务器可以取代它并提供新的 IP 地址，继续为现有客户端服务。80/20 规则是微软所建议的分配比例，在实际应用时可以根据情况进行调整。另外，在一个子网上的两台 DHCP 服务器上所建的 DHCP 作有域，不能有地址重叠的现象。

10.3.2　创建和使用超级作用域

与 Windows Server 2003 一样，Windows Server 2008 也有一个称为超级作用域的 DHCP 功能，它是一个可以将多个作用域创建为一个实体进行管理的功能。可以用超级作用域将 IP 地址分配给多网上的客户端。多网是指一个包含多个逻辑 IP 网络（逻辑 IP 网络是 IP 地址相连的地址范围）的物理网络段，例如可以在物理网段中支持 3 个不同的 C 类 IP 网络，这 3 个 C 类地址中的每个 C 类地址范围都定义为超级作用域中的子作用域。

因为使用单个逻辑 IP 网络更容易管理，所以很多情况下不会计划使用多网，但随着网络规模超过原有作用域中的可用地址数后，可以需要用多网进行过渡。也可能需要从一个逻辑 IP 网络迁移到另一个逻辑 IP 网络，就像改变 ISP 要改变地址分配一样。

在大型的网络中一般都会存在多个子网，DHCP 客户端通过网络广播消息获得 DHCP 服务器的响应后得到 IP 地址，但是这样的广播方式是不能跨越子网进行。如果 DHCP 客户端和服务器在不同的子网内，客户端是不能直接向服务器申请 IP 的，所以要想实现跨越子网进行 IP 申请，可以用超级作用域支持位于 DHCP 或中断代理远端的 DHCP 客户端，这样可以用一台 DHCP 服务器支持多个物理子网。

在服务器上至少定义一个作用域以后，才能创建超级作用域（防止创建空的超级作用域）。假设网络内已建立了 3 个作用域"作用域[192.168.1.0]"、"作用域[192.168.2.0]"、"作用域[192.168.3.0]"，将这 3 个作用域定义为超级作用域的子作用域，具体的操作步骤如下。

（1）在服务器管理窗口左部目录树中的 DHCP 服务器名称下选中"IPv4"选项，右键单击并在弹出的快捷菜单中选择"新建超级作用域"命令，弹出"欢迎使用新建超级作用域向导"对话框，如图 10-30 所示，单击"下一步"按钮继续操作。

（2）进入"超级作用域名"对话框，如图 10-31 所示。在"名称"文本框中，输入识别超级作用域的名称，例如"DHCP-S"，单击"下一步"按钮继续操作。

（3）进入"选择作用域"对话框，如图 10-32 所示。在"可用作用域"列表中选择需要的作用域，按住 Shift 键可选择多个作用域。单击"下一步"按钮继续操作。

（4）进入"正在完成新建超级作用域向导"对话框，如图 10-33 所示。这里显示出将要建立超级作用域的相关信息。单击"完成"按钮，完成超级作用域的创建。

图 10-30   "欢迎使用新建超级
作用域向导"对话框

图 10-31   "超级作用域名"
对话框

图 10-32   "选择作用域"
对话框

当超级作用域创建完成后，会显示在 DHCP 控制台中，如图 10-34 所示。原有的作用域就像是超级作用域的下一级目录，管理起来非常方便。

图 10-33   "正在完成新建超级作用域向导"对话框

图 10-34   已创建好的超级作用域

如果需要，可以从超级作用域中删除一个或多个作用域，然后在服务器上重新构建作用域。从超级作用域中删除作用域并不会物理上删除该作用域或者停用它，只是让这个作用域直接位于服务器分支下面，而不再是超级作用域的子作用域。这样可以将其添加到不同的作用域，或者在删除超级作用域时不影响其中的作用域。要从超级作用域中删除作用域，打开 DHCP 控制台，并打开相应的超级作用域。在要删除的作用域上右键单击，在弹出的快捷菜单中选择"从超级作用域中删除"命令。

如果被删除的作用域是超级作用域中的唯一作用域，Windows Server 2008 也会移除这个超级作用域，因为超级作用域不能为空。如果选择删除超级作用域，则会将其删除，但是不会删除下面的子作用域，这些子作用域会被直接放在 DHCP 服务器分支下显示，而且作用域不会受影响，将继续响应客户端请求，它们只是不再是超级作用域的成员而已。

10.3.3   创建多播作用域

多播作用域用于将 IP 流量广播到一组具有相同地址的节点，一般用于音频和视频会议。因为数据包一次被发送到多播地址，而不是分别发送到每个接收者的单播地址，所以多播地址简化了管理，也减少了网络流量。就像给单个计算机分配单播地址一样，Windows Server 2008 DHCP 服务器可以将多播地址分配给一组计算机。

多播地址分配协议是多播地址客户端分配协议（Multicast Address Dynamic Client Allocation Protocol，MADCAP）。Windows Server 2008 可以同时作为 DHCP 服务器和 MADCAP 服务器独立工作。例如，一台服务器可能用 DHCP 服务通过 DHCP 协议分配单播地址，另一台服务器可能通过 MADCAP 协议分播多播地址。此外，客户端可以使用其中一个或两个都用。DHCP 客户端不一定会用 MADCAP，反之亦然，但是如果条件需要，客户端可以都使用。

只要作用域地址范围不重叠，就可以在 Windows Server 2008 DHCP 服务器上创建多个多播作用域，多播作用域在服务器分支下直接显示，不能被分配给超级作用域。超级作用域只能管理单播地址作用域。创建多播作用域和创建超级作用域的过程比较相似，在此仅列举出配置多播作用域的相关参数。

- 名称：这是出现在 DHCP 控制台中的作用域名称。
- 描述：指定识别多播作用域目的的可选描述。
- 地址范围：只可以指定 244.0.0.0 和 239.255.255.255 之间的地址范围。
- 生存时间：指定流量必须在本地网络上通过的路由器数目，默认值为 32。
- 排除范围：可以定义一个从作用域中排除的多播地址范围，就像可以从 DHCP 作用域中排除单播地址一样。
- 租约期限：指定租约期限，默认是 30 天。

10.4 任务 3——DHCP 数据库的维护

【任务描述】

服务器在出现故障或是瘫痪时，不得不重新安装或是恢复系统。借助备份的 DHCP 数据库，就可以在系统恢复后还原 DHCP 数据库，迅速提供 DHCP 网络服务，并减少重新配置 DHCP 服务的难度。

【任务目标】

熟练掌握 DHCP 数据库的备份、还原、重整等操作。

10.4.1 DHCP 数据库的备份与还原

DHCP 服务器有 3 种备份机制：①它每 60 分钟自动将备份保存到备份文件夹下，这在微软的术语中称为同步备份；②在 DHCP 控制台中手动备份，这在微软的术语中称为手动备份；③使用 Windows Server 2008 Backup 实用工具或第三方备份工具进行计划备份或按需备份。

DHCP 服务器中的设置数据全部存放在名为 dhcp.mdb 数据库文件中。在 Windows Server 2008 系统中，该文件位于%systemroot%\ system32\dhcp 文件夹内，如图 10-35 所示。在该文件夹内，dhcp.mdb 是主要的数据库文件，其他的文件是数据库文件的辅助文件，

图 10-35　DHCP 数据库文件

这些文件对 DHCP 服务器的正常工作起着关键作用，建议用户不要随意修改或删除。

DHCP 服务器数据库是一个动态数据库，在向客户端提供租约或客户端释放租约时它会自动更新。DHCP 服务器默认会每隔 60 分钟自动将 DHCP 数据库文件备份到默认备份目录%systemroot%\ system32\dhcp\backup\new。出于安全的考虑，建议用户将此文件夹内的所有内容进行备份。用户

可以将其备份到其他磁盘、磁带机上，以备系统出现故障时还原使用，或是直接将%systemroot%\system32\dhcp 数据库文件复制出来。如果要想修改这个时间间隔，可以通过修改 Backup Interval 这个注册表参数实现，它位于注册表项：HKEY_LOCAL_MACHINE\SYSTEM\Current ControlSet\Services\DHCPserver\Parameters 中。

为了保证所备份数据的完整性，以及备份过程的安全性，在对%systemroot%\system32\dhcp\backup 文件夹内的数据进行备份时，必须先将 DHCP 服务器停止。

DHCP 服务器启动时，会自动检查 DHCP 数据库是否损坏，如果发现损坏，将自动用%systemroot%\system32\dhcp\backup\new 文件夹内的数据进行还原。但如果 backup\new 文件夹的数据也被损坏时，系统将无法自动完成还原工作，也就无法提供相关的服务。

当备份文件夹 backup\new 的数据被损坏时，先将原来备份的文件复制到%systemroot%\system32\\dhcp\backup\new 文件夹内，然后重新启动 DHCP 服务器，让 DHCP 服务器自动用新复制的数据进行还原。在对%systemroot%\system32\dhcp\backup\new 文件夹内的数据进行还原时，必须先停止 DHCP 服务器。

10.4.2　DHCP 数据库的重整与迁移

DHCP 数据库在使用过程中，相关的数据因为不断被更改（如重新设置 DHCP 服务器的选项，新增 DHCP 客户端或有 DHCP 客户端离开网络等），所以其分布变得非常凌乱，影响系统的运行效率。为此，当 DHCP 服务器使用一段时间后，一般建议用户利用系统提供的 jetpack.exe 程序对数据库中的数据进行重新调整，从而实现数据库的优化。

　　jetpack.exe 程序是一个字符型的命令程序，必须手工进行操作，下面是一个优化示范，供读者参考。

　　　　cd\windows\system32\dhcp　　　（进入 dhcp 目录）

　　　　net stop dhcpserver　　（让 DHCP 服务器停止运行）

　　　　jetpack dhcp.mdb temp.mdb　　（对 DHCP 数据库进行重新调整，其中 dhcp.mdb
　　是 DHCP 数据库文件，而 temp.mdb 是用于调整的临时文件）

　　　　netstart dhcpserver　　（让 DHCP 服务器开始运行）

在网络的使用过程中，有可能需要用一台新的 DHCP 服务器更换原有的 DHCP 服务器，此时如果重新设置新的 DHCP 服务器就太麻烦了。一个简单且高效可行的解决方案就是将原来 DHCP 服务器中的数据库，迁移到新的 DHCP 服务器上来。DHCP 服务器的 3 种备份机制所备份的内容，不会包括备份身份验证凭据、注册表设置或其他全局 DHCP 配置信息，如日志设备和数据库位置等，所以还需要进行以下两项操作。

（1）备份原来 DHCP 服务器上的数据，具体的操作步骤如下。

① 停止 DHCP 服务器的运行。实现方法有两种：一是在 DHCP 控制台中选择要停止的 DHCP 服务器名称，右键单击并从快捷菜单中选择"所有任务"→"停止"命令；二是在 DHCP 服务器的 DOS 提示符下运行"net stop dhcpserver"命令。

② 将\windows\system32\dhcp 文件夹下的所有文件及子文件夹，全部备份到新 DHCP 服务器的临时文件夹中。

③ 在 DHCP 服务器上运行注册表编辑器命令 regedit.exe，打开注册表编辑器窗口，展开注册

表项 "HKEY_LOCAL_MACHINE\SYSTEM\CurrentControlSet\Services\DHCPServer"。

④ 在注册表编辑器窗口中，选择 "注册表" 菜单下的 "导出注册表文件" 选项，弹出 "导出注册表文件" 窗口，选择好保存位置，并输入该导出的注册表文件名称，在 "导出范围" 中选择 "所选分支" 选项，单击 "保存" 按钮，即可导出该分支的注册表内容。最后将该导出的注册表文件复制到新 DHCP 服务器的临时文件夹中。

⑤ 删除原来 DHCP 服务器中\windows\system32\dhcp 文件夹下的所有文件及子文件夹。如果该 DHCP 服务器还要在网络中另作它用（如作为 DHCP 客户端或其他类型的服务器），则需要删除 dhcp 下的所有内容。最后在原来的 DHCP 服务器卸载 DHCP 服务。

（2）将数据还原到新添加的 DHCP 服务器上，具体的操作步骤如下。

① 停止 DHCP 服务器，方法同前面停止原来 DHCP 服务器的操作。

② 将存储在临时文件夹内的所有文件和子文件夹（这些文件和文件夹全部从原来 DHCP 服务器的%systemroot%\system32\dhcp 文件夹中备份而来）全部复制到新的 DHCP 服务器的%systemroot%\system32\dhcp 文件夹内。

③ 在新的 DHCP 服务器上运行注册表编辑器命令 regedit.exe，在出现的 "注册表编辑器" 窗口中，展开 "HKEY_LOCAL_MACHINE\SYSTEM\CurrentControlSet\Services\DHCPServer"。

④ 选择注册表编辑器窗口中 "注册表" 菜单下的 "导入注册表文件" 选项，弹出 "导入注册表文件" 对话框，选择从原来 DHCP 服务器上导出的注册表文件，选择 "打开" 按钮，即可导入到新 DHCP 服务器的注册表中。

⑤ 重新启动计算机，打开 DHCP 窗口，右键单击服务器名称，从快捷菜单中选择 "所有任务" → "开始" 命令，或在命令提示符下运行 "net start dhcpserver" 命令，即可启动 DHCP 服务。当 DHCP 服务功能成功启动后，在 DHCP 控制台中，右键单击 DHCP 服务器名，选择快捷菜单中的 "协调所有作用域" 选项，即可完成 DHCP 数据库的迁移工作。

10.5 实训——DHCP 的配置与管理

一、实训目标

（1）熟悉 Windows Server 2008 的 DHCP 服务器的安装。

（2）掌握 Windows Server 2008 的 DHCP 服务器配置。

（3）熟悉 Windows Server 2008 的 DHCP 客户端的配置。

二、实训设备

（1）网络环境：已建好的 100Mbit/s 的以太网络，包含交换机（或集线器）、五类（或超五类）UTP 直通线若干、2 台及以上数量的计算机（计算机配置要求 CPU 为 Intel Pentium 4 以上，内存不小于 1GB。硬盘剩余空间不小于 20GB，有光驱和网卡）。

（2）软件：Windows Server 2008 安装光盘，或硬盘中有全部的安装程序。

三、实训内容

在项目 2 章节实训的基础上完成如下操作。

（1）运行虚拟操作系统 Windows Server 2008，为虚拟机保存一个还原点，以方便以后的实训调用这个还原点。

（2）在虚拟操作系统 Windows Server 2008 中安装 DHCP 服务器，并设置其 IP 地址为

192.168.1.250，子网掩码为 255.255.255.0，网关和 DNS 分别为 192.168.1.1 和 192.168.1.2。

（3）新建作用域名为 student.com，IP 地址的范围为 192.168.1.1～192.168.1.254，掩码长度为 24 位。

（4）排除地址范围为 192.168.1.1～192.168.1.5、192.168.1.250～192.168.1.254（服务器使用及系统保留的部分地址）。

（5）设置 DHCP 服务的租约为 24 小时。

（6）设置该 DHCP 服务器向客户端分配的相关信息为：DNS 的 IP 地址为 192.168.1.2，父域名称为 teacher.com，路由器（默认网关）的 IP 地址为 192.168.1.1，WINS 服务器的 IP 地址为 192.168.1.3。

（7）将 IP 地址 192.168.1.251（MAC 地址：00-00-3c-12-23-25）保留，用于 FTP 服务器，将 IP 地址 192.168.1.252（MAC 地址：00-00-3c-12-D2-79）保留，用于 WINS 服务器。

（8）在 Windows XP 或 Windows 2000 Server 上测试 DHCP 服务器的运行情况，用 ipconfig 命令查看分配的 IP 地址以及 DNS、默认网关、WINS 服务器等信息是否正确，测试访问 WINS 服务器。

10.6 习题

一、填空题

（1）DHCP 是采用＿＿＿＿＿＿＿＿＿＿模式，有明确的客户端和服务器角色的划分。

（2）DHCP 协议的前身是 BOOTP，BOOTP 也称为自举协议，它使用＿＿＿＿＿＿＿＿来使一个工作站自动获取配置信息。

（3）DHCP 允许有 3 种类型的地址分配：＿＿＿＿＿＿＿、＿＿＿＿＿＿＿、＿＿＿＿＿＿＿。

（4）DHCP 客户端在＿＿＿＿＿＿＿租借时间过去以后，每隔一段时间就开始请求 DHCP 服务器更新当前租借，如果 DHCP 服务器应答则租用延期。

（5）多播作用域只可以指定＿＿＿＿＿＿＿和＿＿＿＿＿＿＿之间的 IP 地址范围。

二、选择题

（1）关于 DHCP 协议，下列说法中错误的是（　　　）。

　　A. Windows Server 2008 DHCP 服务器（有线）默认租约期是 6 天

　　B. DHCP 协议的作用是为客户机动态地分配 IP 地址

　　C. 客户端发送 DHCP DISCOVERY 报文请求 IP 地址

　　D. DHCP 协议提供 IP 地址到域名的解析

（2）在 Windows 操作系统中，可以通过（　　）命令查看 DHCP 服务器分配给本机的 IP 地址。

　　A. ipconfig/all　　　B. ipconfig/find　　　C. ipconfig/get　　　　　D. ipconfig/see

（3）在 Windows Server 2008 系统中，DHCP 服务器中的设置数据存放在名为 dhcp.mdb 数据库文件中，该文件夹位于（　　　）。

　　A. \winnt\dhcp　　　　　　　　　　B. \windows\system

　　C. \windows\system32\dhcp　　　　D. \programs files\dhcp

三、问答题

（1）什么是 DHCP？引入 DHCP 有什么好处？

（2）动态 IP 地址方案有什么优点和缺点？简述 DHCP 服务器的工作过程。

（3）在 Windows Server 2008 中如何进行 DHCP 数据库的备份和迁移？

（4）什么是 DHCP 中的 80/20 原则？为什么要这样设置？

项目 11

创建与管理 Web 和 FTP 服务

项目情境:

如何发布与管理公司网站的相关信息?

三峡瑞思信息技术有限公司是一家主要提供计算机网络建设与维护的网络技术服务公司,2010 年为三峡美辰广告营销策划公司建设了企业内部网络系统,并为该公司架设专线接入了 Internet 。

该企业原来的网站是企业员工利用业余时间制作的静态网站,是在 Internet 上租用外省某公司的服务器空间发布的。随着企业业务不断的发展,越来越多的客户需要访问该企业的网站,因此原来网站的管理方式已不适合企业的现状。目前该企业计划架设一台 Web 服务器,作为网络公司技术人员,你如何利用 Web 服务器发布与管理该企业网站的相关信息?

项目描述:FTP 服务、Web 服务和 E-mail 服务是 Internet 早期的三大应用。随着 Internet 的迅猛发展,通过 Internet 浏览信息、搜索下载所需的资源对于计算机用户已经不是难事了。而对于企业来说,通过架设 Web 服务和 FTP 服务可以更加轻松地实现信息共享和资源分享。

项目目标:

- 掌握 Windows Server 2008 的 IIS 基本概念以及安装
- 熟悉 Windows Server 2008 的 Web 服务的配置与管理
- 掌握 Windows Server 2008 的虚拟目录与远程管理
- 熟悉 Windows Server 2008 的 FTP 服务的配置与管理
- 掌握 Windows Server 2008 的 FTP 客户端的使用

11.1　知识准备——IIS 基本概述

11.1.1　IIS 7.0 简介

微软 Windows Server 2008 家族的 Internet Information Server（IIS，Internet 信息服务）在 Internet、内部网或外部网上提供了集成、可靠、可扩展、安全和可管理的 Web 服务器功能，为动态网络应用程序创建了强大的通信平台。IIS7.0 提供的基本服务包括发布信息、传输文件、支持用户通信和更新这些服务所依赖的数据存储，具体的内容如下。

1. WWW 服务

WWW 服务即万维网发布服务，它通过将客户端的 HTTP 请求连接到 IIS 中运行的网站上，向 IIS 最终用户提供 Web 发布。WWW 服务管理 IIS 核心组件，这些组件处理 HTTP 请求并配置和管理 Web 应用程序。

2. FTP 服务

FTP 服务即文件传输协议服务，IIS 通过此服务提供对管理和处理文件的完全支持。该服务使用传输控制协议（TCP），这就确保了文件传输的完成和数据传输的准确。IIS 7.0 中的 FTP 支持在站点级别隔离用户，以帮助管理员保护其 Internet 站点的安全，并使之商业化。

3. SMTP 服务

SMTP 服务即简单邮件传输协议服务，IIS 通过此服务能够发送和接收电子邮件。例如，为确认用户提交表格是否成功，可以对服务器进行编程以自动发送邮件来响应事件，也可以使用 SMTP 服务以接收来自网站客户反馈的消息。SMTP 不支持完整的电子邮件服务，要提供完整的电子邮件服务，可使用 Microsoft Exchange Server。

4. NNTP 服务

NNTP 服务即网络新闻传输协议，可以使用此服务主控单个计算机上的 NNTP 本地讨论组。因为该功能完全符合 NNTP 协议，所以用户可以使用任何新闻阅读客户端程序，加入新闻组进行讨论。通过 inetsrv 文件夹中的 Rfeed 脚本，IIS NNTP 服务现在支持新闻流。NNTP 服务不支持复制，要利用新闻流或在多个计算机间复制新闻组，可使用 Microsoft Exchange Server。

5. IIS 管理服务

IIS 管理服务管理 IIS 配置数据库，并为 WWW 服务、FTP 服务、SMTP 服务和 NNTP 服务更新 Windows 操作系统注册表，配置数据库用来保存 IIS 的各种配置参数。IIS 管理服务对其他应用程序公开配置数据库，这些应用程序包括 IIS 核心组件、在 IIS 上建立的应用程序，以及独立于 IIS 的第三方应用程序（如管理或监视工具）。

11.1.2　IIS 7.0 新特性

IIS 7.0 是对现有的 IIS Web 服务器的重大改进，并在集成网络平台技术方面发挥了重要作用。

与以前版本的 Windows 中整合的 IIS 相比，IIS 7.0 加入了更多的安全方面的设计，用户现在可以通过微软的.Net 语言来运行服务器端的应用程序。除此之外，通过 IIS 7.0 新的特性来创建模块将会减少代码在系统中的运行次数，从而将遭受黑客脚本攻击的可能性降至最低。总的说来，IIS7.0 中有 5 个最为核心的增强特性，如下所示。

1. 完全模块化

熟悉 Apache Web Server 的用户肯定知道这款软件最大的优势就在于定制化，用户可以配置为只能显示静态的 HTML，也可以动态加载不同的模块以允许不同类型的服务内容。而以前版本的 IIS 却无法很好地实现这一特性，并且会导致两方面的问题：一是由于过多用户并未使用的特性对代码的影响，性能方面有时不能让用户满意；二是由于默认的接口过多所造成的安全隐患。而 IIS 7.0 就解决了这些问题，它在核心层被分割成了 40 多个不同功能的模块。诸如验证、缓存、静态页面处理和目录列表等功能全部被模块化，这意味着 Web 服务器可以按照用户的运行需要来安装相应的功能模块。这样可能存在安全隐患和不需要的模块将不会再加载到内存中去，这样程序的受攻击面减小了，同时性能方面也得到了增强。

2. 通过文本文件配置

IIS 7.0 在管理工具使用了新的分布式 web.config 配置系统。IIS 7.0 不再拥有单一的 metabase 配置存储，而是使用和 ASP.NET 支持的同样的 web.config 文件模型，允许用户把配置和 Web 应用的内容一起存储和部署。无论有多少站点，用户都可以通过 web.config 文件直接配置，这样当设备需要挂接大量的网站时，管理员只需要复制之前做好任意一个站点的 web.config 文件，然后把设置和 Web 应用一起传送到远程服务器上就可以在很短的时间之内完成。同时管理工具支持委派管理功能，可以将一些确定的 web.config 文件通过委派的方式委派给网络中其他的用户，这样就不用为站点的每一个微小变化而费心。版本控制同样简单，用户只需要在组织中保留不同版本的文本文件，然后在必要的时候恢复它们就可以了。

3. 图形模式管理工具

微软公司的产品向来以用户界面友好引以为荣，但是从 IIS 4.0 到 IIS 6.0，提供给用户的管理控制台操作起来并不十分方便，而且由于技术等原因的限制，用户很难通过统一的界面来实现全部的管理工作。在 IIS 7.0 中，用户可以用管理工具在 Windows 客户端上创建和管理任意数目的网站，而不再局限于单个网站。和以前版本的 IIS 相比，IIS 7.0 的管理界面也更加友好和强大，再加上 IIS 7.0 的管理工具是可以被扩展的，这意味着用户可以添加自己的模块到管理工具里，为自己的 Web 网站运行时所需的模块和配置设置提供管理支持。

4. 安全方面的增强

以前版本的 IIS 安全问题主要集中在有关.NET 程序的有效管理以及权限管理方面，而 IIS 7.0 正是针对 IIS 服务器遇到的安全问题而做了相应的改进。在 IIS 7.0 中，ASP.NET 管理设置集成到单个管理工具中，用户可以在一个窗口中查看和设置认证和授权规则，而不需要以前那样通过多个不同的对话框来进行操作，这给管理人员提供了一个更加集中和清晰的用户界面，以及 Web 平台上统一的管理方式。在 IIS 7.0 中，.NET 应用程序直接通过 IIS 代码运行而不再发送到 Intenet

Server API 扩展上，这样就减少了可能存在的风险，并且提升了性能，同时管理工具内置对 ASP.NET 3.0 的成员和角色管理系统提供管理界面的支持，这意味着用户可以在管理工具中创建和管理角色和用户以及给用户指定角色。

5. 集成 ASP.NET

在以前版本的 IIS 中，开发人员需要编写 Internet Server API 扩展以及过滤器来扩展服务器的功能。除了编写麻烦外，Internet Server API 在如何接入服务器以及允许开发人员定制方面也是非常有限。例如，ASP.NET 是以 Internet Server API 扩展的方式实现的，无法在 Internet Server API 扩展中实现 URL 重写代码，如果把运行时间长的代码编写成 Internet Server API 过滤器，结果是将占用 Web 服务器的 I/O 线程，而这也正是不让托管代码在请求的过滤器执行阶段运行的原因。IIS 7.0 中的重大变动不仅是 ASP.NET 本身从以 Internet Server API 的实现形式变成直接接入 IIS 7.0 管道的模块，还能够通过一个模块化的请求管道架构来实现丰富的扩展性。用户可以通过与 Web 服务器注册一个 HTTP 扩展性模块，在任一个 HTTP 请求周期的任何地方编写代码。这些扩展性模块可以使用 C++代码或者.NET 托管代码来编写。而且认证、授权、目录清单支持、经典 ASP、记录日志等功能，都可以使用这个公开模块化的管道 API 来实现。

11.1.3   Web 服务简介

Web 服务器就是用来搭建基于 HTTP 的 WWW 网页的计算机，通常这些计算机都采用 Windows Server 版本或者 UNIX / Linux 系统，以确保服务器具有良好的运行效率和稳定的运行状态。

如今 Internet 上的 Web 平台种类繁多，各种软硬件组合的 Web 系统更是数不胜数，下面就来介绍 Windows 平台下的两种常用的 Web 服务器。

1. IIS

微软公司的 Web 服务器产品是 IIS，它是目前最流行的 Web 服务器产品之一，很多网站都是建立在 IIS 的平台上。IIS 提供了一个图形界面的管理工具，称为 Intemet 服务管理器，可用于监视配置和控制 Internet 服务。IIS 中包括了 Web 服务器、FTP 服务器、NNTP 服务器和 SMTP 服务器等，分别用于网页浏览、文件传输、新闻服务和邮件发送等方面，它使得在 Internet 或者局域网中发布信息成了一件很容易的事。

2. Apache

Apache 源于 NCSA HTTPd 服务器，后经过多次修改，成为世界上最流行的 Web 服务器软件之一。Apache 是自由软件，所以不断有人来为它开发新的功能、新的特性、修改原来的缺陷。Apache 的特点是简单、速度快、性能稳定，并可做代理服务器来使用。本来它只用于小型或试验 Internet 网络，后来逐步扩充到各种 UNIX 系统中，尤其对 Linux 的支持相当完美。Apache 是以进程为基础的结构，进程要比线程消耗更多的系统开支，不太适合于多处理器环境，因此，在一个 Apache Web 站点扩容时，通常是增加服务器或扩充群集节点而不是增加处理器。到目前为止，Apache 仍然是世界上用的最多的 Web 服务器，世界上很多著名的网站都是 Apache 的产物，它的成功之处主要在于它的源代码开放、有一支开放的开发队伍、支持跨平台的应用以及它的可移植性等方面。

除了以上两种大家比较熟悉的 Web 服务器外，还有 IBM WebSphere、BEA WebLogic、IPlanet

Application Server、Oracle IAS、Tomcat 等 Web 服务器产品。

11.1.4 FTP 服务简介

FTP（File Transport Protocol，文件传输协议）用于实现客户端与服务器之间的文件传输。尽管 Web 也可以提供文件下载服务，但是 FTP 服务的效率更高，对权限控制更为严格，因此在 Internet、Intranet 中得到了广泛应用。FTP 服务同时也是最为安全的 Web 网站内容更新手段。

FTP 有两个意思，其中一个指文件传输服务，FTP 提供交互式的访问，用来在远程主机与本地主机之间或两台远程主机之间传输文件。另一个意思是指文件传输协议，是 Internet 上使用最广泛的文件传输协议，它使用客户端/服务器模式，用户通过一个支持 FTP 协议的客户端程序，连接到远程主机上的 FTP 服务器程序，然后通过客户端程序向服务器程序发出命令，再由服务器程序执行用户所发出的命令，并将执行的结果返回到客户端。

一般来说，用户联网的主要目的就是实现信息共享，而文件传输是信息共享非常重要的一个内容。Internet 是一个非常复杂的计算机环境，有 PC，有工作站，有 MAC，有大型机，而这些计算机运行不同的操作系统，有运行 UNIX 的服务器，也有运行 Dos、Windows 的 PC 和运行 Mac OS 的苹果机等，因此要实现传输文件，并不是一件容易的事。基于不同的操作系统有不同的 FTP 应用程序，而所有这些应用程序都遵守 FTP 协议，这样任何两台 Internet 主机之间可通过 FTP 复制文件。

在 FTP 的使用中，用户经常遇到两个概念："下载"（Download）和"上传"（Upload）。"下载"文件就是从远程主机复制文件至自己的计算机上，"上传"文件就是将文件从自己的计算机中复制至远程主机上，用 Internet 语言来说，用户可通过客户端程序向（从）远程主机上传（下载）文件。

在 Internet 上有两类 FTP 服务器：一类是普通的 FTP 服务器，连接到这种 FTP 服务器上时，用户必须具有合法的用户名和密码；另一类是匿名 FTP 服务器，所谓匿名 FTP，是指用户在访问远程计算机时，不需要提供账户或密码就能访问文件、信息资源，并且进行下载和上载文件的操作。通常这种访问限制在公共目录下。系统管理员建立了一个特殊的用户 ID，名为 anonymous，Internet 上的任何人在任何地方都可使用该用户 ID。值得注意的是，匿名 FTP 不适用于所有 Internet 主机，它只适用于那些提供了这项服务的主机。

当远程主机提供匿名 FTP 服务时，会指定某些目录向公众开放，允许匿名存取。系统中的其余目录则处于隐匿状态。作为一种安全措施，大多数匿名 FTP 主机都允许用户从其下载文件，而不允许用户向其上载文件，也就是说，用户可将匿名 FTP 主机上的所有文件全部复制到自己的计算机上，但不能将自己计算机上的任何一个文件复制至匿名 FTP 主机上。即使有些匿名 FTP 主机确实允许用户上载文件，用户也只能将文件上载至某一指定上载目录中。随后，系统管理员会去检查这些文件，他会将这些文件移至另一个公共下载目录中，供其他用户下载。利用这种方式，远程主机的用户得到了保护，避免了有人上载有问题的文件。

FTP 提供的命令十分丰富，涉及文件传输、文件管理、目录管理、连接管理等。目前世界上有很多文件服务系统，为用户提供公用软件、技术通报、论文研究报告等，这就使 Internet 成为目前世界上最大的软件和信息流通渠道。Internet 是一个资源宝库，有很多共享软件、免费程序、学术文献、影像资料、图片、文字、动画等，它们都允许用户用 FTP 下载。人们可以直接使用 WWW 浏览器去搜索所需要的文件，然后利用 WWW 浏览器所支持的 FTP 功能下载文件。

11.2　任务 1——IIS 的安装与 Web 的基本设置

【任务描述】

Windows Server 2008 内置的 IIS 7.0 在默认情况下并没有安装，因此使用 Windows Server 2008 架设 Web 服务器进行网站发布时，必须首先安装 IIS 7.0 组件，然后再进行 Web 服务相关的基本设置。

【任务目标】

熟悉 IIS 7.0 组件的安装步骤，掌握测试 IIS 7.0 安装成功的方法以及 Web 服务器网站目录、默认页等基本设置。

11.2.1　IIS 7.0 的安装

安装 IIS 7.0 时，用户必须具备管理员权限，这要求用户使用 Administrator 管理员权限登录，这也是 Windows Server 2008 新增的安全功能，具体的操作步骤如下。

（1）在服务器中选择"开始"→"服务器管理器"命令，打开服务器管理器窗口，选择左侧"角色"选项之后，单击右侧的"添加角色"链接，启动"添加角色向导"对话框。

（2）单击"下一步"按钮，进入"选择服务器角色"对话框，勾选"Web 服务器（IIS）"复选框。由于 IIS 依赖 Windows 进程激活服务（WAS），因此会出现如图 11-1 所示的对话框。单击"添加必需的功能"按钮，然后在"选择服务器角色"对话框中单击"下一步"按钮继续操作。

（3）在如图 11-2 所示的"Web 服务器（IIS）"对话框中，对 Web 服务器（IIS）进行了简要介绍，在此单击"下一步"按钮继续操作。

图 11-1　添加 Web 服务器（IIS）

图 11-2　Web 服务器（IIS）简介

（4）进入"选择角色服务"对话框，如图 11-3 所示。单击每一个服务选项，右边会显示该服务相关的详细说明，一般采用默认的选择即可，如果有特殊要求则可以根据实际情况进行选择。

（5）单击"下一步"按钮，进入"确认安装选择"对话框，如图 11-4 所示。这里显示了 Web 服务器安装的详细信息，确认这些安装信息后可以单击下部"安装"按钮开始安装。

图 11-3　选择为 Web 服务安装的角色服务　　　　图 11-4　Web 服务器确认安装信息

（6）安装 Web 服务器之后，在如图 11-5 所示的对话框中可以查看到 Web 服务器安装完成的提示，此时单击"关闭"按钮退出添加角色向导。

（7）完成上述操作之后，依次选择"开始"→"管理工具"→"Internet 信息服务管理器"命令，打开 Internet 信息服务管理器窗口，可以发现 IIS 7.0 的界面和以前版本有了很大的区别，在起始页中显示的是 IIS 服务的连接任务，如图 11-6 所示。

图 11-5　安装结果　　　　　　　　　　　图 11-6　IIS 7.0 界面

安装 IIS 7.0 后还要测试安装是否正常，有下面 4 种常用的测试方法，若连接成功，则会出现如图 11-7 所示的页面。

- 利用本地回送地址：在本地浏览器中输入"http://127.0.0.1"或"http://localhost"来测试连接网站。
- 利用本地计算机名称：假设该服务器的计算机名称为"WIN2008"，在本地浏览器中输入"http://win2008"来测试连接网站。
- 利用 IP 地址：作为 Web 服务器的 IP 地址最好是静态的，假设该服务器的 IP 地址为192.168.1.28，则可以通过"http://192.168.1.28"来测试连接网站。如果该 IP 是局域网内的，则位于局域网内的所有计算机都可以通过这种方法来访问这台 Web 服务器；如果是公网上的 IP，则 Internet 上的所有用户都可以访问。

图 11-7　Web 测试页面

● 利用 DNS 域名：如果这台计算机上安装了 DNS 服务，网址为 www.nos.com，并将 DNS 域名与 IP 地址注册到 DNS 服务内，则可通过 DNS 网址 "http:// www.nos.com" 来测试连接网站。

　　如果网络内已安装有 DNS 服务器，也可直接使用此 DNS 服务器，只需将这台计算机中 "首选 DNS 服务器" 的 IP 地址，指定为 DNS 服务器的 IP，这样就可以通过此 DNS 服务器得知网站 www.nos.com 的 IP 地址。

11.2.2　网站主目录设置

　　任何一个网站都需要有主目录作为默认目录，当客户端请求连接时，就会将主目录中的网页等内容显示给用户。主目录是指保存 Web 网站的文件夹，当用户访问该网站时，Web 服务器会自动将该文件夹中的默认网页显示给客户端用户。

　　默认的网站主目录是 %SystemDrive\Inetpub\wwwroot，可以使用 IIS 管理器或通过直接编辑 MetaBase.xml 文件来更改网站的主目录。当用户访问默认网站时，Web 服务器会自动将其主目录中的默认网页传送给用户的浏览器。但在实际应用中通常不采用该默认文件夹，因为将数据文件和操作系统放在同一磁盘分区中，会引发安全问题，且系统安装、恢复也不太方便，并且当保存大量音视频文件时，可能造成磁盘或分区的空间不足。所以最好将作为数据文件的 Web 主目录保存在其他硬盘或非系统分区中。

　　网站主目录的设置通过 IIS 管理器进行设置，其操作步骤如下。

　　（1）选择 "开始" → "管理工具" → "Internet 信息服务（IIS）管理器" 命令，打开 "Internet 信息服务（IIS）管理器" 窗口。IIS 管理器采用了 3 列式界面，双击对应的 IIS 服务器，可以看到 "功能视图" 中有 IIS 默认的相关图标以及 "操作" 窗格中的对应操作，如图 11-8 所示。

　　（2）在 "连接" 窗格中，展开树中的 "网站" 节点，有系统自动建立的默认 Web 站点 "Default Web Site"，如图 11-9 所示。可以直接利用它来发布网站，也可以建立一个新网站。

　　（3）本步骤利用系统创建的 "Default Web Site" 站点进行网站的基本设置。在 "操作" 窗格下，单击 "浏览" 链接，将打开系统默认的网站主目录 C:\Inetpub\wwwroot，如图 11-10 所示。当用户访问此默认网站时，浏览器将会显示 "主目录" 中的默认网页，即 wwwroot 子文件夹中的 iisstart 页面。

图 11-8　Internet 信息服务（IIS）管理器

图 11-9　默认 Web 站点

图 11-10　默认主目录

（4）本步骤是创建一个新的 Web 站点。在"连接"窗格中选取"网站"，鼠标右键单击，在弹出的快捷菜单里选择"添加网站"命令，开始创建一个新的 Web 站点。在弹出的"添加网站"对话框中设置 Web 站点的相关参数，如图 11-11 所示。例如，网站名称为"美辰广告"，物理路径也就是 Web 站点的主目录可以选取网站文件所在的文件夹 C:\mcgg，Web 站点 IP 地址和端口号可以直接在"IP 地址"下拉列表中选取系统默认的 IP 地址。完成之后返回到 Internet 信息服务器窗口，即可查看到刚才新建的"美辰广告"站点，如图 11-12 所示。

图 11-11　Web 站点参数设置

图 11-12　创建完成的 Web 站点

也可以在物理路径中输入远程共享的文件夹，就是将主目录指定到另外一台计算机内的共享文件夹（当然该文件夹内必须有网页存在），同时需单击"连接为"按钮，必须指定一个有权访问此文件夹的用户名和密码。

11.2.3　网站默认页设置

通常情况下，Web 网站都需要一个默认文档，当在 IE 浏览器中使用 IP 地址或域名访问时，Web 服务器会将默认文档回应给浏览器，并显示内容。当用户浏览网页时没有指定文档名时，例如输入的是 http://192.168.1.28，而不是 http://192.168.1.28/default 和 htm，IIS 服务器会把事先设定的默认文档返回给用户，这个文档就称为默认页面。在默认情况下，IIS 7.0 的 Web 站点启用了默认文档，并预设了默认文档的名称。

打开"IIS 管理器"窗口，在功能视图中选择"默认文档"图标，双击查看网站的默认文档，如图 11-13 所示。利用 IIS 7.0 搭建 Web 网站时，默认文档的文件名有 6 个，分别为 default.htm、default.asp、index.htm、index.html、iisstar.htm 和 default.aspx，这也是一般网站中最常用的主页名。当然也可以由用户自定义默认网页文件。在访问时，系统会自动按顺序由上到下依次查找与之相对应的文件名。当客户浏览 http://192.168.1.28 时，IIS 服务器会先读取主目录下的 default.htm（排列在列表中最上面的文件），若在主目录内没有该文件，则依次读取后面的文件（default.asp 等）。可以通过单击"上移"和"下移"按钮来调整 IIS 读取这些文件的顺序，也可以通过单击"添加"按钮，来添加默认网页。

图 11-13　默认文档

由于这里系统默认的主目录%SystemDrive\Inetpub\wwwroot 文件夹内，只有一个文件名为 iisstart.htm 的网页，因此客户浏览 http://192.168.1.28 时，IIS 服务器会将此网页传递给用户的浏览器，如图 11-14 所示。若在主目录中找不到列表中的任何一个默认文件，则用户的浏览器画面会出现如图 11-15 所示的消息。

图 11-14　默认网页（iisstart.htm）

图 11-15　找不到默认页面时，浏览器显示的内容

11.3　任务2——虚拟目录与虚拟主机技术

【任务描述】

由于站点磁盘的空间是有限的，随着网站的内容不断增加，同时一个站点只能指向一个主目录，所以可能出现磁盘容量不足的问题。网络管理员可以通过创建虚拟目录来解决这个问题。为了节约硬件资源，降低成本，网络管理员可以通过虚拟主机技术在一台服务器上创建多个网站。

【任务目标】

熟练掌握创建与管理虚拟目录的技术以及在同一台主机上创建单个和多个 Web 网站的技术。

11.3.1　虚拟目录

Web 中的目录分为两种类型：物理目录和虚拟目录。物理目录是位于计算机物理文件系统中的目录，它可以包含文件及其他目录。虚拟目录是在网站主目录下建立的一个友好的名称，它是 IIS 中指定并映射到本地或远程服务器上的物理目录的目录名称。虚拟目录可以在不改变别名的情况下，任意改变其对应的物理文件夹。虚拟目录只是一个文件夹，并不真正位于 IIS 宿主文件夹内（%SystemDrive%:\Inetpub\wwwroot）。但在访问 Web 站点的用户看来，则如同位于 IIS 服务的宿主文件夹一样。虚拟目录具有以下特点。

- 便于扩展：随着时间的增长，网站内容也会越来越多，而磁盘的有效空间却有减不增，最终硬盘空间被消耗殆尽。这时，就需要安装新的硬盘以扩展磁盘空间，并把原来的文件都移到新增的磁盘中，然后，再重新指定网站文件夹。而事实上，如果不移动原来的文件，而以新增磁盘作为该网站的一部分，就可以在不停机的情况下，实现磁盘的扩展。此时，就需要借助于虚拟目录来实现了。虚拟目录可以与原有网站文件不在同一个文件夹，不在同一磁盘，甚至可以不在同一计算机。但在用户访问网站时，还觉得像在同一个文件夹中一样。
- 增删灵活：虚拟目录可以根据需要随时添加到虚拟 Web 网站，或者从网站中移除。因此具有

非常大的灵活性。同时，在添加或移除虚拟目录时，不会对 Web 网站的运行造成任何影响。

- 易于配置：虚拟目录使用与宿主网站相同的 IP 地址、端口号和主机头名，因此不会与其标识产生冲突。同时，在创建虚拟目录时，将自动继承宿主网站的配置。并且对宿主网站配置时，也将直接传递至虚拟目录，因此，Web 网站（包括虚拟目录）的配置更加简单。

现在来创建一个名为"设计部"虚拟目录，具体的操作步骤如下。

（1）在 IIS 服务器 C 盘下新建一个文件夹 data，并且在该文件夹内复制网站的所有文件，查看主页文件 index.htm 的内容，并将其作为虚拟目录的默认首页。

（2）在"IIS 管理器"窗口的"连接"窗格中，选择"美辰广告"站点，然后在"操作"窗格中，单击"查看虚拟目录"链接，然后在"虚拟目录"页的"操作"窗格中，单击"添加虚拟目录"链接，如图 11-16 所示（或者用鼠标右键单击"美辰广告"站点，在弹出的菜单中选择"添加虚拟目录"命令）。

（3）在弹出的"添加虚拟目录"对话框中，在"别名"文本框中输入"设计部"，在"物理路径"文本框中，选择"C:\data"物理文件夹，如图 11-17 所示。

图 11-16　查看虚拟目录

图 11-17　添加虚拟目录

（4）单击"确定"按钮，返回"IIS 管理器"窗口。在"连接"窗格中，可以看到"美辰广告"站点下新建立的虚拟目录"设计部"，如图 11-18 所示。

（5）在"操作"窗格中，单击"管理虚拟目录"下的"高级设置"链接，弹出"高级设置"对话框，可以对虚拟目录的相关设置进行修改，如图 11-19 所示。

图 11-18　创建的虚拟目录

图 11-19　虚拟目录高级设置

11.3.2 虚拟主机技术

使用 IIS 7.0 可以很方便地架设 Web 网站。虽然在安装 IIS 时系统已经建立了一个默认 Web 网站，直接将网站内容放到其主目录或虚拟目录中即可直接使用，但最好还是重新设置，以保证网站的安全。如果需要，还可以在一台服务器上建立多个虚拟主机，来实现多个 Web 网站，这样可以节约硬件资源，节省空间，降低能源成本。

虚拟主机的概念对于 ISP 来讲非常有用，因为虽然一个组织可以将自己的网页挂在具备其他域名的服务器上的下级网址上，但使用独立的域名和根网址更为正式，更易于被众人接受。传统上，必须自己设立一台服务器才能达到单独域名的目的，然而这需要维护一个单独的服务器，而很多小单位缺乏足够的维护能力，所以更为合适的方式是租用别人维护的服务器。ISP 也没有必要为每一个机构提供一个单独的服务器，完全可以使用虚拟主机，使服务器为多个域名提供 Web 服务，而且不同的服务互不干扰，对外表现为多个不同的服务器。

使用 IIS 7.0 的虚拟主机技术，通过分配 TCP 端口、IP 地址和主机头名，可以在一台服务器上建立多个虚拟 Web 网站，每个网站都具有唯一的由端口号、IP 地址和主机头名三部分组成的网站标识，用来接收来自客户端的请求。不同的 Web 网站可以提供不同的 Web 服务，而且每一个虚拟主机提供的服务和一台独立的主机完全一样。虚拟技术将一个物理主机分割成多个逻辑上的虚拟主机，显然能够节省经费，对于访问量较小的网站来说比较经济实用，但由于这些虚拟主机共享这台服务器的硬件资源和带宽，在访问量较大时就容易出现资源不够用的情况。使用不同的虚拟主机技术，要根据现有的条件及要求，一般来说有以下 3 种方式。

1．使用不同的 IP 地址架设多个 Web 网站

如果要在一台 Web 服务器上创建多个网站，为了使每个网站域名都能对应于独立的 IP 地址，一般都使用多 IP 地址来实现，这种方案称为 IP 虚拟主机技术，也是比较传统的解决方案。当然，为了使用户在浏览器中可使用不同的域名来访问不同的 Web 网站，必须将主机名及其对应的 IP 地址添加到域名解析系统（DNS）。如果使用此方法在 Internet 上维护多个网站，也需要通过 InterNIC 注册域名。

Windows Server 2008 系统支持在一台服务器上安装多块网卡，并且一块网卡还可以绑定多个 IP 地址。将这些 IP 分配给不同的虚拟网站，就可以达到一台服务器多个 IP 地址来架设多个 Web 网站的目的。例如，要在一台服务器上创建两个网站：www.meichen.com 和 www. meichen.net，对应的 IP 地址分别为 192.168.1.28 和 192.168.1.29，需要在服务器网卡中添加这两个地址，具体的操作步骤如下。

（1）在"控制面板"中打开"网络连接"窗口，右键单击要添加 IP 地址的网卡的本地连接，选择快捷菜单中的"属性"项。在"Internet 协议（TCP/IP）属性"窗口中，单击"高级"按钮，显示"高级 TCP/IP 设置"窗口。单击"添加"按钮将这两个 IP 地址添加到"IP 地址"列表框中，如图 11-20 所示。

（2）在 DNS 管理器窗口中，分别使用"新建区域向导"新建两个域，域名称分别为 meichen. com 和 meichen.net，并创建相应主机，对应 IP 地址分别为 192.168.1.28 和 192.168.1.29，使不同 DNS 域名与相应的 IP 地址对应起来，如图 11-21 所示。这样 Internet 上的用户才能够使用不同的域名来访问不同的网站。

图 11-20　添加网卡地址

图 11-21　添加 DNS 域名

（3）在"IIS 管理器"窗口的"连接"窗格中选择"网站"节点，在"操作"窗格中单击"添加网站"链接，或用鼠标右键单击"网站"节点，在弹出的菜单中选择"添加网站"命令，弹出"添加网站"对话框。在"网站名称"文本框中输入"美辰公司"，"物理路径"文本框中选择"C:\meichen\com"，"IP 地址"下位列表中选择"192.168.1.28"，"主机名"文本框输入"www.meichen.com"，如图 11-22 所示。

（4）重复步骤（3），在"添加网站"对话框中"网站名称"文本框中输入"美辰在线"，"物理路径"文本框中选择"C:\meichen\net"，"IP 地址"下位列表中选择"192.168.1.29"，"主机名"文本框输入"www.meichen.net"，如图 11-23 所示。

图 11-22　添加 192.168.1.28 站点

图 11-23　添加 192.168.1.29 站点

（5）在 IE 浏览器输入"http://www.meichen.com"和"http://www.meichen.net"可以分别访问在同一个服务器上的两个网站。

2. 使用不同端口号架设多个 Web 网站

由于 IP 地址资源越来越紧张，有时需要在 Web 服务器上架设多个网站，但计算机却只有一个 IP 地址，此时使用不同的端口号也可以达到架设多个网站的目的。其实，用户访问所有的网站都需要使用相应的 TCP 端口，Web 服务器默认的 TCP 端口为 80，如图 11-22 和图 11-23 所示，在用户访问时不需要输入。但如果网站的 TCP 端口不为 80，在输入网址时就必须添加端口号，而且用户在上网时也会经常遇到必须使用端口号才能访问的网站。利用 Web 服务的这个特点，可以架设多个网站，每个网站均使用不同的端口号，这种方式创建的网站，其域名或 IP 地址部分完全相同，仅端口号不同。

例如，Web 服务器中原来的网站为 www.meichen.com，使用的 IP 地址为 192.168.1.28，现在要再架设一个网站 www.meichen.net，IP 地址仍使用 192.168.1.28，此时可在 IIS 管理器中，将新网站的 TCP 端口设为其他端口（如 8000）。这样，用户在访问该网站时，就可以使用网址 http: //www.meichen.net:8000 或 http: //192.168.1.28:8000 来访问。

3. 使用不同的主机头名架设多个 Web 网站

使用主机头创建的域名也称二级域名。现在，以 Web 服务器上利用主机头创建 news.meichen.com 和 vod.meichen.com 两个网站为例进行介绍，其 IP 地址均为 192.168.1.28，具体的操作步骤为如下所示。

（1）为了让用户能够通过 Internet 找到 news.meichen.com 和 vod.meichen.com 网站的 IP 地址，需将其 IP 地址注册到 DNS 服务器。在 DNS 管理器窗口中，新建两个主机，分别为"news"和"vod"，IP 地址均为 192.168.1.28，如图 11-24 所示。

（2）在"IIS 管理器"窗口的"连接"窗格中选择"网站"节点，在"操作"窗格中单击"添加网站"链接，或用鼠标右键单击"网站"节点，在弹出的菜单中选择"添加网站"命令，弹出"添加网站"对话框。在"网站名称"文本框中输入"美辰新闻"，"物理路径"文本框中选择"C:\meichen\com\news"，"IP 地址"下位列表中选择"192.168.1.28"，"主机名"文本框输入"news.meichen.com"，如图 11-25 所示。

图 11-24　新建主机

图 11-25　设置主机头名

（3）重复步骤（2），在弹出的"添加网站"对话框中，在"网站名称"文本框中输入"美辰视频"，"物理路径"文本框中选择"C:\meichen\com\vod"，"IP 地址"下位列表中选择"192.168.1.28"，"主机名"文本框输入"vod.meichen.com"。

（4）在 IE 浏览器输入"http://news.meichen.com"和"http://vod.meichen.net"可以分别访问在同一个服务器上的两个网站。

使用主机头名来搭建多个具有不同域名的 Web 网站，与利用不同 IP 地址建立虚拟主机的方式相比，更为经济实用，它可以充分利用有限的 IP 地址资源，来为更多的客户提供虚拟主机服务。

　　①如果使用非标准 TCP 端口号来标识网站，则用户必须知道指派给网站的非标准 TCP 端口号，在访问网站时，在 URL 中指定该端口号才能访问，此方法适用专有网站的开发；②与使用主机头名的方法相比，利用 IP 地址来架设网站的方法会降低网站的运行效率，它主要用于服务器上提供基于 SSL（Secure Sockets Layer）的 Web 服务。

11.4　任务 3——网站的安全性与远程管理

【任务描述】

网站的安全是每个网络管理员必须关心的事，网络管理员必须通过各种方式和手段来降低入侵者攻击的机会。如果 Web 服务器采用了正确的安全措施，就可以降低或消除来自怀有恶意的个人以及意外获准访问限制信息或无意中更改重要文件的用户的各种安全威胁。同时为了方便网络管理员管理，IIS 服务器还应设支持远程管理。

【任务目标】

熟练掌握网站的各种安全措施，例如启用与停用动态属性、使用各种验证用户身份的方法、IP 地址和域名访问限制的方法，以及如何进行 IIS 的远程管理。

11.4.1　启动和停用动态属性

为了增强安全性，安装 Windows Server 2008 时，IIS 7.0 并未被默认安装。当安装 IIS 7.0 时，Web 服务器被配置为只提供静态内容（包括 HTML 和图像文件）。用户可以自行启动 Active Server Pages、ASP.NET 等服务，以便让 IIS 支持动态网页。

启动和停用动态属性的具体的操作步骤为：打开"IIS 管理器"窗口，在功能视图中选择"ISAPI 和 CGI 限制"图标，双击并查看其设置，如图 11-26 所示。选中要启动或停止的动态属性服务，右键单击，在弹出的快捷菜单中选择"允许"或"停止"命令，也可以直接单击"允许"或"停止"按钮。

图 11-26　启动或停用动态属性

11.4.2　验证用户的身份

在许多网站中，大部分 WWW 访问都是匿名的，客户端请求访问时不需要使用用户名和密码，这样可以使得所有用户都能访问该网站。但对访问有特殊要求或者安全性要求较高的网站，则需要对用户进行身份验证。利用身份验证机制，可以确定哪些用户可以访问 Web 应用程序，从而为这些用户提供对 Web 网站的访问权限。一般的身份验证请求需要输入用户名和密码来完成验证，此外也可以使用诸如访问令牌等进行身份验证。

可以根据网站对安全的具体要求，来选择适当的身份验证方法。设置身份验证的具体操作步骤为：打开"IIS 管理器"窗口，在功能视图中选择"身份验证"图标，双击并查看其设置，如图 11-27 所示。选中要启用或禁用的身份验证方式，右键单击，在弹出的快捷菜单中选择"启用"或"禁用"命令，也可以直接单击"启用"或"禁用"按钮。

IIS 7.0 提供匿名身份验证、基本身份验证、摘要式身份验证、ASP.NET 模拟身份验证、Forms 身份验证、Windows 身份验证以及 Active Directory 客户证书身份验证等多种身份验证方法。默认情况下，IIS 7.0 支持匿名身份验证和 Windows 身份验证，一般在禁止匿名身份验证时，才使用其他的身份验证方法。各种身份验证方法介绍如下。

图 11-27　身份验证

1. 匿名身份验证

通常情况下，绝大多数 Web 网站都允许用户匿名访问，即 Web 客户无须输入用户名和密码，即可访问 Web 网站。匿名访问其实也是需要身份验证的，称为匿名验证。在安装 IIS 时，系统会自动建立一个用来代表匿名账户的用户账户，当用户试图连接到网站时，Web 服务器将连接分配给 Windows 用户账户 IUSR_computername，此处 computername 是运行 IIS 所在的计算机的名称。默认情况下，IUSR_computername 账户包含在 Windows 用户组 Guests 中。该组具有安全限制，由 NTFS 权限强制使用，指出了访问级别和可用于公共用户的内容类型。当允许匿名访问时，就向用户返回网页页面；如果禁止匿名访问，IIS 将尝试使用其他验证方法。对于一般的、非敏感的企业信息发布，建议采用匿名访问方法。如果启用了匿名验证，则 IIS 始终尝试先使用匿名验证对用户进行验证，即使启用了其他验证方法也是如此。

2. 基本身份验证

基本身份验证方法要求提供用户名和密码，该方法提供很低级别的安全性，适于给需要很少保密性的信息授予访问权限。由于密码在网络上是以弱加密的形式发送的，这些密码很容易被截取，因此可以认为安全性很低。一般只有确认客户端和服务器之间的连接是安全时，才使用此种身份验证方法。基本身份验证还可以跨防火墙和代理服务器工作，所以在仅允许访问服务器上的部分内容而非全部内容时，这种身份验证方法是个不错的选择。

3. 摘要式身份验证

摘要式身份验证使用 Windows 域控制器来对请求访问服务器上内容的用户进行身份验证，该方法提供与基本身份验证相同的功能，但是在通过网络发送用户凭据方面提高了安全性。摘要式身份验证将凭据作为 MD5 哈希或消息摘要在网络上传送（无法从哈希中解密原始的用户名和密码）。注意不支持 HTTP 1.1 协议的任何浏览器都无法支持摘要式身份验证。

4．ASP.NET 模拟身份验证

如果要在 ASP.NET 应用程序的非默认安全上下文中运行 ASP.NET 应用程序，请使用 ASP.NET 模拟。在为 ASP.NET 应用程序启用模拟后，该应用程序将可以在两种上下文中运行：以通过 IIS 7.0 身份验证的用户身份运行，或作为设置的任意账户运行。例如，如果使用的是匿名身份验证，并选择作为已通过身份验证的用户运行 ASP.NET 应用程序，那么该应用程序将在为匿名用户设置的账户（通常为 IUSR）下运行。同样，如果选择在任意账户下运行应用程序，则它将运行在为该账户设置的任意安全上下文中。默认情况下，ASP.NET 模拟处于禁用状态。启用模拟后，ASP.NET 应用程序将在通过 IIS 7.0 身份验证的用户的安全上下文中运行。

5．Forms 身份验证

Forms 身份验证使用客户端重定向来将未经过身份验证的用户重定向至一个 HTML 表单，用户可以在该表单中输入凭据，通常是用户名和密码。确认凭据有效后，系统会将用户重定向至他们最初请求的页面。由于 Forms 身份验证以明文形式向 Web 服务器发送用户名和密码，因此应当对应用程序的登录页和其他所有页使用安全套接字层（SSL）加密。该身份验证非常适用于在公共 Web 服务器上接收大量请求的站点或应用程序，能够使用户在应用程序级别的管理客户端注册，而无需依赖操作系统提供的身份验证机制。

6．Windows 身份验证

Windows 身份验证使用 NTLM 或 Kerberos 协议对客户端进行身份验证。Windows 身份验证最适用于内部网环境。Windows 身份验证不适合在 Internet 上使用，因为该环境不需要用户凭据，也不对用户凭据进行加密。

7．Active Directory 客户证书身份验证

Active Directory 客户证书身份验证允许使用 Active Directory 目录服务功能将用户映射到客户证书，以便进行身份验证。将用户映射到客户证书可以自动验证用户的身份，而无需使用基本、摘要式或 Windows 身份验证等其他方法。

11.4.3　IP 地址和域名访问限制

使用用户验证的方式，每次访问该 Web 站点都需要输入用户名和密码，对于授权用户而言比较繁锁。IIS 会检查每个来访者的 IP 地址，可以通过 IP 地址的访问，来阻止或允许某些特定的计算机、计算机组、域甚至整个网络访问 Web 站点。例如，如果外部网服务器已连接到 Internet，可以防止 Internet 用户访问 Web 服务器，方法是仅授予外部网成员访问权限而明确拒绝外部用户的访问。

设置身份验证的具体操作步骤为：打开"IIS 管理器"窗口，在功能视图中选择"IPv4 地址和域限制"图标，双击并查看其设置，如图 11-28 所示。在右侧"操作"窗格中单击"添加允许条目"链接或"添加拒绝条目"链接，弹出的如图 11-29 所示的"添加允许限制规则"对话框和

如图 11-30 所示的"添加拒绝限制规则"对话框。在对话框输入相应的地址即可。

图 11-28　IPv4 地址和域限制

图 11-29　添加允许限制规则

图 11-30　添加拒绝限制规则

11.4.4　远程管理网站

当一个 Web 服务器搭建完成后，对它的管理是非常重要的，如添加/删除虚拟目录、站点，为网站中添加或修改发布文件，检查网站的连接情况等。但是管理员不可能每天都坐在服务器前进行各种管理操作。因此，就需要从远程计算机上管理 IIS 了。过去，远程管理 IIS 服务器的方法有两种：通过使用远程管理网站或使用远程桌面/终端服务来进行。但是，如果在防火墙之外或不在现场，则这些选项作用有限。

IIS 7.0 提供了多种新方法来远程管理服务器、站点、Web 应用程序，以及非管理员的安全委派管理权限，通过在图形界面中直接构建远程管理功能（通过不受防火墙影响的 HTTPS 工作）来对此进行管理。IIS 7.0 中的远程管理服务在本质上是一个小型 Web 应用程序，它作为单独的服务，在服务名为 WMSVC 的本地服务账户下运行。此设计使得即使在 IIS 服务器自身无响应的情况下该服务仍可维持远程管理功能。

与 IIS 7.0 中的大多数功能类似，出于安全性考虑，远程管理并不是默认安装的。要安装远程管理功能，请将 Web 服务器角色的角色服务添加到 Windows Server 2008 的服务器管理器中，该管理器可在管理工具中找到。

安装此功能后，打开"IIS 管理器"窗口，在左侧选择服务器名"WIN2008"，然后在功能视图中选择"管理服务"图标，双击并查看其设置，如图 11-31 所示。当通过管理服务启用远程连接时，将看到一个设置列表，其中包含"标识凭据"、"连接"、"SSL 证书"和"IPV4 地址限制"

等设置。

图 11-31　IIS 管理服务

- 标识凭据：授予连接到 IIS 7.0 的权限，分为仅限于 Windows 凭据和 Windows 凭据或 IIS 管理器凭据两项。
- IP 地址：设置连接服务器的 IP 地址，默认的端口为 8172。
- SSL 证书：系统中有一个默认的名为 WMSVC-WIN2008 的证书，这是为系统专门为远程管理服务的证书。
- IPv4 地址限制：禁止或允许某些 IP 地址或域名的访问。

要进行远程管理网站必须启用远程连接并启动 WMSVC 服务，因为该服务在默认情况下处于停止状态。WMSVC 服务的默认为手动启动。如果希望该服务在重启后自动启动，则需要将设置更改为自动。可通过在命令行中输入以下命令来完成此操作。

```
sc config WMSVC start=  auto
```

在客户端计算机进行远程管理的操作步骤为：打开"IIS 管理器"窗口，在左侧选择"起始页"，鼠右键单击，在弹出的快捷菜单中选择"连接至服务器"选项，进入"连接到服务器"对话框，如图 11-32 所示。在"服务器"文本框中输入要远程管理的服务器，"nos.com"，单击"下一步"按钮，进入"指定连接名称"对话框，如图 11-33 所示。输入连接名称，单击"下一步"按钮即可在"IIS 管理器"窗口看到要管理的远程网站，如图 11-34 所示。

图 11-32　指定服务器连接详细信息

图 11-33　指定连接名称

图 11-34 远程管理界面

11.5 任务 4——FTP 服务器的架设

【任务描述】

在企业网络的管理中，可能会遇到下列状况：（1）客户出差在外或在家工作时，可能需要远程上传和下载文件；（2）各种共享软件、应用软件、杀毒工具等需要及时提供给广大用户；（3）当网络中各部分使用的操作系统不同时，需要在不同操作系统之间传递文件。总之，如果需要远程传输文件，当上传或下载的文件尺寸较大，而无法通过邮箱传递或者无法直接共享时，只需架设 FTP 服务器，就可以方便客户访问各种资源。

【任务目标】

掌握创建与管理 FTP 站点以及 FTP 站点的日常设置、维护与管理工作，以及如何利用客户端软件访问 FTP 站点。

Windows Server 2008 提供的 IIS 7.0 服务器中内嵌了 FTP 服务器软件，但是默认安装的情况下，FTP 服务器软件是没有安装的，需要管理员手动进行安装。具体的安装步骤在前面的章节 IIS 的安装中已经阐明，这里不再赘述。

11.5.1 启动 FTP 服务

在 IIS 7.0 上安装 FTP 服务后，默认情况下也不会启动该服务。因此，在安装 FTP 服务后必须启动该服务。在 Windows Server 2008 中，并未对 FTP 服务功能进行更新，它仍然需要老版本 IIS 6.0 的管理器来管理。

启动 FTP 服务的具体操作步骤如下：选择"开始"→"管理工具"→"Internet 信息服务（IIS）管理器"，打开"IIS 信息服务（IIS）管理器"窗口，在"连接"窗格中选择"FTP 站点"节点，如图 11-35 所示。在功能视图中看到有关 FTP 站点的说明，单击"单击此处启动"链接，弹出"Internet 信息服务（IIS）6.0 管理器"窗口。在"FTP 站点"下，用鼠标右键单击"Default FTP Site"站点，在弹出的菜单中选择"启动"命令，或单击工具栏的"启动项目"按钮，启动默认的 FTP 站点，如图 11-36 所示。

图 11-35 启动 FTP 服务

图 11-36 启动默认的 FTP 站点

11.5.2 FTP 基本设置

安装 FTP 服务时，系统会自动创建一个"Default FTP Site"站点，可以直接利用它来作为 FTP 站点，也可以自行创建新的站点。本节直接利用"Default FTP Site"来说明 FTP 站点的站点标识、主目录、目录安全性等基本属性的设置。

1. 主目录与目录格式列表

计算机上每个 FTP 站点都必须有自己的主目录，用户可以对 FTP 站点的主目录进行设定。选择"Internet 信息服务管理器"→"FTP 站点"→"默认 FTP 站点"选项，右键单击，在弹出的菜单中选择"属性"命令，在打开的对话框中选择"主目录"选项卡，如图 11-37 所示。有 3 个选项区域。

（1）"此资源的内容来源"选项区域：该选项卡有以下两个选项。

- 此计算机上的目录：系统默认 FTP 站点的默认主目录位于 LocalDrive:\inetpub\ftproot。
- 另一台计算机上的目录：将主目录指定到另外一台计算机的共享文件夹，同时需单击"浏览"按钮，来设置一个有权限存取此共享文件夹的用户名和密码，如图 11-38 所示。

图 11-37 "主目录"选项卡

图 11-38 选择其他计算机上的共享目录作为主目录

（2）"FTP 站点目录"选项区域：可以选择本地路径或者网络共享，同时可以设置用户的访问权限，共有 3 个复选框。

- 读取：用户可以读取主目录内的文件，例如可以下载文件。
- 写入：用户可以在主目录内添加、修改文件，例如可以上传文件。另外，创建虚拟目录或虚拟网站时，只对特权用户开放"写入"权限。

- 记录访问：启动日志，将连接到此 FTP 站点的行为记录到日志文件内。

（3）"目录列表样式"选项区域：该区域用来设置如何将主目录内的文件显示在用户的屏幕上，有两种选择。

- MS-DOS：这是默认选项，显示的格式如图 11-39 所示，以两位数字显示年份。
- UNIX：显示的格式如图 11-40 所示，以 4 位数格式显示年份，如果文件日期与 FTP 服务器相同，则不会返回年份。

图 11-39　目录列表是 MS－DOS	图 11-40　目录列表是 UNIX

2. FTP 站点标识、连接限制和日志记录

选择"Internet 信息服务管理器"→"FTP 站点"→"默认 FTP 站点"选项，右键单击，在弹出的菜单中选择"属性"选项，弹出"默认 FTP 站点属性"对话框，选择"FTP 站点"选项卡，如图 11-41 所示。有 3 个选项区域。

（1）"FTP 站点标识"选项区域：该区域要为每一个站点设置不同的识别信息，如下所示。

- 描述：可以在文本框中输入一些文字说明。
- IP 地址：若此计算机内有多个 IP 地址，可以指定只有通过某个 IP 地址才可以访问 FTP 站点。
- TCP 端口：FTP 默认的端口是 21，可以修改此端口号，不过修改后，用户要连接此站点时，必须输入端口号。

（2）"FTP 站点连接"选项区域：该区域用来限制最多同时可以有多少个连接。

（3）"启用日志记录"选项区域：该区域用来设置将所有连接到此 FTP 站点的记录都存储到指定的文件。

3. FTP 站点消息设置

设置 FTP 站点时，可以向用户 FTP 客户端发送站点的信息消息。该消息可以是用户登录时的欢迎用户到 FTP 站点的问候消息、用户注销时的退出消息、通知用户已达到最大连接数的消息或标题消息。对于企业网站而言，这既是一种自我宣传的机会，也可以显更有人情味，对客户提供了更多的人文关怀。选择"Internet 信息服务管理器"→"FTP 站点"→"默认 FTP 站点"选项，右键单击，在弹出的菜单中选择"属性"命令，弹出"默认 FTP 站点属性"对话框，选择"消息"选项卡，如图 11-42 所示。

- 横幅：当用户连接 FTP 站点时，首先会看到设置在"横幅"列表框中的文字。横幅消息在用户登录到站点前出现，当站点中含有敏感信息时，该消息非常有用。可以用横幅显

示一些较为敏感的消息。默认情况下，这些消息是空的。

图 11-41　"FTP 站点"选项卡　　　　　图 11-42　设置站点消息

- 欢迎：当用户登录到 FTP 站点时，会看到此消息。欢迎信息通常包含下列信息：向用户致意、使用该 FTP 站点时应当注意的问题、站点所有者或管理者信息及联络方式、站点中各文件夹的简要描述或索引页的文件名、镜像站点名字和位置、上传或下载文件的规则说明等。
- 退出：当用户注销时，会看到此消息。通常为欢迎用户再次光临，向用户表示感谢之类的内容。
- 最大连接数：如果 FTP 站点有连接数目的限制，而且目前连接的数目已经达到此数目，当再有用户连接到此 FTP 站点时，会看到此消息。

4. 验证用户的身份

根据安全要求，用户可以自行选择一种 IIS 验证方法，对请求访问自己的 FTP 站点的用户进行验证。FTP 身份验证方法有两种：匿名 FTP 身份验证和基本 FTP 身份验证。

（1）匿名 FTP 身份验证：可以配置 FTP 服务器，以允许对 FTP 资源进行匿名访问。如果为资源选择了匿名 FTP 身份验证，则接受对该资源的所有请求，并且不提示用户输入用户名或密码。因为 IIS 将自动创建名为 IUSR_computername 的 Windows 用户账户，其中 computername 是正在运行 IIS 的服务器的名称，这和基于 Web 的匿名身份验证非常相似。如果启用了匿名 FTP 身份验证，则 IIS 始终先使用该验证方法，即使已经启用了基本 FTP 身份验证。

（2）基本 FTP 身份验证：要使用基本 FTP 身份验证与 FTP 服务器建立 FTP 连接，用户必须使用与有效 Windows 用户账户对应的用户名和密码进行登录。如果 FTP 服务器不能证实用户的身份，服务器就会返回一条错误消息。基本 FTP 身份验证只提供很低的安全性能，因为用户以不加密的形式在网络上传输用户名和密码。

选择"Internet 信息服务管理器"→"FTP 站点"→"默认 FTP 站点"选项，右键单击，在弹出的菜单中选择"属性"命令，弹出"默认 FTP 站点属性"对话框，选择"安全账户"选项卡，如图 11-43 所示。如果选中了"只允许匿名连接"复选框，则所有的用户都必须利用匿名账户来登录 FTP 站点，不可以利用正式的用户账户和密码。反过来说，如果取消选中"允许匿名连接"复选框，则所有的用户都必须输入正式的用户账户和密码，不可以利用匿名登录。

5. 通过 IP 地址来限制 FTP 连接

可以配置 FTP 站点，以允许或拒绝特定计算机、计算机组或域访问 FTP 站点。具体的操作步骤为：选择"Internet 信息服务管理器"→"FTP 站点"→"默认 FTP 站点"选项，右键单击，在弹出的菜单中选择"属性"命令，弹出"默认 FTP 站点属性"对话框，选择"目录安全性"选项卡，如图 11-44 所示。其设置方法与网站类似，在前面的项目已经介绍过，这里不再赘述。

图 11-43 "安全账户"选项卡　　　　　图 11-44 "目录安全性"选项卡

11.5.3 创建新 FTP 站点

在创建 FTP 站点时，IIS 7.0 提供以下 3 种不同模式来创建新的 FTP 站点。

1. 创建隔离用户的 FTP 站点

该模式在用户访问与其用户名匹配的主目录前，根据本机或域账户来验证用户，所有用户的主目录都在单一 FTP 主目录下，每个用户均被安放和限制在自己的主目录中。不允许用户浏览自己主目录外的内容，如果用户需要访问特定的共享文件夹，可以再建立一个虚拟根目录。该模式不使用 Active Directory 目录服务进行验证。

FTP 用户隔离为 Internet 服务提供商（ISP）和应用服务提供商提供了解决方案，使他们可以为客户提供上载文件和 Web 内容的个人 FTP 目录。FTP 用户隔离通过将用户限制在自己的目录中，来防止用户查看或覆盖其他用户的 Web 内容。因为顶层目录就是 FTP 服务的根目录，用户无法浏览目录树的上一层。在特定的站点内，用户能创建、修改或删除文件和文件夹。FTP 用户隔离是站点属性，而不是服务器属性，无法为每个 FTP 站点启动或关闭该属性。

当设置 FTP 服务器使用隔离用户时，所有的用户主目录都在 FTP 站点目录中的二级目录下。FTP 站点目录可以在本地计算机上，也可以在网络共享上，前期要做的准备工作如下。

（1）创建用户账户：创建隔离用户的 FTP 站点，首先要在 FTP 站点所在的 Windows Server 2008 服务器中，为 FTP 用户创建一些用户账户（例如 test1、test2），以便他们使用这些账户登录 FTP 站点。

（2）规划目录结构：创建了一些用户账户后，开始规划文件夹结构。创建隔离用户的 FTP 站点时，对文件夹的名称和结构有一定的要求。在此，我们在 NTFS 分区中，创建一个文件夹作为 FTP 站点的主目录（例如 d:\ftp），然后在此文件夹下创建一个名为"localuser"的子文件夹，最后在"localuser"文件夹下创建若干个和用户账户——一对应的个人文件夹（test1、test2）。另外，如果想允许用户使用匿名方式登录隔离用户的 FTP 站点，则必须在"localuser"文件夹下面创建一个名为"public"的文件夹，这样匿名用户登录以后即可进入"public"文件夹中进行读写操作。

以上的准备工作完成后，即可开始创建隔离用户的 FTP 站点，具体的操作步骤如下。

（1）在"Internet 信息服务（IIS）管理器"窗口中，展开"本地计算机"，右键单击"FTP 站点"文件夹，在弹出的快捷菜单中选择"新建"→"FTP 站点"命令。

（2）弹出"FTP 站点创建向导"对话框，单击"下一步"按钮，弹出"FTP 站点描述" 窗口。在"描述"文本框输入 FTP 站点的描述信息，单击"下一步"按钮，如图 11-45 所示。

（3）弹出"IP 地址和端口设置"窗口，在"输入此 FTP 站点使用的 IP 地址"下拉列表框中选择主机的 IP 地址；在"输入此 FTP 站点的 TCP 端口"文本框中，输入使用的 TCP 端口，单击"下一步"按钮，如图 11-46 所示。

图 11-45　"FTP 站点描述"窗口　　　　图 11-46　"IP 地址和端口设置"窗口

（4）弹出"FTP 用户隔离"窗口，选择"隔离用户"单选按钮，单击"下一步"按钮，如图 11-47 所示。

（5）弹出"FTP 站点主目录"窗口，单击"浏览"按钮；选择 C:\ftp 目录，单击"下一步"按钮，如图 11-48 所示。

图 11-47　"FTP 用户隔离"窗口　　　　图 11-48　"FTP 站点主目录"窗口

（6）弹出"FTP 站点访问权限"窗口，在"允许下列权限"选项区域中，选择相应的权限，单击"下一步"按钮，如图 11-49 所示。

图 11-49　"FTP 站点访问权限"窗口　　　　图 11-50　"登录身份"窗口

（7）弹出"完成"窗口，单击"完成"按钮，即可完成 FTP 站点的配置。

（8）最后测试 FTP 站点：以用户名 testl 连接 FTP 站点，在 IE 浏览器地址栏中输入"ftp：//testl@ftp.cninfo.com"，然后在图 11-50 中输入密码。连接成功后，即进入主目录相应的用户文件夹 d:\ftp\localuser\test1 窗口。

2. 创建用 Active Directory 隔离用户的 FTP 站点

该模式根据相应的 Active Directory 容器验证用户凭据，而不是搜索整个 Active Directory，因为那样做将需要大量的处理时间。为每个客户指定特定的 FTP 服务器实例，可以确保数据完整性及隔离性。当用户对象在 Active Directory 容器内时，可以将 FTPRoot 和 FTPDir 属性提取出来，为用户主目录提供完整路径。如果 FTP 服务能成功地访问该路径，则用户被放在代表 FTP 根位置的该主目录中。用户只能看见自己的 FTP 根位置，因此无法向上浏览目录树。如果 FTPRoot 或 FTPDir 属性不存在，或它们无法共同构成有效、可访问的路径，用户将无法访问。

在 FTP 服务器上用 Active Directory 隔离用户时，每个用户的主目录均可放置在任意的网络路径上。在此模式中，可以根据网络配置情况，灵活地将用户主目录分布在多台服务器、多个卷和多个目录中。

假设 FTP 站点域名为 ftp.nos.com，IP 地址为 192.168.1.27。此站点并不需要主目录，但是必须为每个用户创建一个专用的用户主目录。假设要让域 nos 内的用户 testl、test2 来登录 FTP 站点，前期要完成的准备工作如下。

（1）创建域用户的主目录：假设将域用户的主目录设在 d:\ftp 下（当然也可以是网络上其他计算机的共享文件夹），将文件夹 d:\ftp 共享，然后在该文件夹内创建用户 testl、test2 的主目录为 testldir、test2dir。为了测试方便，将一些文件复制到各自的文件夹内。

（2）在 Active Directory 数据库中设置用户的主目录：Windows Server 2008 域的 Active Directory 数据库的用户账户内，有两个用来支持"用 Active Directory 隔离用户"的 FTP 站点属性，分别是 FTPRoot 和 FTPDir。下面举例说明如何设置这两个属性。

本例用来设置用户 testl 的 FTPRoot 和 FTPDir 属性。根据前面的表述，对于用户 testl，FTPRoot 应该被设置为 d:\ftp，也就是说 FTPRoot 用来指定用户主目录所在地的根目录。FTPDir 应该被设置为 testldir，也就是说 FTPDir 用来指出共享的相对路径。可以在命令提示符下利用程序 iisftp 来设置用户 testl 的 FTPRoot 和 FTPDir 属性，具体命令如下。

```
D:\>iisftp /setadrop test1 ftproot d:\ftp
The value of ftproot for user test1 has been set to d:\ftp
D:\>iisftp /setadprop test1 ftpdir testdir
The value of ftpdir for user test1 has been set to testdir
D:\>iisftp /getadprop test1 ftproot
The value of ftproot for user test1 is:
D:\FTP
D:\>iisftp /getadprop test1 ftpdir
The value of ftpdir for user test1 is:
testdir
```

（3）创建一个让 FTP 站点可以读取用户属性的域用户账户：FTP 站点必须能够读取位于 Active Directory 内的域用户账户的 FTPRoot 和 FTPDir 属性，才能够得知用户主目录的位置，因此必须事先为 FTP 站点创建一个有权限读取这两个属性的域用户账户。可以将这个用户创建在 Active Directory 内的任何一个区域内，假设在 ftp 内创建 ftpuser 用户，如图 11-51 所示，并且想让 ftp 内所有的用户都可以连接到此"用 Active Directory 隔离用户"的 FTP 站点，这样就必须让 ftpuser 有权限读取 ftp 内所有用户的 FTPRoot 和 FTPDir 属性。其设置的具体操作步骤如下：选择图 11-51 中的 ftp，右键单击，在弹出的菜单中选择"控制委派"命令，弹出"控制委派向导"对话框，单击"下一步"按钮，弹出"用户或组"窗口，然后单击"添加"按钮，选择 ftpuser 后，单击"下一步"按钮，如图 13-52 所示。弹出"要委派的任务"窗口，如图 11-53 所示，选中"读取所有用户信息"复选框，单击"下一步"按钮，弹出"完成控制委派向导"窗口，单击"完成"按钮。

图 11-51 在 ftp 中创建用户

图 11-52 "用户或组"窗口

上述的准备工作完成后，即可创建用 Active Directory 隔离用户的 FTP 站点。操作步骤与上节介绍的"创建隔离用户的 FTP 站点"相类似，在此相同的截图略去，仅列出主要的操作步骤。

（1）在"IIS 信息服务"中，展开"本地计算机"，右键单击"FTP 站点"文件夹，在弹出的快捷菜单中选择"新建"→"FTP 站点"命令，弹出"FTP 站点创建向导"对话框。单击"下一步"按钮，弹出"FTP 站点描述"窗口，在"描述"文本框中输入 FTP 站点的描述信息，单击"下一步"按钮，如图 11-45 所示。

图 11-53 "要委派的任务"窗口

图 11-54 输入用户名和密码

（2）弹出"IP 地址和端口设置"窗口，在"输入此 FTP 站点使用的 IP 地址"下拉列表框中选择主机的 IP 地址，在"输入此 FTP 站点的 TCP 端口"文本框中输入使用的 TCP 端口，单击"下一步"按钮，如图 11-46 所示。

（3）弹出"FTP 用户隔离"窗口，如图 11-47 所示，选择"用 Active Directory 隔离用户"单选按钮，单击"下一步"按钮。

（4）弹出"FTP 用户隔离"窗口，单击"浏览"按钮选择用户名，如图 11-54 所示。输入密码和默认 Active Directory 域，单击"下一步"按钮，重新输入密码，单击"确定"按钮。

（5）弹出"FTP 站点访问权限"窗口，在"允许下列权限"选项区域中选择相应的权限，单击"下一步"按钮，如图 11-49 所示。

（6）弹出"完成"窗口，单击"完成"按钮，即可完成 FTP 站点的配置。

（7）测试：使用用户 testl 连接 FTP 站点，在浏览器地址栏中输入 "ftp://testl@ftp.nos.com"，然后在图 11-50 中输入密码。若连接成功，即进入主目录相应的用户文件夹。

3. 创建不隔离用户的 FTP 站点

该模式不启用 FTP 用户隔离，其工作方式与以前版本的 IIS 类似，由于在登录到 FTP 站点的不同用户间的隔离尚未实施，该模式最适合于只提供共享内容下载功能的站点，或不需要在用户间进行数据访问保护的站点。

创建不隔离用户的 FTP 站点，首先需要创建 FTP 站点的主目录，其他的安装步骤与前面介绍的"创建隔离用户的 FTP 站点"相类似，只是在图 11-47 中选择"不隔离用户"单选按钮即可。值得注意的是，所有的合法用户都会连接到相同的主目录。

11.5.4 访问 FTP 站点

FTP 服务器安装成功后，可以测试默认 FTP 站点是否正常运行。以 Internet 上著名的 FTP 站点 ftp.cuteftp.com 站点为例，在客户端计算机上采用以下 3 种方式来连接 FTP 站点。

1. FTP 程序

操作如下：打开 DOS 命令提示符窗口，输入命令 "ftp ftp.cuteftp.com"，然后根据屏幕上的信息提示，在 User (ftp.cuteftp.com:(none)) 处输入匿名账户 anonymous，Password 处输入电子邮件账户或直接按回车键即可。也可以用 "?" 查看可供使用的命令。屏幕上的信息如下。

```
C:\>ftp ftp.cuteftp.com
Connected to ftp.cuteftp.com.
220 GlobalSCAPE Secure FTP Server (DOWNLOADER 2)
User (ftp.cuteftp.com:(none)): anonymous
331 Password required for anonymous.
Password:
230 Login OK. Proceed.
ftp>
```

2. 利用浏览器访问 FTP 站点

微软的 Internet Explorer 和 Netscape 的 Navigator 也都将 FTP 功能集成到浏览器中，可以在浏览器地址栏输入一个 FTP 地址（如 ftp:// ftp.cuteftp.com）进行 FTP 匿名登录，如图 11-55 所示，这是最简单的访问方法。

3. 利用 FTP 客户端软件访问 FTP 站点

FTP 客户端软件允许用户以图形窗口的形式访问 FTP 服务器，操作非常方便。目前有很多很好的 FTP 客户端软件，比较著名软件主要有 CuteFTP、LeapFTP、FlashFXP 等。如图 11-56 所示，就是利用 CuteFTP 软件连接到 ftp.cuteftp.com 站点，其操作窗口与 Windows 的资源管理器相似。

图 11-55 利用浏览器访问 FTP 站点

图 11-56 利用 FTP 客户端软件访问 FTP 站点

11.6 实训——WWW 与 FTP 服务器的配置与管理

一、实训目标

（1）熟悉 Windows Server 2008 的 IIS 7.0 安装与启动。

（2）掌握 Windows Server 2008 的 WWW 服务器基本配置以及虚拟目录的设置。

（3）掌握 Windows Server 2008 的网站安全与远程管理。

（4）熟悉 Windows Server 2008 的 FTP 服务器配置与管理。

（5）掌握 Windows Server 2008 创建用户隔离的 FTP 站点。

（6）掌握使用不同方法、不同客户端访问 Windows Server 2008 的 FTP 站点。

二、实训设备

（1）网络环境：已建好的 100Mbit/s 的以太网络，包含交换机（或集线器）、五类（或超五类）UTP 直通线若干、3 台及以上数量的计算机（计算机配置要求 CPU 为 Intel Pentium 4 以上，内存不小于 1GB，硬盘剩余空间不小于 20GB，有光驱和网卡）。

（2）软件：Windows Server 2008 安装光盘，或硬盘中有全部的安装程序。

三、实训内容

在安装了 Windows Server 2008 的虚拟机上完成如下操作。

（1）运行虚拟操作系统 Windows Server 2008，为虚拟机保存一个还原点，以方便以后的实训调用这个还原点。

（2）在虚拟操作系统 Windows Server 2008 中安装 IIS 7.0 与 DNS 服务，启用应用程序服务器，并配置 DNS 解析域名 student.com，然后分别新建主机 www、host1、host2。

（3）在 IIS 控制台中设置默认网站 www.student.com，修改网站的相关属性，包括默认文件、主目录、访问权限等，然后创建一个本机的虚拟目录（host1.student.com）和一个非本机的网站（host2.student.com），使用默认主页（default.htm）和默认脚本程序（default.asp）发布到新建站点或虚拟目录的主目录下。

（4）设置安全属性，访问 www.student.com 时采用 Windows 域服务器的摘要式身份验证方法，禁止 IP 地址为 192.168.5.1 的主机和 172.16.0.0/24 网络访问 host1.student.com，实现远程管理该网站。

（5）在 Web 网站的客户机上，设置好 TCP/IP 和 DNS 有关信息，分别以"IP 地址+别名"和

"域名+别名"的方式访问该 Web 网站的 3 台主机。

（6）在虚拟操作系统 Windows Server 2008 中配置 DNS 解析域名 teacher.com，然后新建主机 FTP，设置 FTP 的主目录为 d:\ftp，修改网站的属性，包括目录安全性、配置各种消息，禁止 IP 地址为 192.168.100.1 的主机网络访问 FTP 站点，利用不同的方法、不同的客户端访问 FTP 站点 ftp.teacher.com。

11.7 习题

一、填空题

（1）微软 Windows Server 2008 家族的 Internet Information Server（IIS，Internet 信息服务）在_____、_____或_____上提供了集成、可靠、可伸缩、安全和可管理的 Web 服务器功能，为动态网络应用程序创建强大的通信平台的工具。

（2）Web 中的目录分为两种类型：物理目录和_____。

（3）打开 DOS 命令提示符窗口，输入命令"ftp ftp.cuteftp.com"，然后根据屏幕上的信息提示，在 User (ftp.cuteftp.com:(none))处输入匿名账户_____，Password 处输入_____或直接按回车键即可登录 FTP 站点。

（4）目前有很多很好的 FTP 客户端软件，比较著名的有_____、_____、_____等。

（5）FTP 身份验证方法有两种：_____和_____。

二、选择题

（1）虚拟主机技术，不能通过（　　）来架设网站。

    A. 计算机名　　　　　　　B. TCP 端口　　　　　　C. IP 地址　　　　　　D. 主机头名

（2）远程管理 Windows Server 2008 中 IIS 服务器时的端口号为（　　）。

    A. 80　　　　　　　　　　B. 8172　　　　　　　　C. 8080　　　　　　　D. 8000

（3）虚拟目录不具备的特点是（　　）。

    A. 便于扩展　　　　　　　B. 增删灵活　　　　　　C. 易于配置　　　　　D. 动态分配空间

（4）FTP 服务使用的端口是（　　）。

    A. 21　　　　　　　　　　B. 23　　　　　　　　　C. 25　　　　　　　　D. 53

（5）从 Internet 上获得软件最常采用（　　）方式。

    A. www　　　　　　　　　B. Telnet　　　　　　　C. FTP　　　　　　　D. DNS

三、问答题

（1）IIS 7.0 的服务包括哪些？什么是虚拟主机？什么是虚拟目录？

（2）目前最常用的虚拟主机技术是哪 3 种？分别适用于什么环境？

（3）IIS 7.0 支持哪几种身份验证方式？各适用于什么环境？

（4）FTP 服务器安装成功后，可以采用哪几种方式来连接 FTP 站点？

（5）FTP 站点消息有哪几类？如何进行设置？

项目 12

创建与管理 E-mail 服务

项目情境：

如何创建企业自己的电子邮局？

　　三峡瑞思信息技术有限公司是一家主要提供计算机网络建设与维护的网络技术服务公司，2002 年为稻花香酒业集团建设了信息化系统，利用互联网专线接入 Internet，架设了 Web 服务器，制作并发布了集团公司的网站。

　　稻花香酒业集团的员工原来都是使用新浪、网易等公司的免费电子邮件，因此在管理与使用上存在着诸多不便。随着集团业务的发展以及对外宣传形象的需要，集团总部决定架设企业自己的邮件服务器，并且采用公司域名作为电子邮件后缀。作为网络公司技术人员，你如何帮助企业创建自己的电子邮局？

　　项目描述：电子邮件已经成为网络上使用最多的一种服务，也是 Internet 以及内部网提供的主要服务之一。电子邮件服务器能够有效地为客户服务，不仅可以代替传统的纸质信件来实现文件的传输，还可以传输各种图片及程序文件。因此，搭建一个邮件服务器可以大大方便企业内部员工之间、企业与企业之间或企业与外部网络之间的联系。

　　项目目标：

- 掌握电子邮件系统的基本概念和相关协议
- 掌握 Windows Server 2008 的安装与配置 SMTP 服务
- 熟悉 Exchange Server 2007 的安装与配置
- 熟悉邮件客户端软件的使用

12.1 知识准备——电子邮件系统概述

今天，当人们还在为垃圾邮件烦恼的时候，谁也不曾感觉到电子邮件已迎来了其风风雨雨的30 多年的历程。被大家公认的"电子邮件之父"Ray Tomlinson，至今也不能回忆起第一封电子邮件是何时发出的，信件的内容是什么以及收信人是谁。随着互联网时代的来临，电子邮件已经当之无愧地成为互联网的第一应用，成为了信息时代人们沟通的最重要的工具之一。

12.1.1 电子邮件的结构

电子邮件（E-mail）是指发送者和指定的接收者利用计算机通信网络发送信息的一种非交互式通信方式，是最基本的网络通信功能。这些信息包括文本、数据、声音、图像、语言、视频等内容。E-mail 采用了先进的网络通信技术，能传送多种形式的信息，与传统的邮政通信相比，E-mail 具有传输速度快、费用低、效率高、全天候全自动服务等优点，同时 E-mail 的传送不受时间、地点、位置的限制，发送者和接收者可以随时进行信件交换，这使得 E-mail 得以迅速普及。近年来，随着电子商务、网上服务（如电子贺卡、网上购物等）的不断发展和成熟，E-mail 已成为人们主要的通信方式之一。

像所有的普通邮件一样，所有的电子邮件也主要是由两部分构成，即收件人的姓名和地址、信件的正文。在电子邮件中，所有的姓名和地址信息称为信头（Header），而邮件的内容称为正文（Body）。在邮件的末尾还有一个可选的部分，即用于进一步注明发件人身份的签名（Signature）。

信头是由几行文字组成的，一般包含下列几行内容（具体情况可能随有关邮件程序不同而有所不同）。

- 收件人（To）：即收信人的 E-mail 地址，可以有多个收件人，用"；"或"，"分隔。E-mail 地址具有以下统一的标准格式：用户名@主机域名，用户名就是用记在主机上使用的识别码，@符号后是使用的计算机域名。整个 E-mail 地址可理解为网络中某台主机上的某个用户的地址。
- 抄送（Cc）：即抄送者的 E-mail 地址。
- 主题（Subject）：即邮件的主题，由发信人填写。
- 发信日期（Date）：由电子邮件程序自动添加。
- 发信人地址（From）：由电子邮件程序自动填写。
- 抄送地址（Cc）可以多个，用"；"或"，"分隔。
- 密送地址（Ecc）：可以多个，用"；"或"，"分隔。

一般地说，只需在"收件人"这一行填写收件人完整的 E-mail 地址即可，"主题"这一行可填可不填。不过，一个有礼貌的用户总是会填这一行的，有了这个主题行，收件人便会一目了然地知道信件的主要内容。由于许多电子邮件程序在安装时都需要定义用户的姓名、单位、E-mail 地址等信息，因此，在信头中没有发信人的 E-mail 地址等信息，它将由程序自动填写。

12.1.2 电子邮件系统有关协议

电子邮件系统常用的有关协议有以下 5 种。

1. RFC 822 邮件格式

RFC 822 定义了用于电子邮件报文的格式，即 RFC 822 定义了 SMTP、POP3、IMAP 以及其他电子邮件传输协议所提交、传输的内容。RFC 822 定义的邮件由两部分组成：信封和邮件内容，信封包括与传输、投递邮件有关的信息，邮件内容包括标题和正文。

2. SMTP

SMTP（Simple Mail Transfer Protocol）就是简单邮件传输协议，它是一组用于由源地址到目的地址传送邮件的规则，由它来控制信件的中转方式。SMTP 属于 TCP/IP 协议族，它帮助计算机在发送或中转信件时找到下一个目的地，默认使用 TCP 端口为 25。通过 SMTP 所指定的服务器，就可以把 E-mail 寄到收信人的服务器上了，整个过程最多只要几分钟。SMTP 服务器是遵循 SMTP 协议的发送邮件服务器，用来发送或中转电子邮件。

发件人的客户端计算机，通过 ISP 连接到 Internet 发件人，使用电子邮件客户端发送电子邮件。根据 SMTP，电子邮件被提取，再传送到发件人的 ISP，然后由该 ISP 路由到 Internet 上。

3. POP3

POP3 即邮局协议（Post Office Protocol 3），目前是第 3 版。它是 Internet 上传输电子邮件的第一个标准协议，也是一个离线协议。POP3 服务是一种检索电子邮件的电子邮件服务，管理员可以使用 POP3 服务存储以及管理邮件服务器上的电子邮件账户。当收件人的计算机连接到他的 ISP 时，根据 POP3 协议，允许用户对自己账户的邮件进行管理，如下载到本地计算机或从邮件服务器删除等。

在邮件服务器上安装 POP3 服务后，用户可以使用支持 POP3 协议的电子邮件客户端（如 Microsoft Outlook）连接到邮件服务器，并将电子邮件检索到本地计算机。POP3 服务与（SMTP）服务可以一起使用，它默认使用 TCP 端口 110。

4. IMAP4

IMAP4 即网际消息访问协议（Internet Message Access Protocol 4），目前是第 4 版。当电子邮件客户端软件通过拨号网络访问互联网和电子邮件时，IMAP4 比 POP3 更为适用。IMAP 协议的出现是因为 POP3 协议的一个缺陷，即客户使用 POP3 协议接收电子邮件时，所有的邮件都从服务器上删除，下载到本地硬盘，即使通过一些专门的客户端软件，设置在接收邮件时在邮件服务器保留副本，客户端对邮件服务器上邮件的管理功能也是很简单的。使用 IMAP 时，用户可以有选择地下载电子邮件，甚至只是下载部分邮件。因此，IMAP 比 POP3 更加复杂，它默认使用 TCP 端口 143。

5. MIME

Internet 上的 SMTP 传输机制以 7 位二进制编码的 ASCII 码为基础，适合传送文本邮件，声音、图像、中文等使用 8 位二进制编码的电子邮件需要进行 ASCII 转换（编码）才能够在 Internet 上正确传输。MIME 增强了在 RFC 822 中定义的电子邮件报文的能力，允许传输二进制数据。

12.1.3　电子邮件系统的结构

电子邮件是一种最常见的网络服务。由于它的简单快捷，人们的沟通方式发生了巨大变革。但是，如果要在一台计算机或其他终端设备上运行电子邮件服务，仍需要一些应用程序和服务。如图 12-1 所示，电子邮件服务中最常见的两种应用层协议是邮局协议（POP）和简单邮件传输协议（SMTP）。与 HTTP 协议一样，这些协议用于定义客户端/服务器进程。

电子邮件客户端可以使用 POP 协议从电子邮件服务器接收电子邮件消息。从客户端或者从服务器中发送的电子邮件消息格式以及命令字符串必须符合 SMTP 协议的要求。通常，电子邮件客户端程序可同时支持上述两种协议。

图 12-1　电子邮件系统结构

当我们撰写一封电子邮件信息时，往往使用一种称为邮件用户代理（MUA）的应用程序，或者电子邮件客户端程序。通过 MUA 程序，可以发送邮件，也可以把接收到的邮件保存在客户端的邮箱中。这两种操作属于不同的两个进程 MTA 和 MDA。

邮件传送代理（MTA）进程用于发送电子邮件。如图 12-1 所示，MTA 从 MUA 处或者另一台电子邮件服务器上的 MTA 处接收信息。根据消息标题的内容，MTA 决定如何将该消息发送到目的地。如果邮件的目的地址位于本地服务器上，则该邮件将转给邮件分发代理（MDA）。如果邮件的目的地址不在本地服务器上，则 MTA 将电子邮件发送到相应服务器上的 MTA 上。在图 12-1 中，可以看到 MDA 从 MTA 中接收了一封邮件，并执行了分发操作。MDA 从 MTA 处接收所有的邮件，并放到相应的用户邮箱中。MDA 还可以解决最终发送问题，如病毒扫描、垃圾邮件过滤以及送达回执处理。大多数的电子邮件通信都采用 MUA、MTA 以及 MDA 应用程序。

可以将客户端连接到公司邮件系统（如 IBM Lotus Notes、Novell Groupwise 或者 Microsoft Exchange）。这些系统通常有其内部的电子邮件格式，因此它们的客户端可以通过私有协议与电子邮件服务器通信。上述邮件系统的服务器通过其 Internet 邮件网关对邮件格式进行重组，使服务器可以通过 Internet 收发电子邮件。

12.2　任务 1——配置 SMTP 服务器

【任务描述】

SMTP 提供了一种邮件传输的机制，当收件方和发件方都在一个同网络上时，可以把邮件直接给对方；当双方不在同一个网络上时，需要通过一个或几个中间服务器转发。通过配置 SMTP 服务器，可以确保电子邮件的可靠和高效传送。

【任务目标】

熟悉 SMTP 组件的安装、SMTP 服务器属性的设置、SMTP 域以及 SMTP 虚拟服务器的创建。

12.2.1　安装 SMTP 组件

熟悉 Windows 的用户都知道，以前各种版本的 Windows 在电子邮件服务方面是一个薄弱环节，如果要组建一个邮件服务器需要借助第三方软件。但是在 Windows Server 2008 中就强化了 SMTP 服务器功能，可以使用户很方便地搭建出一个功能强大的邮件发送服务器。

Windows Server 2008 默认安装的时候没有集成 SMTP 服务器组件，因此首先需要安装 SMTP

组件，具体的操作步骤如下。

（1）在服务器中选择"开始"→"服务器管理器"命令打开服务器管理器窗口，选择左侧"功能"选项之后，单击右侧的"添加功能"链接，启动"添加功能向导"对话框。

（2）单击"下一步"按钮，进入"选择功能"对话框，勾选"SMTP 服务器"复选框。由于SMTP 依赖远程服务等服务，因此会出现"远程服务器管理工具"的对话框，如图 12-2 所示，单击"添加必需的功能"按钮，然后在"选择功能"对话框中单击"下一步"按钮继续操作。注意SMTP 服务还依赖于 IIS 服务，由于前面章节中已完全安装 IIS 7.0，此处就不会显示，若没有安装，此处就要添加 IIS 服务。

（3）进入"确认安装选择"对话框中，如图 12-3 所示。这里显示了 Web 服务器安装的详细信息，确认安装这些信息后，单击下部"安装"按钮。

图 12-2　添加 SMTP 服务

图 12-3　SMTP 服务器简介

　　　　SMTP 服务依赖于"Web 服务器"和"远程服务器管理工具"这两个服务，由于前面章节中已完全安装 IIS 7.0，此处就不会显示"Web 服务器"，若没有安装 IIS 7.0，此处就要添加"Web 服务器"。

（4）进入"安装进度"对话框，如图 12-4 所示。这里显示 SMTP 服务器安装的过程，安装Web 服务器之后，在如图 12-5 所示的对话框中可以查看到 Web 服务器安装完成的提示，此时单击"关闭"按钮退出添加功能向导。

图 12-4　SMTP 服务器安装过程

图 12-5　SMTP 服务器安装结果

12.2.2　设置 SMTP 服务器属性

　　SMTP 服务器安装完成之后不能提供相应的服务，还需要对 SMTP 服务器进行相应的设置。由于 SMTP 服务器还是使用老版本 IIS 6.0 的管理器来管理，用户可以参照下述步骤进行操作：选择"开始"→"管理工具"→"Internet 信息服务 6.0 管理器"命令打开 Internet 信息服务 6.0 管理器，依次展开"本地计算机"→"SMTP Virtual Server #1"，如图 12-6 所示。

　　可以通过默认 SMTP 虚拟服务器来配置和管理 SMTP 服务器，当然也可以新建 SMTP 虚拟服务，选择"SMTP Virtual Server #1"项目，单击鼠标右键之后从弹出的快捷菜单中选择"属性"命令，在弹出的对话框中共有 6 个选项卡，各选项卡相关设置如下。

1. "常规"选项卡

　　在"[SMTP Virtual Server #1]属性"对话框中，选择"常规"选项卡可以配置 SMTP 虚拟服务器的基本设置，如图 12-7 所示。

图 12-6　SMTP 服务器　　　　　　　图 12-7　"常规"选项卡

- "IP 地址"下拉列表：选择服务器的 IP 地址，利用"高级"按钮可以设置 SMTP 服务器的端口号，或者添加多个 IP 地址。
- "限制连接数不超过"复选框：设置允许同时连接的用户数，这样可以避免由于并发用户数太多而造成服务器效率下降。
- "连接超时"文本框：在此文本框中输入一个数值来定义用户连接的最长时间，超过这个数值时，如果一个连接始终处于非活动状态，则 SMTP Service 将关闭此连接。
- "启用日志记录"复选框：服务器将记录客户端使用服务器的情况，而且在"活动日志格式"下拉列表中，可以选择活动日志的格式。

2. "访问"选项卡

　　在"[SMTP Virtual Server #1]属性"对话框中，选择"访问"选项卡，可以设置客户端使用 SMTP 服务器的方式，并且设置数据传输安全属性如图 12-8 所示。各选项的功能如下。

　　（1）身份验证：单击"身份验证"按钮，在弹出的"身份验证"对话框中，可以设置用户使用 SMTP 服务器的验证方式，如图 12-9 所示。

- 匿名访问：允许任意用户使用 SMTP 服务器，而不询问用户名和密码。如果选中此选项，则需要禁用其余两个选项。

- 基本身份验证：要求提供用户名和密码才能够使用 SMTP 服务器。由于密码在网络上是以明文（未加密的文本）的形式发送的，这些密码很容易被截取，因此可以认为安全性很低。为了测试基本身份验证的功能，先取消选中"匿名访问"复选框，然后选中"基本身份验证"复选框，单击"确定"按钮后，会弹出如图 12-10 所示的警告信息。同时在客户端也需要调整，以 Outlook Express 为例，选择"工具"→"账号"命令，然后选择"邮件"选项卡，双击要修改的账户，选择"服务器"选项卡，选中"我的服务器要求身份验证"复选框，单击"设置"按钮，在弹出"发送邮件服务器"对话框，选择"登录方式"单选按钮，输入账户名和密码，选中"使用安全密码验证登录"复选框，如图 12-11 所示。

图 12-8 "访问"选项卡   图 12-9 "身份验证"对话框   图 12-10 基本身份验证警告信息

- 集成 Windows 身份验证：集成 Windows 身份验证是一种安全的验证形式，因为在通过网络发送用户名和密码之前，先将它们进行哈希计算。

（2）证书：如果在基本身份验证时要使用 TLS 加密，则必须创建密钥对，并配置密钥证书。然后，客户端才能够使用 TLS 将加密邮件提交给 SMTP 服务器，再由 SMTP 服务器进行解密。

（3）连接控制：单击"连接"按钮，弹出"连接"对话框，如图 12-12 所示。可以按客户端计算机的 IP 地址来限制对 SMTP 服务器的访问。默认情况下，所有 IP 地址都有权访问 SMTP 虚拟服务器，可以允许或拒绝特定列表中的 IP 地址的访问权限。既可以单独指定 IP 地址，也可以通过使用子网掩码按组指定 IP 地址，还可以通过使用域名来指定 IP 地址，但这样做会增加每个连接的 DNS 搜索的开销。具体的设置和网站的设置基本相同，这里不再赘述。

（4）中继限制：单击"中继"按钮，弹出"中继限制"对话框，如图 12-13 所示。默认情况下，SMTP 服务禁止计算机通过虚拟服务器中继不需要的邮件，也就是说，只要收到的邮件不是寄给它所负责的域，一律拒绝转发。例如，如果 SMTP 服务器所负责的域为 nos.com，则当它收到一封要发送给 info@nos.com 的邮件时，它会接收此邮件，并且将这封邮件存放在邮件存放区内，但是如果收到一封寄给 info@abc.com 的邮件时，它将拒绝接收和转发此邮件，因为 abc.com 不是它所负责的域。如果想让自己的 SMTP 服务器可以替客户端转发远程邮件，需要通过简单邮件传输协议虚拟服务器启用中继访问。选中"不管上表中如何设置，所有通过身份验证的计算机进行中继"复选框即可。默认情况下，除了符合"身份验证"对话框中所指定的身份验证要求的计算机外，禁止其他所有的计算机访问。

图 12-11 "发送邮件服务器"对话框

图 12-12 "连接"对话框

图 12-13 "中继限制"对话框

3. "邮件"选项卡

在"[SMTP Virtual Server #1]属性"对话框中，选择"邮件"选项卡，如图 12-14 所示，可以设置邮件限制，提高 SMTP 服务器的整体效率。各选项的功能如下。

- 限制邮件大小：能够指定每封进出系统的邮件的最大容量值，系统默认为 2MB。
- 限制会话大小：表示系统中所允许的可以进行会话的用户最大容量。
- 限制每封连接的邮件数：表示一个连接一次可以发送的邮件最大数目。
- 限制每封邮件的收件人数：限制了每一封邮件同时发送的人数，也就是说同一封邮件可以抄送的最多用户数。

图 12-14 "邮件"选项卡

- 死信目录：当邮件无法传递时，SMTP 服务将此邮件与未传递报告（NDR）一起返回给发件人，也可以指定将 NDR 的副本发送到选定的位置。如果不能将 NDR 发送到发件人，则将邮件的副本放入死信目录中。所有的 NDR 经历与其他邮件相同的传递过程，包括尝试重发邮件。如果 NDR 已经达到了重试次数限制，但仍旧无法传递给发件人，则将邮件副本放入死信目录中，放入死信目录中的邮件无法传递或返回。

4. "传递"选项卡

在"[SMTP Virtual Server #1] 属性"对话框中，选择"传递"选项卡，如图 12-15 所示。客户在发送邮件的时候，首先需要和 SMTP 服务器建立连接，连接成功后得到 SMTP 准备接收数据的响应后就开始发送邮件，并进行传递。该选项卡中各选项的功能如下。

（1）"出站"区域：可设置重试和远程传递延时时间。

（2）"本地"区域：可设置本地延时和超时。

（3）"出站安全"按钮：单击此按钮，弹出如图 12-16 所示的对话框，客户可对待发邮件使用身份验证和对传输层安全性（TLS）加密。

（4）"出站连接"按钮：单击此按钮，从弹出的对话框（见图 12-17）中可配置 SMTP 虚拟服务器出站连接的常规设置，如

图 12-15 "传递"选项卡

限制连接数、端口等。

（5）"高级"按钮：单击此按钮，从弹出的对话框（见图 12-18）中可配置 SMTP 虚拟服务器的路由选项，有以下选项。

图 12-16　"出站安全"对话框　　图 12-17　"出站连接"对话框　　图 12-18　"高级传递"对话框

- "最大跳数"文本框：可输入一个值，它表示邮件在源服务器和目标服务器之间的跃点计数，默认值为"15"。
- "虚拟域"文本框：可输入虚拟的域名。对于虚拟域的概念，下面举例来说明。假设 SMTP 虚拟服务器的本地域名是 nos.com，并且在 SMTP 虚拟服务器中设置了虚拟域，其名称为 ycnos.com，若电子邮件的账户为 admin@nos.com，那么当通过这台 SMTP 虚拟服务器来发送邮件时，SMTP 虚拟服务器会将邮件寄信人的地址由 admin@nos.com 改为 admin@ycnos.com。
- "完全限定的域名"文本框：可输入 SMTP 虚拟服务器的完全限定的域名，默认的就是这台计算机的完全限定的域名。
- "智能主机"文本框：可输入 IP 地址或域名，当 SMTP 虚拟服务器要发送远程邮件（即收信人的邮箱在另外一台服务器上）时，它会通过 DNS 服务器来寻找远程邮件的 SMTP 服务器（MX 资源记录），然后将邮件发送给此台 SMTP 服务器。但是 SMTP 服务器也可以不需要通过 DNS 服务器，而直接将邮件发送给特殊的 SMTP 服务器，然后由这台 SMTP 服务器负责发送邮件。这台特定的 SMTP 服务器被称为智能主机。如果选中"在发送到智能主机之前尝试直接进行传递"复选框，则 SMTP 服务器会先通过 DNS 服务器寻找远程 SMTP 服务器，以便直接进行将邮件发送给它，如果失败，再改传给智能主机。可以按完全合格的域名（FQDN）或 IP 地址指定智能主机（但如果更改该 IP 地址，则还要在每个虚拟服务器上更改该地址）。如果使用 IP 地址，请用括号[]括上该地址以提高系统性能。SMTP 服务先检查服务器名称，然后检查 IP 地址。括号[]将值标识为 IP 地址，因此忽略此 DNS 搜索。
- "对传入邮件执行反向 DNS 查找"复选框：表示 SMTP 服务器将尝试验证客户端的 IP 地址与 EHLO/HELO 命令中客户端提交的主机/域是否匹配。如果反向 DNS 查找成功，则"已收到"标题保持不变。如果验证失败，则在邮件"已收到"标题中的 IP 地址后面出现"未验证"。如果反向 DNS 查找失败，则在邮件"已收到"标题中出现"RDNS 失败"。因为此功能验证所有待发邮件的地址，所以使用此功能可能会影响 SMTP 服务性能，取消选中该复选框可以禁用此功能。

5. "LDAP 路由"选项卡

在"[SMTP Virtual Server #1] 属性"对话框中，选择"LDAP 路由"选项卡，如图 12-19 所示。轻

型目录访问协议（Light weight Directory Access Protocol, LDAP）是一个 Internet 协议，可用来访问 LDAP 服务器中的目录信息。如果拥有使用 LDAP 的权限，则可以浏览、读取和搜索 LDAP 服务器上的目录列表。可以使用"LDAP 路由"选项卡配置 SMTP 服务，以便向 LDAP 服务器询问以解析发件人和收件人。例如，可以将 Active Directory 目录服务用作 LDAP 服务器，然后使用"Active Directory 用户和计算机"这一管理工具创建一个可在简单邮件传输协议（SMTP）虚拟服务器上自动扩展的组邮件列表。

6. "安全"选项卡

在"[SMTP Virtual Server #1]属性"对话框中，选择"安全"选项卡，如图 12-20 所示。用户可以指派哪些用户账户具有 SMTP 虚拟服务器的操作员权限，默认情况下有 3 个用户具有操作员权限。设置 Windows 用户账户后，可以通过从列表中选择账户来授予其权限。从虚拟服务器操作员列表中删除账户，可以撤销其权限。

图 12-19 "LDAP 路由"选项卡

图 12-20 "安全"选项卡

12.2.3 创建 SMTP 域和 SMTP 虚拟服务器

在对 SMTP 服务器属性设置完成之后，为了确保 SMTP 服务器能够正常运行，还要创建 SMTP 域和 SMTP 虚拟服务器。可参照下述步骤创建 SMTP 域。

（1）选择"开始"→"管理工具"→"Internet 信息服务 6.0 管理器"命令打开 Internet 信息服务 6.0 管理器。依次展开"本地计算机"→"SMTP Virtual Server #1"→"域"项目，右键单击之后从弹出的快捷菜单中选择"新建"→"域"命令。

（2）在弹出的如图 12-21 所示的"欢迎使用新建 SMTP 域向导"对话框中，选择"远程"单选按钮将域类型设置为远程，单击"下一步"按钮继续操作。

（3）在弹出的如图 12-22 所示的"域名"对话框中，输入 SMTP 邮件服务器的域名信息，此时输入例如"nos.com"之类的地址。

图 12-21 欢迎使用新建 SMTP 域向导"对话框

图 12-22 "域名"对话框

（4）完成上述操作后返回 Internet 6.0 管理器窗口，依次选择展开"本地计算机"→"SMTP Virtual Server #1"→"域"项目，即可在右部区域中查看到刚才新增的域。此时右键单击新建的域，并从弹出的快捷菜单中选择"属性"命令可以对域的属性进行相应设置。

（5）如图 12-23 所示，在"常规"选项卡中确保勾选"允许将传入邮件中继到此域"复选框，并且选择"使用 DNS 路由到此域"单选按钮。

（6）如果需要保留电子邮件，直到远程服务器触发传递，则可以在"高级"选项卡中勾选"排列邮件以便进行远程触发传递"复选框，接着单击"添加"按钮来添加可以触发远程传递的授权账户，如图 12-24 所示。

可参照下述步骤创建 SMTP 虚拟服务器。

（1）选择"开始"→"管理工具"→"Internet 信息服务 6.0 管理器"命令打开 Internet 信息服务 6.0 管理器，依次展开"本地计算机"→"SMTP Virtual Server #1"项目，右键单击之后从弹出的快捷菜单中选择"新建"→"虚拟服务器"命令。

（2）在弹出的如图 12-25 所示的"欢迎使用新建 SMTP 虚拟服务器向导"对话框中，输入服务器的名称，例如"SMTP Server"，单击"下一步"按钮继续操作。

图 12-23　"常规"选项卡　　　　图 12-24　"高级"选项卡　　　图 12-25　新建 SMTP 虚拟服务器向导

（3）在"选择 IP 地址"对话框下拉列表中选择 SMTP 虚拟服务器的 IP 地址，例如其值为 192.168.1.27，单击"下一步"按钮继续操作，如图 12-26 所示。

（4）在如图 12-27 所示的"选择主目录"对话框中需要设置 SMTP 的目录，系统默认目录为"C:\inetpub\mailroot"，一般不需要更改，单击"下一步"按钮继续操作。

（5）在如图 12-28 所示的"默认域"对话框中输入 SMTP 虚拟服务器的域名，例如输入"nos.com"，单击"完成"按钮，就完成了 Windows Server 2008 中的 SMTP 服务器的设置。

图 12-26　"选择 IP 地址"对话框

提示　　　此时在 Internet 信息服务 6.0 管理器中停止当前的 SMTP 服务器，然后再重新启动该服务，这样才可以让 SMTP 服务器工作正常运行。为了确保邮件服务器的正常运行，可以在局域网上通过 Outlook Express 等客户端软件进行测试，在后面的项目中会介绍相关的知识。

图 12-27 "选择主目录"对话框

图 12-28 "默认域"对话框

12.3 任务 2——架设 Exchange Server 2007 服务器

【任务描述】

由于现代企业信息管理的基础在于通信管理及组织管理，它的首要条件是先架设一个畅通无阻的企业内部网络，因此可以先用 Windows Server 2008 架设企业内部网络，然后再架设 Exchange Server 2007 服务器，来达到通信及组织管理的目的。

【任务目标】

熟悉安装 Exchange Server 2007 服务器、创建电子邮箱、收发电子邮件以及 Exchange Server 2007 的相关设置。

12.3.1 安装 Exchange Server 2007

Windows Server 2008 虽然集成了邮件服务，但功能还不算强大，而且无法与其他集成办公软件相结合。Exchange Server 2007 可以满足从小型机构到大型分布式企业的不同规划企业的通信和协作需求。它最主要的两大功能是信息管理和协同作业，也就是说 Exchange Server 2007 并不是简单的电子邮件服务器的代名词，而是一种交互式传送和接收的重要场所。

在安装 Exchange Server 2007 之前，要做的第一件事情是为 Windows Server 2008 做好各种准备工作，由于 Exchange Server 2007 需要运行在域控制器环境下，因此可以参照以前的章节把安装 Windows Server 2008 的计算机升级为域控制器。由于 Exchange Server 2007 有自己的 SMTP 组件，所以在 Windows Server 2008 中须删除 SMTP 功能，同时以下几个软件和服务是必须要安装的。

- .Net Framework 2.0 或 3.0。
- Microsoft 管理控制台 MMC 3.0。
- Microsoft PowerShell。
- Microsoft IIS 7.0（根据选择安装的角色不同会需要 IIS 7.0 中的不同组件）。

与以前版本相比，Exchange Server 2007 取消了许多不适合新型网络环境和需要的一些功能，增加了许多新的功能，特别是在服务器角色方面包括以下 5 个集成。

1. 邮箱服务器角色：经过扩展的存储角色，需要的 I/O 吞吐量比 Exchange Server 2003 减少 70%，并包含对连续复制的内置支持，以实现高可用性和电子邮件保留策略。

2. 客户端访问服务器角色：向 Internet 发布的中间层角色，它提供了新的 Outlook Web Access、Outlook 移动同步、Outlook Anywhere（RPC over HTTP）、Internet 邮件访问协议版本 4 rev1（IMAP4）、邮局协议版本 3（POP3），Outlook 日历 Web 服务及其他可编程 Web 服务。

3. 统一消息服务器角色：可以使 Exchange Server 连接到电话系统的中间层角色，它为语音邮件和传真提供了通用收件箱支持，并支持通过语音识别技术进行 Outlook 语音访问。

4. 边缘传输服务器角色：外围网络上的网关，具有内置的垃圾邮件和病毒筛选功能，支持安全邮件联盟的技术突破。

5. 中心传输服务器角色：在整个企业内路由邮件，预先许可信息权管理（IRM）邮件，并在每个阶段强制执行遵从性。

现在将在 Windows Server 2008 一个新域和新组织内安装 Exchange Server 2007，根据任务的需要可参照以下步骤进行操作。

（1）在上面的组件及服务安装成功后，可以开始安装 Exchange Server 2007 服务器。如果安装介质是光盘，插入光盘后会弹出安装向导。如果禁用了自动播放或是从网上下载的安装包，则需要通过运行其中的 Setup.exe 来弹出该向导，如图 12-29 所示。

（2）可以看到步骤 1~步骤 3 已经显示"已安装"，接下来单击步骤 4 来安装 Exchange Server 2007 SP1，进入 Exchange Server 2007 安装程序的"简介"对话框，单击"下一步"按钮继续操作，如图 12-30 所示。

图 12-29　启动 Exchange Server 2007 SP1 安装向导　　　　图 12-30　"简介"对话框

（3）进入"许可协议"对话框，在对话框中选择"我接受许可协议中的条款"选项，单击"下一步"按钮继续操作，如图 12-31 所示。

（4）进入"错误报告"对话框，如果选择了"是"，在安装过程中如果出现错误，则会在后台向微软发送错误报告；如果不愿意向微软发送消息，建议选择"否"，单击"下一步"按钮继续操作，如图 12-32 所示。

（5）进入"安装类型"对话框，系统提供了两种选择：典型安装和自定义安装。用户可根据需要进行选择，并且可以在这儿选择 Exchange 服务器的安装路径，如图 12-33 所示。

（6）单击"下一步"按钮进入"Exchange 组织"对话框，在文本框中输入此 Exchange 组织的名称，也可以使用默认的名称，如图 12-34 所示。

（7）单击"下一步"按钮进入"客户端设置"对话框，根据组织中是否存在任何正在运行 Outlook 2003 以及更早版本或 Entourage 的客户端计算机，来选择"是"或"否"，如图 12-35 所示。

图 12-31 "许可协议"对话框

图 12-32 "错误报告"对话框

图 12-33 "安装类型"对话框

图 12-34 "Exchange 组织"对话框

（8）单击"下一步"按钮进入"准备情况检查"对话框，接下来安装向导对系统和服务器进行检查，以查看是否可以安装 Exchange，如图 12-36 所示。如果检查中有失败的结果，向导会给出具体的失败信息以及建议的操作，用户需要进行纠正后再次重新检查；如果没有失败条目则可以单击下面的"安装"按钮开始安装。根据所选择的安装项目和服务器配置的不同，所需要的时间也会不同。安装向导会显示已用时间，如果安装顺利，会在每个项目后显示"已完成"，这样就在 Windows Server 2008 上成功安装了一个 Exchange Server 2007 SP1。从 Exchange 管理控制台中，可以看到相关信息，如图 12-37 所示。

图 12-35 "客户端设置"对话框

图 12-36 "准备情况检查"对话框

图 12-37　已成功安装 Exchange Server 2007

12.3.2　配置 Exchange Server 2007

在成功完成 Exchange Server 2007 的安装后，最后一步就是对 Exchange Server 2007 进行配置，使之可以接收和发送邮件，主要包括组织配置和服务器配置两个方面。

1. 组织配置

与 Exchange Server 2003 不一样，Exchange Server 2007 默认成功安装之后只有接收连接器，所以创建邮箱用户之后还不能发送邮件，还需要在该服务器上创建一个发送连接器，因为只有存在发送连接器之后才可以发送邮件。创建发送连接器的具体操作步如下所示。

（1）选择"开始"→"Exchange 管理控制台"命令打开 Exchange 管理控制台，展开"组织配置"，打开"集线器传输"选项，如图 12-38 所示。

图 12-38　"集线器传输"项目

（2）在 Exchange 管理控制台中部选择"发送连接器"选项卡，用鼠标右键在空白区域单击，在弹出的快捷菜单中选择"新建发送连接器"命令，进入新建 SMTP 发送连接器的"简介"对话框，如图 12-39 所示。在"名称"文本框输入发送连接器的名称，例如"NOS SMTP Server"，单击"下一步"按钮继续。

（3）进入"地址空间"对话框，单击"添加"按钮，弹出"SMTP 地址空间"对话框，如图 12-40 所示。在此对话框中为发送连接器添加一个地址空间，在"地址"文本框中输入"*"，代表所有的地址，单击"确定"按钮继续。

图 12-39 "简介"对话框

图 12-40 "地址空间"对话框

（4）单击"下一步"按钮进入"网络设置"对话框，对网络进行设置，这里保持默认设置即可，如图 12-41 所示。

（5）单击"下一步"按钮进入"源服务器"对话框，选择服务"WIN2008"作为源服务器，如图 12-42 所示。

图 12-41 "网络设置"对话框

图 12-42 "源服务器"对话框

（6）单击"下一步"按钮进入"新建连接器"对话框，在此将前几个步骤的配置内容列举出来，如图 12-43 所示。

（7）若确认配置信息无误则单击"新建"按钮，开始发送连接器的创建。创建过程比较快，如图 12-44 所示，在"完成"对话框中可以看到创建的相关状态参数。该发送连接器已经创建成功，邮箱用户可以收发邮件了。

2. 服务器配置

服务器配置包括客户端访问和集线器传输两部分，具体的设置如下。

图 12-43 "新建连接器"对话框　　　　图 12-44 "完成"对话框

（1）客户端访问：打开 Exchange 管理控制台，展开"服务器配置"，打开"客户端访问"选项，在 Exchange 管理控制台中下部选择"IMAP4"选项卡，用鼠标右键在空白区域单击，在弹出的快捷菜单中选择"属性"命令，在弹出的"IMAP 属性"对话框中选择"身份验证"选项卡，在"登录方法"中选择"安全登录。客户端要通过服务器的身份验证，需要 TLS 连接"选项，如图 12-45 所示。

以同样的方法设置"POP3"选项卡，在"登录方法"选择"纯文本登录（基本身份验证），客户端通过服务器的验证无需 TLS 连接"的选项，如图 12-46 所示。

（2）集线器传输：打开 Exchange 管理控制台，展开"服务器配置"，打开"集线器传输"项目，在 Exchange 管理控制台中下部选择接收连接器"Client WIN2008"，右键单击，在弹出的快捷菜单中选择"属性"命令，在弹出的"Client WIN2008"对话框中选择"身份验证"选项卡，在默认设置上选择"Exchange Server 身份验证"复选框，如图 12-47 所示。同时选择"权限组"选项卡，在默认设置上选择"Exchange 用户"复选框，如图 12-48 所示。

图 12-45 IMAP 的身份验证

图 12-46 POP3 的身份验证　　　图 12-47 "身份验证"选项卡　　　图 12-48 "权限组"选项卡

以同样的方法设置接收连接器"Default WIN2008"，在"权限"选项卡上选择"匿名用户"复选框，其他的设置按默认配置即可。

12.3.3　创建电子邮箱

配置完 Exchange Server 2007 之后，还需要手工为用户建立电子邮箱，其具体的步骤如下。

（1）在 Exchange 管理控制台展开"收件人配置"，打开"邮箱"项目，用鼠标右键单击，在弹出的快捷菜单中选择"新建邮箱"命令，弹出新建邮箱向导的"简介"对话框，如图 12-49 所示。

（2）根据需要选择默认设置"用户邮箱"选项，单击"下一步"按钮进入"用户类型"对话框，如图 12-50 所示。

图 12-49　"简介"对话框　　　　　　　　　　　图 12-50　"用户类型"对话框

（3）使用默认设置"新建用户"选项，单击"下一步"按钮进入"用户信息"对话框，输入用户的相关信息及密码，如图 12-51 所示，用户根据需要也可以选择"用户下次登录时必须更改密码"复选框。

（4）单击"下一步"按钮进入"邮箱设置"对话框。在此对话框中单击"浏览"按钮，在弹出的"邮箱数据库"对话框中选择邮箱数据库所在的位置，例如"WIN2008\First Storage Group\Mailbox Datebase"，单击"确定"按钮，返回"邮箱设置"对话框，如图 12-52 所示。

图 12-51　"用户信息"对话框　　　　　　　　　图 12-52　"邮箱设置"对话框

（5）单击"下一步"按钮进入"新建邮箱"对话框，在此对话框中列出新建邮箱的相关账户等基本信息，如图 12-53 所示。

（6）单击"新建"按钮，开始创建电子邮箱的过程，创建完毕后会显示出创建电子邮箱的结果，并在下方显示出使用的相关命令行管理程序，如图 12-54 所示。单击"完成"按钮，即完成电子邮箱的创建工作。

图 12-53 "新建邮箱"对话框

图 12-54 "完成"对话框

12.3.4　收发电子邮箱

Microsoft Outlook Express 是目前办公人员常用的一种电子邮件收发软件。它界面友好，操作简便，支持脱机撰写邮件，能够管理多个账号和多个标识用户，设置并添加个性化的签名，能够在邮件内容中加入文字、图片、声音、Web 网页等，并支持多样式编辑。

下面以 Outlook Express 为例，来说明客户端用户 liubj7681 应该如何建立连接 POP3 服务器的电子邮件账户，具体的操作步骤如下。

（1）在客户端计算机上（以 Windows XP 系统为例）选择"开始"→"所有程序"→"Outlook Express"选项，进入 Outlook Express 软件。

（2）选择"工具"→"账户"→"添加"→"邮件"命令，根据"Internet 连接向导"提示，在"显示名"输入栏中输入邮件账号的"显示名称"，此名称会显示在发出的每封信中，然后单击"下一步"按钮，如图 12-55 所示。

图 12-55 "输入显示名"对话框

（3）在"Internet 电子邮件"对话框，输入用户 liubj7681 的显示名和电子邮件地址，如图 12-56 所示，单击"下一步"按钮。

（4）弹出"电子邮件服务器名"对话框，分别输入接收邮件的服务器地址和发送邮件的服务器地址，如图 12-57 所示。单击"下一步"按钮。邮件服务器的地址可以是域名，也可以是 IP 地址。

（5）弹出"Internet Mail 登录"对话框，输入用户名 liubj7681 和密码，这里要同时选中"使用安全密码验证登录"复选框，因为在前面配置 POP3 服务器时，选择的是"对所有客户端连接要求安全密码身份验证"，如图 12-58 所示，单击"下一步"按钮。

（6）在下一个界面中单击"完成"按钮即可。liubj 用户若要修改建立的账户，可以过启动 Outlook Express，

图 12-56 "输入电子邮件地址"对话框

选择"工具"→"账号"命令，然后选择"邮件"选项卡，双击要修改的账户，选择"服务器"

选项卡，然后进行各项设置。

图 12-57 "电子邮件服务器名"对话框 图 12-58 "Internet Mail 登录"对话框

　　前面在介绍 Exchange Server 2007 的时候，在安装到"客户端设置"的步骤，安装向导提示是否创建公共文件夹数据库用于支持 Outlook 2003 以及更早版本或 Entourage 的客户端计算机连接到 Exchange Server 2007 时，一定要选择"是"，这样才会在安装过程中自动创建公共文件夹数据库，才能使用 Outlook Express 等客户端软件。

Exchang Server 2007 同时支持以 Web 方式收取和发送邮件，它允许用户通过 IE 浏览器或者其他支持 JAVA 及 Frame 框架的浏览器，利用与 Outlook 类似的 Web 界面来进行邮件的收发等操作。但是使用 IE 浏览器收发邮件需要服务器支持 Web 方式存取，这就要求服务器添加 IIS 中的 WWW 服务，否则将无法实现 Web 方式收取和发送邮件。

打开 IE 浏览器，在地址栏输入"https://nos.com/exchange"地址，此时会出现系统连接登录对话框，在"用户名"和"密码"文本框中输入相应的内容，并单击"确定"按钮登录，进入"Office Outlook Web Access"登录界面，此时系统会再次要求输入相关的用户名和密码，如图 12-59 所示。

图 12-59 "Office Outlook Web Access"登录界面

成功登录之后即可进入此用户专用的 Web 界面，它的界面及各个项目均与 Outlook 非常相似，如图 12-60 所示。在这个 Web 界面中，可以进行收发邮件、定制联系人、查看日历等一系列操作，如单击"新建"按钮之后创建一封新的邮件，此时可以像使用 Outlook 一样输入收件人的地址等内容，然后单击"发送"按钮将邮件发送出去。

图 12-60　使用 IE 浏览器登录电子邮箱

12.4　实训——创建与管理 E-mail 服务

一、实训目标

（1）掌握 Windows Server 2008 的安装与配置 SMTP 服务

（2）熟悉 Exchange Server 2007 的安装与配置

（3）熟悉邮件客户端软件的使用

二、实训设备

（1）网络环境：已建好的 100Mbit/s 的以太网络，包含交换机（或集线器）、五类（或超五类）UTP 直通线若干、3 台及以上数量的计算机（计算机配置要求 CPU 为 Intel Pentium 4 以上，内存不小于 1GB，硬盘剩余空间不小于 20GB，有光驱和网卡）。

（2）软件：Windows Server 2008 安装光盘，或硬盘中有全部的安装程序。

三、实训内容

在安装了 Windows Server 2008 的虚拟机上完成如下操作。

（1）运行虚拟操作系统 Windows Server 2008，为虚拟机保存一个还原点，以方便以后的实训调用这个还原点。

（2）在虚拟操作系统 Windows Server 2008 中添加 SMTP 功能并配置 SMTP 服务器：①SMTP 服务器的基本设置为限制连接数为 99，连接超时 30 分钟，启用日志记录；②设置 SMTP 服务器的访问控制，采用基本身份验证方法，连接控制中禁止 192.168.50.1/24 网段使用 SMTP 服务器，中继限制中只允许转发来自 student.com 的邮件；③设置邮件属性，邮件大小限制为 10MB；④设置中继主机为 192.168.10.1，虚拟域为 ycdata.com；⑤启用 LDAP 路由；⑥指定用户 admin 具有 SMTP 虚拟服务器的操作员权限。

（3）在另一台虚拟操作系统 Windows Server 2008 中安装 Exchange Server 2007，在 Windows

Server 2008 域 teacher.com 中，要求安装邮件服务器全部 5 个角色，组织名为"Teacher Club"，支持 Outlook 2003 以及更早版本或 Entourage 的客户端计算机。

（4）在成功安装 Exchange Server 2007 的基础上，对组织、服务器进行配置，使其能进行邮件的正常收发，并新建电子邮件"tom@teacher.com"和"jack@teacher.com"。

（5）分别使用 Outlook Express 和 IE 作为 Exchange Server 2007 电子邮件客户端软件，利用"tom@teacher.com"和"jack@teacher.com"两个账户进行电子邮件的收发测试。

12.5 习题

一、填空题

（1）电子邮件服务中最常见的两种应用层协议是＿＿＿＿＿和简单邮件传输协议（SMTP）。与 HTTP 协议一样，这些协议用于定义客户端/服务器进程。

（2）Windows Server 2008 SMTP 服务器的验证方式包括＿＿＿＿＿＿＿、基本身份验证和集成 Windows 身份验证。

（3）Exchange Server 2007 服务器包括邮箱服务器角色、＿＿＿＿＿＿＿、统一消息服务器角色、边缘传输服务器角色、＿＿＿＿＿＿＿。

（4）假设 SMTP 虚拟服务器的本地域名是 network.com，并且在 SMTP 虚拟服务器中设置了虚拟域，其名称为 ycnetwork.com，若电子邮件的账户为 admin@network.com，那么当通过这台 SMTP 虚拟服务器来发送邮件时，SMTP 虚拟服务器会将邮件寄信人的地址由 admin@network.com 改为＿＿＿＿＿＿＿。

（5）对 Exchange Server 2007 进行配置使之可以接收和发送邮件等操作，主要包括组织配置和＿＿＿＿＿＿＿两个方面。

二、选择题

（1）SMTP 服务使用的端口是（　　）。

    A．21　　　　　　　B．23　　　　　　　C．25　　　　　　　D．53

（2）POP3 服务使用的端口是（　　）。

    A．21　　　　　　　B．23　　　　　　　C．25　　　　　　　D．110

（3）IMAP 服务使用的端口是（　　）。

    A．21　　　　　　　B．109　　　　　　　C．143　　　　　　　D．110

（4）下面（　　）组件不是 Exchange Server 2007 安装过程中所必需的。

    A．.Net Framework 2.0　　　　　　　B．MMC 3.0

    C．DHCP　　　　　　　　　　　　　D．PowerShell

三、问答题

（1）什么是 MDA？什么是 MUA？什么是 MTA？3 者之间有什么联系和区别？

（2）电子邮件系统有关协议包括哪些？

（3）SMTP 服务提供哪 3 种不同的身份验证方法来验证连接到邮件服务器的用户？

（4）安装 Exchange Server 2007 之前必须做好哪些准备工作？

（5）安装 Exchange Server 2007 之后，客户端可以直接使用 Outlook Express 吗？

项目 13

创建与管理流媒体服务

项目情境：

如何让网络上的视频和音频更流畅？

　　三峡瑞思信息技术有限公司是一家主要提供计算机网络建设与维护的网络技术服务公司，2007 年为三峡干部培训中心建设了网络教育教学平台，利用互联网专线接入 Internet，架设了 Web 服务器，制作并发布了培训中心的网站。

　　该网络教育教学平台向各种类型的近万名学员提供远程教育服务，由于教学资源中有大量的视频和音频文件，以前仅向学员提供下载服务，速度慢并且使用不方便。随着学员访问量越来越大以及现代远程教育的需要，培训中心决定架设流媒体服务器。作为网络公司技术人员，你如何通过流媒体服务器让网络上的视频和音频更流畅？

　　项目描述： 随着宽带入户的不断普及和网络带宽的不断提升，人们已不再满足于浏览文字和图片，越来越多的人更喜欢在网上看电影、听音乐。要实现视频点播和音频点播，就必须依靠流媒体服务器。正是因为旺盛的网络服务需求，Windows Server 2008 对流媒体服务器提供了很好的支持。

　　项目目标：
- 掌握流媒体技术基本概念和相关格式
- 掌握 Windows Media 服务器的安装
- 熟悉 Windows Media 服务器的配置与管理
- 熟悉流媒体文件的发布与访问

13.1 知识准备——流媒体技术概述

网络技术、通信技术和多媒体技术的迅猛发展对 Internet 产生了极大的影响，特别是随着上网方式多样化、网络带宽改善和网络所提供的服务日益增多等方面的变化，网络真正成为现代人生活的一部分。在这种情况下，传输视频、音频和动画的最佳解决方案就是流媒体。通过流方式实时传输动画、影音等多媒体时，即使在网络非常拥挤或拨号连接的条件下，也能提供清晰、不中断的影音播放。

13.1.1 流媒体技术简介

流媒体是从英语 "Streaming Media" 中翻译过来的，它是一种可以使音频、视频和其他媒体类型能在网络上以实时的、无须下载等待的方式进行播放的技术。流媒体文件格式是支持采用流式传输及播放的媒体格式。流式传输方式是将动画、视音频等多媒体文件经过特殊的压缩方式分成一个个的压缩包，由视频服务器向用户计算机连续、实时传送。在采用流式传输方式的系统中，用户不必像非流式播放那样等到整个文件全部下载完毕后才能看到当中的内容，而是只需经过几秒或几十秒的启动延时即可在用户的计算机上利用相应的播放器或其他的硬件、软件对压缩的动画、视音频等流式多媒体文件解压后进行播放和观看，而多媒体文件的剩余部分将在后台服务内继续下载。

与传统的文件下载方式相比，流式传输方式具有以下优点。

1. 启动延时大幅度缩短：用户不用等待所有内容下载到硬盘上即可浏览，通常一个 45 分钟的影片片段在一分钟以内就可以在客户端上播放，而且播放过程中一般不会出现断续的情况。另外，客户端全屏播放对播放速度几乎无影响，但执行快进、快倒操作时需要时间等待。

2. 对系统缓存容量的需求大大降低：由于 Internet 和局域网都是以包传输为基础进行断续的异步传输，数据被分解为许多包进行传输，动态变化的网络使各个包可能选择不同的路由，因此到达用户计算机的时间延时也就不同。所以，在客户端需要缓存系统来弥补延时和抖动的影响，并保证数据包传输顺序的正确，使媒体数据能连续输出，不会因网络暂时拥堵而使播放出现停顿。虽然流式传输仍需要缓存相应的文件，但由于不需要把所有的动画、视音频内容都下载到缓存中，因此对缓存的要求也相应降低。

3. 流式传输的实现有特定的实时传输协议：采用 RTSP 等实时传输协议，更加适合动画、视音频在网上的流式实时传输。

通常流媒体系统包括以下 5 个方面的内容。

（1）编码工具：用于创建、捕捉和编辑多媒体数据，形成流媒体格式。

（2）流媒体数据。

（3）服务器：存放和控制流媒体的数据。

（4）网络：适合多媒体传输协议甚至是实时传输协议的网络。

（5）播放器：供客户端浏览流媒体文件。

这 5 个部分有些是网站需要的，有些是客户端需要的，而且不同的流媒体标准和不同公司的解决方案会在某些方面有所不同。

13.1.2 常见流媒体的传输格式

在 Internet 和局域网上所传输的多媒体格式中，基本上只有文本、图形可以照原格式传输。动画、音频、视频等虽然可以直接在网上播放，但文件偏大，即使采用专线上网也要等完全下载后才能观看，这 3 种类型的媒体均要采用流式技术来进行处理以便于在网上传输。由于不同的公司设计开发的文件格式不同，传送的方式也有所差异，因此，必须非常清楚各种流媒体文件的格式。

1. rm 视频影像格式和 ra 的音频格式

ra 格式是 RealNetworks 公司所开发的一种新型流式音频 Real Audio 文件格式，rm 格式则是流式视频 Real Vedio 文件格式，主要用来在低速率的网络上实时传输活动视频影像，可以根据网络传输速率的不同而采用不同的压缩比率，使公司用户在数据传输过程中边下载边播放音频和视频，从而实现多媒体的实时传送和播放。客户端可通过 RealPlayer 播放器进行播放。

2. asf 格式

微软公司的 asf 格式也是一种网上流行的流媒体格式，它的使用与 Windows 操作系统是分不开的，其播放器 Microsoft Media Player 已经与 Windows 操作系统捆绑在一起，不仅可用于 Web 方式播放，还可以用于在浏览器以外播放影音文件。

3. qt 格式

Quick Time Movie 的 qt 格式是 Apple 公司开发的一种音频、视频文件格式，用于保存音频和视频信息，具有先进的音频和视频功能。Quick Time 文件格式支持 25 位彩色，支持 RLC、JPEG 等领先的集成压缩技术，提供 150 多种视频效果。

4. swf 格式

swf 格式是基于 Macromedia 公司 Shockwave 技术的流式动画格式，是用 Flash 软件制作的一种格式，源文件为 fla 格式。由于它体积小、功能强、交互能力好、支持多个层和时间线程等特点，所以越来越多地应用到网络动画中。该文件是 Flash 的其中一种发布格式，已广泛用于 Internet，客户端只需安装 Shockwave 的插件即可播放。

13.1.3 流媒体的传输协议

在观看网上电影或者电视时，一般都会注意到这些文件的连接都不是用 http 或者 ftp 开头，而是一些 rtsp 或者 mms 开头的地址。实际上，以 rtsp 或者 mms 开头的地址和 http 或者 ftp 一样，都是数据在网络上传输的协议，它们是专门用来传输流式媒体的协议。

MMS（Microsoft Media Server）协议，是用来访问 Windows Media 服务器中 asf 文件的一种协议，是用于访问 Windows Media 发布点上的单播内容，是连接 Windows Media 单播服务的默认方法，若用户在 Windows Media Player 中输入一个 URL 以链接内容，而不是通过超级链接访问内容，则他们必须使用 MMS 协议引用该流。

RTP（Real-time Transport Portocol）实时传输协议，用于 Internet 上针对多媒体数据流的一种传输协议。RTP 通常工作在点对点或点对多点的传输情况下，其目的是提供时间和实现流同步。RTP 通常使用 UDP 传送数据，也可工作在 ATM 或 TCP 等协议之上。

RTCP（Real-time Transport Control Portocol）实时传输控制协议，RTCP 和 RTP 一起提供流量控制和拥塞控制服务。通常 RTP 和 RTCP 配合使用，RTP 依靠 RTCP 为传送的数据包提供可靠的传送机制、流量控制和拥塞控制，因而特别适合传送网上的实时数据。

RTSP（Real-time Streaming Portocol）实时流协议，它是由 RealNetworks 和 Netscape 共同提出的，该协议定义了点对多点应用程序如何有效地通过 IP 网络传送多媒体数据。

RSVP（Resource Reservation Protocol）资源预留协议，它是网络控制协议，运行在传输层。由于音、视频流对网络的延时比传统数据更敏感，因此在网络中除带宽要求外还需要满足其他条件。在 Internet 上开发的资源预留协议可以为流媒体的传输预留一部分网络资源，从而保证服务质量。

PNM（Progressive Networks Audio），这也是 Real 专用的实时传输协议，它一般采用 UDP，并占用 7070 端口。

除上述协议之外，流媒体技术还包括对于流媒体类型的识别，这主要是通过多用途 Internet 邮件扩展 MIME（Multipurpose Internet Mail Extensions）进行的。它不仅用于电子邮件，还能用来标记在 Internet 上传输的任何文件类型。通过它，Web 服务器和 Web 浏览器才可以识别流媒体并进行相应的处理。浏览器通过 MIME 来识别流媒体的类型，并调用相应的程序或 Plug-in 来处理，尤其在 IE 浏览器中提供了丰富的内建媒体支持。

13.1.4　流媒体技术的主要解决方案

到目前为止，使用较多的流媒体技术解决方案主要有 RealNetworks 公司的 Helix Server 流媒体服务器、微软公司的 Windows Media 流媒体服务器和 Apple 公司的 QuickTime，它们是网上流媒体传输系统的 3 大主流。

1．Helix Server 流媒体服务器

Helix Server 流媒体服务器支持 RealAudio、RealVideo、Real Presentation 和 RealFlash 等 4 类文件，分别用于传送不同的文件。Helix Server 流媒体服务器采用 SureStream 技术，自动并持续地调整数据流的流量以适应实际应用中的各种不同网络带宽需求，轻松在网上实现视音频和三维动画的回放。

由于其成熟稳定的技术性能，AOL、ABC、AT&T、Sony 和 Time Life 等公司和网上主要电台都使用 Helix Server 流媒体服务器向世界各地传送实时影音媒体信息以及实时的音乐广播。在我国，大量的影视、音乐点播和春节晚会等网上直播也都采用了 Helix Server 流媒体服务器系统。

2．Windows Media 流媒体服务器

Windows Media 流媒体服务器是微软公司推出的信息流式播放方案，其主要目的是在 Intemet 和局域网上实现包括音频、视频信息在内的多媒体流信息的传输。Windows Media 流媒体服务器的核心是 asf 文件，这是一种包含音频、视频、图像以及控制命令、脚本等多媒体信息在内的数据格式，通过分成一个个的网络数据包在 Intemet 和局域网上传输来实现流式多媒体内容发布。asf 支持任意的压缩/解压缩编码方式，并可以使用任何一种底层网络传输协议，因此具有很大的灵活性。

Windows Media 流媒体服务器由 Media Tools、Media Server 和 Media Player 工具构成。Media Tools 提供了一系列的工具帮助用户生成 asf 格式的多媒体流，其中分为创建工具和编辑工具两种。创建工具主要用于生成 asf 格式的多媒体流，包括 MediaEncoder、Author、VidToASF、WavToASF、Presenter 等 5 个工具；编辑工具主要对 asf 格式的多媒体流信息进行编辑与管理，包括后期制作编辑工具 ASFIndexer 与 ASFChop，以及对 asf 流进行检查并改正错误的 ASFCheck。Media Server 可以保证文件的保密性（而不被下载），并使每个使用者都能以最佳的影片品质浏览网页，它具有

多种文件发布形式和监控管理功能。

3. QuickTime

Apple 公司的 QuickTime 几乎支持所有主流的个人计算平台和各种格式的静态图像文件、视频和动画格式，具有内置 Web 浏览器插件技术，支持 IETF（Intemet Engineering Task Force）流标准以及 RTP、RTSP、SDP、FTP 和 HTTP 等网络协议。

QuickTime 包括服务器 QuickTime Streaming Server、带编辑功能的播放器 Quick Time Player 制作工具 QuickTime 4 Pro、图像浏览器 PictureViewer 以及使浏览器能够播放 Quick Time 影片的 Quick Time 插件。QuickTime 4 支持两种类型的流：实时流和快速启动流。使用实时流的 QuickTime 影片必须从支持 QuickTime 流的服务器上播放，使用实时传输协议来传输数据，是真正意义上的流媒体。快速启动流可以从任何 Web 服务器上播放，使用 HTTP 或 FTP 来传输数据。

除了上述流媒体技术的 3 种主要格式外，在多媒体课件和动画方面的流媒体技术还有 Macromedia 的 Shockwave 技术和 MeataCreation 公司的 MetaStream 技术等。

13.2　任务 1——架设 Windows Media 服务器

【任务描述】

Windows Media 流媒体服务器具有使用方便、应用广泛、功能强大等特点，而且最吸引人的地方是它集成在 Windows 产品中（包括服务器端和客户端），不必单独购买。本任务为通过架设 Windows Media 流媒体服务器，享受更流畅的音频和视频服务。

【任务目标】

熟悉 Windows Media 服务器的安装、设置以及公告文件的创立，掌握 Windows Media 服务器端的基本操作。

13.2.1　安装 Windows Media 服务器

在默认情况下，Windows Server 2008 中没有附带 Windows Media 服务组件，因此需要下载相应的安装组件，并参照下述步骤来安装 Windows Media 服务器。

（1）参照 http://download.microsoft.com/download/b/b/7/bb719945-70c4-46f3-9d90-2dfce8abbac7/Windows6.0-KB934518-x64-Server.msu 地址链接下载并安装 Windows Media 服务组件。

（2）参照 http://download.microsoft.com/download/b/b/7/bb719945-70c4-46f3-9d90-2dfce8a bbac7/Windows6.0-KB934518-x64-Admin.msu 地址链接下载并安装 Windows Media 管理组件。

（3）参照 http://download.microsoft.com/download/b/b/7/bb719945-70c4-46f3-9d90-2dfce8a bbac7/Windows6.0-KB934518-x64-Core.msu 地址链接下载并安装 Windows Media 的内核编码组件。

（4）选择"开始"→"服务器管理器"命令打开服务器管理器，在左侧选择"角色"选项之后，单击右侧的"添加角色"链接，在如图 13-1 所示的添加服务器角色向导中选择"流媒体服务"

复选框，单击"下一步"按钮继续操作。

（5）在如图 13-2 所示的"流媒体服务简介"对话框中，对流媒体服务进行了简要介绍，确认之后单击"下一步"按钮继续操作。

图 13-1　选择"流媒体服务"复选框　　　　　图 13-2　流媒体服务简介

（6）在如图 13-3 所示的"选择角色服务"对话框中，可以选择为流媒体服务所安装的角色服务，此时可以选择"Windows 媒体服务器"、"基于 Web 的管理"和"日志记录代理"，一般情况下建议选择全部复选框来使得安装的 Windows Media 服务器具有全部完整的功能。单击"下一步"按钮继续操作。

（7）进入如图 13-4 所示的"选择数据传输协议"对话框，由于 Windows 媒体服务器在传输媒体文件的时候需要使用相关的传输协议，因此需要在此选择所采用的传输协议，一般默认选择"实时流协议"复选框。若服务器中没有其他服务占用 80 端口，还可以选择"超文本传输协议"复选框进行媒体传输。

图 13-3　选择流媒体服务安装的角色服务　　　图 13-4　选择数据传输协议

（8）单击"下一步"按钮，进入如图 13-5 所示的"确认安装选择"对话框，可以查看到需要安装 Windows Media 服务器 3 个组件相关的详细信息，确认之后单击"安装"按钮开始安装。

（9）安装过程会花费十几分钟，完成之后，会进入如图 13-6 所示的"安装结果"对话框，显示相关的安装结果。此时依次选择"开始"→"管理工具"命令，可以查看到"Windows Media 服务"一项，则表示 Windows Media 服务器安装成功。

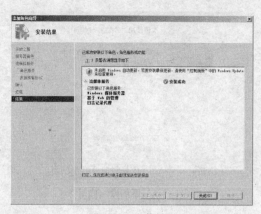

图 13-5　查看 Windows 媒体服务相关信息　　　　图 13-6　安装结果

13.2.2　配置 Windows Media 服务器

通过 Windows Media 服务器发布广播是一个令人心动的功能，例如可以在服务器中通过广播功能让局域网内部的所有用户一起分享精彩的视频节目。虽然发布广播的方式有很多种，但 Windows Media 服务器的系统资源占用相对较小，同时易学易用，客户端的播放软件是安装有 Windows 系统的计算机都有的 Windows Media Player，因此可以用它来进行广播。通过配置 Windows Media 服务器，生成发布点和流媒体文件，具体的操作步骤如下。

（1）依次选择"开始"→"管理工具"→"Windows Media 服务器"命令，打开 Windows Media 服务窗口，如图 13-7 所示，可以在窗口右部查看到一些关于流媒体的介绍信息。

图 13-7　Windows Media 服务窗口

（2）在 Windows Media 服务窗口中右键单击"发布点"项目，并从弹出的快捷菜单中选择"添加发布点"命令，系统将打开"添加发布点向导"对话框，如图 13-8 所示，单击"下一步"按钮继续操作。

（3）进入如图 13-9 所示的"发布点名称"对话框，需要在"名称"文本框中输入发布点的名称，此时可以输入"Media_Server"之类具有实际意义的名称，单击"下一步"按钮继续操作。

图 13-8　添加发布向导

图 13-9　输入发布点名称

（4）进入如图 13-10 所示的"内容类型"对话框，选择 Windows Media 服务器发布的媒体选项，此处提供了"编辑器"、"播放列表"、"一个文件"和"目录中的文件"等单选按钮。如果将服务器硬盘中的媒体文件发布出去，建议单击"目录中的文件"单选按钮，这样只需对设置目录中的媒体文件进行操作即可快速更改媒体服务器的发布内容。

（5）单击"下一步"按钮，进入如图 13-11 所示的"发布点类型"对话框，在此选择媒体文件发布的方案。这里提供了"广播发布点"和"点播发布点"两种类型，其中前者采用类似电视节目的广播发布方式，客户端用户无法选择收看的节目；而后者则是创建客户端用户可以自行选择收看的节目，并且能够通过快进、快退等方式对媒体节目进行控制。

图 13-10　设置发布内容的类型

图 13-11　设置媒体文件播放方案

（6）单击"下一步"按钮，进入如图 13-12 所示的"广播发布点的传递选项"对话框，在此设置媒体发布的传递方式。这里提供了"单播"和"多播"两种方式，其中前者要求每个客户端用户都要与 Windows Media 服务器连接之后才可以收看节目，后者则要求网络中具有多播路由器，这样客户端用户并非必须与服务项器建立连接。在此建议选择"单播"单选按钮。

（7）单击"下一步"按钮，进入如图 13-13 所示的"目录位置"对话框，在此需要指定媒体文件存放的路径，例如默认设置媒体文件存放在"C:\WMPub\WMRoot"文件夹中。

（8）单击"下一步"按钮，进入如图 13-14 所示的"内容播放"对话框，在此可以设置文件的播放方式。这里提供了循环播放和无序播放两种方式，一般建议用户不要选择其中的复选框，而是采取顺序无循环播放方式。

（9）单击"下一步"按钮，进入如图 13-15 所示的"单播日志记录"对话框，在此可以设置是否启用发布点日志记录功能，如果启用了服务器日志记录功能，则不需要再次选择该复选框来启用发布点的日志记录。

图 13-12　选择广播发布的传递方式

图 13-13　设置媒体文件存放路径

图 13-14　设置媒体文件播放方式

图 13-15　设置发布点日志记录

（10）单击"下一步"按钮，进入如图 13-16 所示的"发布点摘要"对话框，在此显示了有关添加发布点的具体信息。选择"向导结束时启动发布点"复选框，可以在添加发布点操作结束之后，自动启动发布点，从而省去用户手工启动的麻烦。

（11）单击"下一步"按钮，系统会对发布点进行配置，最后在如图 13-17 所示的对话框中单击"完成"按钮退出添加发布点向导。

图 13-16　查看发布点摘要信息

图 13-17　完成添加点发布向导

13.2.3　创建公告文件

在 Windows Media 服务器中创建发布点之后，还需要创建相应的.asx 格式的公告文件或者是.htm 格式的网页文件，这样客户端用户才能够通过网络收看节目。如在图 13-17 中所示的对话框中选择"完成向导后"复选框，并且选择"创建公告文件或网页"单击按钮，则可以激活单播公告向导，并且通过下述步骤创建公告文件。

（1）系统进入"单播公告向导"对话框，如图 13-18 所示，此欢迎页面对单播公告进行了简要的介绍，单击"下一步"按钮继续操作。

（2）进入如图 13-19 所示的"访问该内容"对话框，系统已经根据发布点的相关信息自动指定了单播文件的路径信息，如果更改媒体文件的存放路径，则需要单击"修改"按钮重新指定具体的文件路径信息。

图 13-18　欢迎使用"单播公告向导"　　　　　图 13-19　设置单播文件路径

（3）单击"下一步"按钮，进入如图 13-20 所示的"保存公告选项"对话框，需要设置 asx 格式的公告文件存放路径，如果选择"创建一个带有嵌入的播放机和指向该内容的链接的网页"复选框，则还可以生成一个 htm 格式的文件。

（4）单击"下一步"按钮，进入如图 13-21 所示的"编辑公告元数据"对话框，需要设置主题、作者、版权等公告元数据，这些数据会在 Windows Media Player 播放器窗口中显示。

图 13-20　设置公告文件保存选项目　　　　　图 13-21　设置公告元数据

（5）单击"下一步"按钮，系统会创建公告文件，稍等片刻可以查看到如图 13-22 所示的对话框。此时建议用户选择"完成此向导后测试文件"复选框，以便在创建好公告文件之后立即对媒体文件进行测试。

（6）单击"完成"按钮，关闭"单播公告向导"对话框，弹出如图 13-23 所示的"测试单播公告"对话框。此对话框中提供了"测试公告"和"测试带有嵌入的播放机的网页"两个测试项目，以方便针对不同类型的公告文件进行测试。

（7）单击"测试公告"后的"测试"按钮，会弹出 Windows Media Player 播放界面，如图 13-24 所示。如果单击"测试带有嵌入的播放机的网页"后的"测试"按钮，会弹出 Web 播放界面，如图 13-25 所示。此时表明 Windows Media 服务器已经架设完成，单击"退出"按钮，结束测试。

图 13-22 完成公告文件的创建

图 13-23 测试单播文件公告窗口

图 13-24 asx 公告文件测试

图 13-25 htm 公告文件测试

13.3 任务2——访问与管理流媒体发布点

【任务描述】

创建流媒体发布点之后，可以采用多种方式来对其进行访问，同时也可通过管理创建的流媒体发布点，来调整流媒体服务器的性能，让视频和音频数据在网络上传输的更加流畅。

【任务目标】

熟悉各种访问流媒体发布点的方法，掌握如何对流媒体服务器进行优化，以及如何远程管理流媒体服务器。

13.3.1 访问流媒体发布点

架设完成 Windows Media 服务器之后，用户可以通过以下 3 种方式来很方便地收看 Windows Media 服务器发布的媒体文件。

1. 直接连接

在 IE 浏览器地址栏或是 Windows Media Player 的"打开 URL"对话框中输入："mms://nos.com/Media_Servr"，按下回车键即可访问架设的流媒体服务器。

2. 通过客户端列表

通过"单播公告向导"创建的 asx 客户端列表来访问，在 IE 浏览器地址栏或是 Windows Media Player 的"打开 URL"对话框中输入："mms://nos.com/Media_Servr.asx"，按下回车键即可访问。

3. 通过网页

在服务器端通过 IIS 制作视频节目的发布网页，在 IE 浏览器地址栏或是 Windows Media Player 的"打开 URL"对话框中输入这个网页的地址，例如："mms://nos.com/Media_Servr.htm"，通过内嵌在网页中的播放器来欣赏媒体节目。

13.3.2　优化流媒体服务器性能

虽然流媒体服务器的架设比较简单，但是这种服务器毕竟要当消耗系统资源和网络带宽，如何才能得知当前的系统性能，并且怎么对其进行调整优化呢？Windows Server 2008 中附带了监测功能，这可以让用户对系统有一个直观的了解。优化的具体相关操作如下。

（1）依次选择"开始""→管理工具"→"Windows Media 服务器"命令，打开 Windows Media 服务窗口，在窗口中展开左侧的"发布点"选项，如图 13-26 所示，在"监视"选项卡中可以得知当前 Windows Media 服务器的相关信息。

图 13-26　查看媒体服务器信息

　　　　在"监视"选项卡中可以了解服务器的相关信息，例如正在播放的视频文件、服务器 CPU 的最大占用率、共有多少客户端用户连接到服务器收看媒体节目、网络带宽的峰值占用、当前网络带宽占用等，这些信息有利于帮助用户了解服务器的运行情况。如果发现 CPU 占用资源超过 60%，则说明 CPU 资源不足，一方面可以通过升级计算机来提升服务器性能，另外也可以限制客户端的连接数量来减少 CPU 资源的占用率，因此在维护服务器和充分利用服务器资源之间就可以找到一个平衡点，以使服务器长期稳定地工作。

（2）选择"源"选项卡，可以查看到设置的媒体文件夹中有哪些文件可以进行播放，而且通过中部的工具栏可以进行媒体文件的添加、删除等操作，如图 13-27 所示。

（3）在图 13-27 下部的文件列表中选取某个媒体文件，还可以单击底部的播放按钮实时测试播放，如图 13-28 所示。在测试过程中能够得知跳过的帧数、接收到的文件包数、恢复和丢失的文件包数等具体信息。

图 13-27　管理媒体文件夹

图 13-28　测试媒体文件

（4）选择"广告"选项卡，可以添加间隙广告或者片头和片尾广告，这些可以根据具体的需求进行设置，如图 13-29 所示。

（5）选择"公告"选项卡，可以创建单播公告或者多播公告，如图 13-30 所示。若在前面的操作中没有设置公告文件，则可以在此创建。

图 13-29　设置广告

图 13-30　创建公告

（6）选择"属性"选项卡，可以查看 Windows 媒体服务器设置，也能够在此较为全面地了解参数设置，如图 13-31 所示。在"类别"列表中提供了常规、授权、日志记录、验证、限制等多个选项，单击之后即可查看相关的信息。

（7）如果需要更改一些设置，则可以在右部的"属性"区域中进行操作。例如，选择"限制"选项之后，选择"限制播放机总带宽"复选框，并在后面文本框内输入带宽限制范围，这样就可以避免由于 Windows Media 服务器占用过多带宽而影响服务器其他网络程序的正常运行，如图 13-32 所示。

图 13-31　查看媒体服务器信息　　　　　　　图 13-32　更改参数设置

13.3.3　远程管理 Windows Media 服务器

除了本地服务器管理 Windows Media 服务器之外，Windows Server 2008 还提供了远程管理的功能，可以让管理员在网络中的任何一台计算机上直接通过 IE 浏览器对 Windows Media 服务器进行管理，具体的操作步骤如下。

（1）在 IE 浏览器中输入例如："http://nos.com:8080/default.asp" 或 "http://192.168.1.27:8080/default.asp" 的地址，其中 "8080" 为系统默认的远程连接端口，如图 13-33 所示。

图 13-33　远程管理 Windows Media 服务器页面

（2）在远程管理 Windows Media 服务器页面中提供了 "管理本地 Windows Media 服务器" 和

"管理一系列 Windows Media 服务器"链接，此时单击后者继续操作。

（3）进入"Windows Media Services 2008 管理器"页面，显示了当前网络中所有的 Windows Media 服务器，如图 13-34 所示。此时选择需要远程管理的服务器，并且输入正确的用户名和密码登录系统。

图 13-34　选择远程管理的服务器

（4）登录 Windows Media 服务器之后可以查看到与本地 Windows Media 服务器管理窗口相似的页面，如图 13-35 所示。操作的步骤与前面的介绍相似，在此不再介绍。

图 13-35　远程查看服务器信息

13.4 实训——Windows Media 服务器的配置

一、实训目标

（1）掌握 Windows Media 服务器的安装。

（2）熟悉 Windows Media 服务器的配置与管理。

（3）熟悉流媒体文件的发布与访问。

二、实训设备

（1）网络环境：已建好的 100Mbit/s 的以太网络，包含交换机（或集线器）、五类（或超五类）UTP 直通线若干、3 台及以上数量的计算机（计算机配置要求 CPU 为 Intel Pentium 4 以上，内存不小于 1GB，硬盘剩余空间不小于 20GB，有光驱和网卡）。

（2）软件：Windows Server 2008 安装光盘，或硬盘中有全部的安装程序。

三、实训内容

在安装了 Windows Server 2008 的虚拟机上完成如下操作。

（1）运行虚拟操作系统 Windows Server 2008，为虚拟机保存一个还原点，以方便以后的实训调用这个还原点。

（2）在微软公司的站点下载并安装 Windows Media 服务、管理以及内核编码组件，然后在 Windows Server 2008 服务器中添加"流媒体服务"角色。

（3）在架设好的流媒体服务器中创建一个流媒体发布点"Study_Vod"，设置媒体发布文件夹的位置为 D:\Media_Study，向该文件夹复制几个测试视频文件，并创建公告文件。

（4）对流媒体服务器进行设置优化，实现查看用户对流媒体服务器发布点的访问量的统计，限制播放机总带宽为"1024"，同时实现流媒体服务器的远程管理，最后在客户端通过 3 种不同的方式来访问该流媒体服务器。

13.5 习题

一、填空题

（1）流媒体是一种可以使_____、_____和其他多媒体能在网络上以实时的、无需下载等待的方式进行播放的技术。

（2）通常流媒体系统包括_____、_____、服务器、网络和播放器 5 个部分的内容。

（3）使用较多的流媒体技术解决方案主要有 RealNetworks 公司的 Helix Server 流媒体服务器、微软公司的_____和 Apple 公司的_____，它们是网上流媒体传输系统的 3 大主流。

（4）在"监视"选项卡中如果发现 CPU 占用资源超过 60%，则说明 CPU 资源不足，一方面可以通过升级计算机来提升服务器性能，另外也可以通过_____来减少 CPU 资源的占用率。

（5）微软公司的 asf 格式是一种网上流行的流媒体格式，它的使用与 Windows 操作系统是分不开的，其播放器_____已经与 Windows 操作系统捆绑在一起，不仅可用于 Web 方式播放，还可以用于在浏览器以外播放影音文件。

二、选择题

（1）Windows Media 服务器默认的远程连接端口是（　　　）。

　　A．80　　　　　　　　B．8000　　　　　　　C．8080　　　　　　　D．53

（2）下面（　　　）不是访问流媒体发布点的方式。

　　A．直接连接　　　　　　　　　B．通过客户端列表

　　C．通过网页　　　　　　　　　D．远程管理

（3）Windows Server 2008 中没有附带 Windows Media 服务组件，因此需要下载相应的安装组件，以下（　　　）不是需要下载的安装组件。

　　A．Windows Media Player　　　　　　　　B．Windows Media 服务组件

　　C．Windows Media 管理组件　　　　　　　D．Windows Media 的内核编码组件

（4）下面（　　　）协议不是专门用来传输流式媒体的协议。

　　A．MMS　　　　　　　B．HTTPS　　　　　　C．RTSP　　　　　　　D．RTCP

三、问答题

（1）流媒体由哪几部分组成？流媒体与传统的文件相比具有哪些优点？

（2）常见的流媒体有哪几种传输格式？常见的流媒体传输协议有哪些？

（3）常见的流媒体技术解决方案有哪几种？

（4）访问流媒体服务有几种方法？如何调整流媒体服务器的性能？

（5）如何远程管理 Windwos Media 服务器？

项目14

创建与管理终端服务

项目情境：

如何实现终端服务，让网络管理更加方便？

三峡瑞思信息技术有限公司是一家主要提供计算机网络建设与维护的网络技术服务公司，2005年为湖北兴发集团建设了集团总部与下属各分公司的局域网络，并与其他公司合作开发了基于Internet的管理信息系统，建立了企业的中心数据库。

由于该集团下属各分公司分布于全国各地，网络的管理比较麻烦，集团信息中心的网络管理人员疲于在各地分公司的奔波之中，办事效率与管理效率均不高，还经常出现各种问题。作为网络公司技术人员，你如何通过 Windows Server 2008 实现终端服务，让网络管理更加方便？

项目描述：在局域网中，远程操作可以给管理员维护整个网络带来极大的便利。可以在服务上器上启用远程桌面来远程管理服务器，但该方式仅能并发连接两个会话。如果想让更多的用户连接到服务器，使用安装在服务器上的程序，则必须在服务器上安装终端服务。

项目目标：
- 熟悉远程协助的启用、邀请等操作
- 掌握终端服务的安装、数字证书的创建与安装以及访问授权
- 熟悉远程终端访问的相关设置
- 掌握终端服务远程程序的安装、部署及使用

14.1　知识准备——终端服务技术概述

14.1.1　终端服务简介

在计算机发展的早期，由于计算机设备非常昂贵，无法做到每个用户一台计算机，为了使得更多的用户使用计算机，经常采用主机/终端的模式，即从一台大型的主机上连接多个终端，这些终端带有显示器和键盘，它们仅仅是从键盘上接收用户的指令，交给主机进行处理，主机处理完毕后将结果返回给终端，终端负责在显示器上显示出来或者在打印机上打印出来。在主机/终端模式中，终端仅仅是一个输入/输出设备而已，真正负责运算的是主机上的 CPU，因此可以把终端看成是主机上的键盘线和显示器线的延长。在早期的主机/终端模式中，大多是基于字符界面的。

由于主机在多个用户之间快速切换，因此用户感觉不到主机还在运行其他用户的程序。当然，若有多个用户同时使用主机的某一种共享资源，如打印机等，可能就需要等待。远程登录就是基于主机的多任务而实现的。远程登录是 Internet 上应用非常广泛的服务，用户可以通过远程登录来使用主机的强大运算能力。通常，用户使用的计算机在运行大的复杂的程序时要耗费大量的时间，甚至根本无法完成。这样，用户可以登录到一台具有合法账户的主机上，在该主机上运行程序。主机完成运行后，将结果传送到用户的计算机中。其次，用户还可以登录到别的主机中来运行该机中的程序。例如，由于工作站上的软件非常昂贵，一般用户无法完全配齐，而不同工作站的拥有者可以协商购买不同的软件，然后互相向对方提供账户就可以运行各种软件了。

早在几十年前的 UNIX 系统中，就提供了远程登录的功能 Telnet，使得用户使用 Telnet 来实现远程管理。远程登录是 Internet 上最诱人和重要的服务工具之一，它可以超越空间的界限，让用户访问外地的计算机，然而 Telnet 的字符界面发挥不了 Windows 强大的图形界面功能。终于微软在操作系统中提供了图形界面的远程登录功能，这就是终端服务。在客户端上安装简单的"远程桌面"程序后，用户就可以在客户端上使用鼠标完成对远程服务器的管理。

Windows Server 2008 中提供了一个图形界面的终端服务功能，用户通过网络连接到终端服务器上，使用 Windows 的操作界面远程控制服务器，就像用户坐在服务器跟前一样。用户在客户机下达对服务器的管理指令，网络将这些指令传到服务器上执行，然后再由服务器将执行的结果传回到客户机。Windows Server 2008 终端服务系统中主要包括以下几个组成部分。

1. 远程桌面

远程桌面是安装在 Windows 客户端（可以是 Windows 98/ME/NT/2000/XP/2003/Vista），甚至可以是 Macintosh 或者 UNIX 下的软件，它接收用户的各种输入指令（键盘、鼠标等），传到另一个位置的服务器进行处理，还要将服务器返回的处理结果在显示器上显示出来。

远程桌面管理允许用户启动服务器上的一个新的远程会话，或者远程接收在一台服务器上的控制台会话。然而，同一时刻在一台服务器上只能运行一个控制台会话。例如，当远程登录一个控制台时，若已有一个管理员登录到该控制台，那么此时将无法登录到该控制台。

2. 远程桌面协议

远程桌面协议（Remote Desktop Protocol，RDP）是远程桌面和终端服务器进行通信的协议，该协议基于 TCP/IP 进行工作，允许用户访问运行在服务器上的应用程序和服务，无需他们本地执行这些程序。该协议默认使用 TCP 的 3389 端口。RDP 将键盘操作和鼠标单击等指令从客户端传输到终端服务器，还要将终端服务器处理后的结果传回到远程桌面。

3. 终端服务器

终端服务器是指安装了终端服务并被远程控制的 Windows Server 2008 服务器，它接收来自远程桌面的指令，并进行处理，然后将结果返回给远程桌面。

远程桌面是用来远程管理服务器的，最多只能连接两个会话。如果想让更多的用户连接到服务器，使用安装在服务器上的程序，则必须在服务器上安装终端服务，并由终端服务器授权，为使用终端服务的用户或设备授权，需要购买终端服务器授权。

14.1.2 Windows Server 2008 终端服务改进

Windows Server 中的终端服务可以提高企业在各种应用情况下的软件部署能力，允许在应用程序和管理基础结构中融入更多的灵活操作。当用户在终端服务器上运行应用程序时，应用程序实际上在服务器端执行，因此仅需要在网络上传输键盘、鼠标和显示信息。每位用户只能看到他自己的会话，会话由服务器操作系统透明地进行管理，并且独立于其他任何客户端会话，因此终端服务提供了在 Windows Server 中承载多个并发客户端会话的能力。

在 Windows Server 2008 中，终端服务方面也有了很大的改进。用户不仅可以自主地决定哪些程序可以远程接入，还可以通过新的远程程序和终端服务网关配置程序，虚拟化以及实现随时安全接入的功能。

1. 终端服务网关（Terminal Services Gateway）

Windows Server 2008 终端服务的一个重大改进就是终端服务网关。通过这个功能，用户可以在世界各地通过 Internet 来访问终端服务程序。管理员也能够为不同的用户组设置不同的授权策略，控制不同用户通过网关管理器连接终端服务的权限。访问终端服务的所有处理过程通过安全加密的 HTTPS 通道来完成，因此安全性得到了保障。而且，由于数据是通过 HTTPS 协议传输，这避免了以前版本通过远程桌面协议（RDP）进行传输时由于 3389 端口被屏蔽而无法穿透防火墙的问题。

2. 远程管理基于 Windows Server 的计算机

Windows Server 2008 中内置的 Remote Desktop for Administration 专门针对服务器管理而设计，这个组件可以极大减轻远程管理的工作负担。由于它并不具备完整终端服务器组件的应用程序共享和多用户能力，也不具备进程调度功能，所以 RemoteDesktop for Administration 可以在已经十分繁忙的服务器上使用，并且不会对服务器性能造成显著影响，这使得它成为执行远程管理的一项方便且高效的服务。

3. 终端服务远程程序

终端服务最大的优势就在于集中管理。通过使用终端服务，能够确保所有客户端都使用应用程序的最新版本，而软件只需在服务器计算机上安装一次即可。这种模式降低了桌面计算机的更新成本和难度，尤其是那些位于远程位置的计算机或分支办事处环境中的计算机。企业可以通过局域网、广域网和拨号连接，使用终端服务器模式向各类桌面环境发布的应用程序。对于那些频繁更新、难以安装或者需要通过低带宽连接进行访问的业务应用程序来说，这是一种极具成本效益的部署手段。

这些功能对于用户来讲是完全透明的，理论上来说，用户并不知道他们的程序驻留在哪里，除非由于网络原因或者服务器过载造成的偶然的性能下降或运行缓慢，用户才会发现程序并非保存在本地的计算机。简单地说，终端服务远程程序是通过 RDP 部署单一应用程序的方法，这样的改变简化了负载、配置管理，减轻了管理员的工作压力。

4. 远程桌面 Web 连接

远程桌面 Web 连接是通过 URL 提供终端服务器功能的简单途径，它的本质是一个 ActiveX 控件，具有与远程桌面连接的可执行版本完全相同的功能，但是它通过 Web 提供这些功能，并且无需在客户端计算机安装可执行版本。当在 Web 页面中托管的时候，ActiveX 客户端控件允许用户通过使用 TCP/IP 的 Internet 或内部网连接登录到终端服务器，并可以在 IE 浏览器中查看 Windows 桌面。远程桌面 Web 连接非常智能，无论同一个用户加载多少程序，在终端服务中都只会保存一个会话，这样就使得服务器端的资源管理更加便捷。

此外 Windows Server 2008 中的终端服务还有其他的一些革新，如单击登录（SSO）终端会话、会话监控，以及整合的 Windows 系统资源管理器，这些改进都可以更好地监测系统性能和资源的使用情况，从而使得终端服务与用户更紧密地联系在一起。

14.2 任务 1——使用 Windows Server 2008 中的远程协助

【任务描述】

远程协作是 Windows Server 2008 中的一个远程管理功能，如果用户在使用 Windows Server 2008 的过程中遇到问题，就可以借助这个功能向别人求助，从而通过文本交流、远程操作等方法来排除故障。

【任务目标】

熟悉在 Windows Server2008 服务器中安装远程协助功能、发布远程协助邀请，并进行远程协助的操作。

14.2.1 安装远程协助功能

在默认情况下，Windows Server 2008 并没有安装远程协助，这就需要用户手工安装此功能，具体的操作步骤如下：依次选择"开始"→"管理工具"→"服务器管理器"命令，打开服务器管理窗口，在其左侧选择"功能"选项，并且单击右部的"添加功能"链接继续，在如图 14-1 所示的"选择功能"对话框中，选择"远程协助"复选框，单击"下一步"按钮安装此功能，后面的安装过程和其他的功能安装相似，在此不再重述。

图 14-1　安装远程协助

14.2.2　发布远程协助邀请

安装远程协助功能之后，依次选择"开始"→"所有程序"→"维护"→"远程协助"命令可以激活 Windows Server 2008 中的远程协助邀请向导。可以参照下述步骤创建一个远程协助邀请。

（1）第一次使用远程协助邀请时，需要在如图 14-2 所示的对话框中单击"邀请信任的人帮助您"选项。

　　　　　远程协助邀请成功之后，在"邀请信任的人帮助您"右侧会显示以前邀请的用户列表，便于再次发出邀请。

（2）可以选择"使用电子邮件发送邀请"或"将这个邀请保存为文件"，建议选择"将这个邀请保存为文件"选项，然后通过 QQ、MSN 之类的工具发送给对方，如图 14-3 所示。

图 14-2　邀请信任的人帮助您　　　　　　　　图 14-3　将这个邀请保存为文件

（3）在如图 14-4 所示的对话框中需要设置邀请文件的存放路径，并且要输入相应的密码，以便于别人接受远程协助邀请时使用该密码与计算机建立连接。

（4）这时系统将创建后缀名为 cer 的远程协助邀请文件，而屏幕上会出现如图 14-5 所示的等待传入连接信息。

图 14-4 设置邀请文件存放路径和密码

图 14-5 等待传入连接

使用 QQ、MSN 之类的软件把刚刚创建的远程协助文件发送给其他远程用户，对方只需双击该文件就可以开始远程协助操作。

14.2.3 进行远程协助操作

当远程用户接收到远程协助文件之后，可以参照以下步骤进行远程协助操作。

（1）双击 cer 格式的远程协助文件，此时屏幕上会出现如图 14-6 所示的窗口，输入正确的密码之后单击下部的"是"按钮，接受远程协助邀请。

（2）此时在发起远程协助的 Windows Server 2008 的计算机屏幕上会出现是否允许远程用户连接到计算机的访问提示框，如图 14-7 所示，在此单击"是"按钮，允许远程用户建立远程连接。

图 14-6 接受远程协助邀请

图 14-7 允许远程用户建立连接

（3）双方计算机建立连接之后，远程用户将查看到 Windows Server 2008 计算机的界面，同时双方可以借助左侧的文本通信功能进行文字交流，或者单击"开始交谈"按钮进行语音交流，也可以单击工具栏中的"发送文件"按钮直接发送文件，如图 14-8 所示。

（4）如果远程用户需要对 Windows Server 2008 系统进行操作来排除故障，则可以单击图 14-8 所示界面上部的"获取控制权"按钮，此时 Windows Server 2008 计算机屏幕上会弹出是否允许远程用户对桌面控制的询问提示框，在此单击"是"按钮，如图 14-9 所示。

（5）获取对 Windows Server 2008 计算机的控制权之后，远程用户就可以像使用本地计算机一样对 Windows Server 2008 计算机进行各种操作，并且针对性地排除故障，如图 14-10 所示。故障排除之后，双方用户可以单击"断开"按钮中断连接，从而结束此次远程协助。

图 14-8　查看 Windows Server 2008 屏幕

图 14-9　允许远程用户对桌面控制

图 14-10　远程操作计算机

14.3　任务 2——Windows Server 2008 的终端服务

【任务描述】

　　Windows Server 2008 中功能强大的终端服务为用户的远程管理提供了保障。远程桌面虽然可以进行远程管理服务，但只能并发连接两个会话，如果打算让更多的人使用服务器上的程序，则需要在服务器上安装与配置终端服务。

【任务目标】

熟悉在 Windows Server 2008 服务器中安装终端服务、创建和安装签名证书，以及创建终端服务授权策略，来支持用户使用远程终端访问。

14.3.1　安装终端服务

通过 Windows Server 2008 中的"终端服务"服务器角色提供的技术，用户可以访问终端服务器上安装的基于 Windows 的程序或访问完整的 Windows 桌面。终端服务可使用户在企业环境中有效地部署和维护软件，可以很容易从中心位置部署程序。由于程序是安装在终端服务器上，而不是安装在客户端计算机上，所以更容易升级和维护程序。

用户访问终端服务器上的某个程序时，该程序在服务器上执行，只有键盘、鼠标和显示器的信息通过网络传输。每个用户只能看到自己的会话，服务器操作系统透明地管理会话，与任何其他客户端会话无关。

在 Windows Server 2008 中，终端服务并非默认安装的功能，因此在使用之前首先要参照下述步骤安装终端服务。

（1）在服务器中选择"开始"→"服务器管理器"命令打开服务器管理器窗口，选择左侧"角色"选项之后，单击右侧的"添加角色"链接，启动"添加角色向导"对话框，单击"下一步"按钮，进入"选择服务器角色"对话框，选择"终端服务"复选框，如图 14-11 所示。

（2）单击"下一步"按钮，进入如图 14-12 所示的"终端服务"对话框。对终端服务进行了简要的介绍以及相关的注意事项。

图 14-11　选择"终端服务"复选框

图 14-12　终端服务简介

（3）单击"下一步"按钮，进入如图 14-13 所示的"选择角色服务"对话框，根据实际需要安装终端服务，例如在此选择"终端服务器"和"TS 网关"两项，终端服务由下面 5 个角色服务组成。

- 终端服务器：使服务器可以托管基于 Windows 的程序或完整的 Windows 桌面，用户可以连接到终端服务器来运行程序、保存文件，以及使用该服务器上的网络资源。
- TS 授权：管理每个设备或用户连接到终端服务器所需的终端服务客户端访问许可证（TS CAL）。使用 TS 授权在终端服务许可证服务器上安装、颁发 TS CAL 并监视其可用性。

- **TS 会话 Broker**：支持在服务器场中的终端服务器之间进行会话负载平衡，并支持重新连接到负载平衡终端服务器场中的现有会话。
- **TS 网关**：使授权的远程用户可以从任何连接到 Internet 的设备连接到公司内部网络上的资源。
- **TS Web 访问**：用户可以通过网站访问程序以及远程桌面与终端服务器建立连接。

（4）单击"下一步"按钮，进入如图 14-14 所示的"卸载并重新安装兼容的应用程序"对话框。这里在已经安装了应用程序的计算机上安装终端服务器，某些应用程序可能存在兼容性等问题，可以卸载并随后重新安装这些应用程序。

图 14-13　选择角色服务　　　　　　　　图 14-14　卸载并重新安装兼容的应用程序

（5）单击"下一步"按钮，进入如图 14-15 所示的"指定终端服务器的身份验证方法"对话框，选择"不需要网络级身份验证"单选按钮，以确保使用其他版本远程桌面连接客户端的计算机能够连接到此终端服务器。

（6）单击"下一步"按钮，进入如图 14-16 所示的"指定授权模式"对话框，单击"以后配置"单选按钮，表示暂不配置终端服务客户端的访问许可证类型。

图 14-15　指定终端服务器的身份验证方法　　　　图 14-16　指定授权模式

（7）单击"下一步"按钮，进入如图 14-17 所示的"选择允许访问此终端服务器的用户组"对话框；在此可以选择连接到此终端服务器的用户和用户组，默认情况下已经添加了 Administrators 用户组，用户可以根据需要单击"添加"按钮来添加其他用户。

（8）单击"下一步"按钮，进入如图 14-18 所示的"选择 SSL 加密的服务器身份验证证书"对话框，建议选择"为 SSL 加密创建自签名证书"单选按钮，这种方式适合于小规模部署，而且在安装了 TS 网关之后，必须在与该服务器进行通信的客户端上手工安装证书。

图 14-17　选择允许访问此终端服务器的用户组

图 14-18　选择 SSL 加密的服务器身份验证证书

（9）单击"下一步"按钮，进入如图 14-19 所示的"为 TS 网关创建授权策略"对话框，建议选择"以后"单选按钮，这样可以暂时不创建授权策略，可以在以后使用 TS 网关管理器创建相关的策略。

（10）单击"下一步"按钮，进入如图 14-20 所示的"网络策略和访问服务"对话框。这里对网络策略和访问服务进行了简要的介绍以及相关的注意事项。

图 14-19　为 TS 网关创建授权策略

图 14-20　网络策略和访问服务

（11）单击"下一步"按钮，进入如图 14-21 所示的"选择角色服务"对话框，设置为网络策略和访问服务安装的角色服务，选择"网络策略服务器"复选框。

（12）单击"下一步"按钮，进入如图 14-22 所示的"确认安装选择"对话框。在此会显示安装过程中会遇到的相关问题的一些警告信息，若确认上述设置无误之后，单击"安装"按钮，系统就会根据配置安装终端服务，稍等片刻即可完成 Windows Server 2008 中终端服务的安装。

图 14-21　选择角色服务

图 14-22　确认安装选择

14.3.2　创建签名证书

使用终端服务通信的过程中，需要用到 SSL 加密的服务器身份验证证书，如果在安装终端服务过程中选择了"为 SSL 加密创建自签名证书"，就需要参照下述步骤创建签名证书，并且分发给与该服务器通信的客户端计算机安装使用。

（1）选择"开始"→"管理工具"→"终端服务"→"TS 网关管理器"命令打开终端网关管理器，在左侧目录树列表中选取网络服务器所在的计算机，如图 14-23 所示，单击鼠标右键之后从弹出的快捷菜单中选择"属性"命令。

（2）在弹出的属性对话框中，选择"SSL 证书"选项卡，如图 14-24 所示。选择其中的"为 SSL 加密创建自签名证书"单选按钮，并单击"创建证书"按钮开始创建数字证书。

图 14-23　网关管理器

图 14-24　创建证书

（3）如图 14-25 所示，在弹出的"创建自签名证书"对话框中，需要输入自签名证书的名称，并设置证书的存放路径，默认情况下，证书存放在"C:\Users\Administrator\Documents"目录中，但也可以将其存储在其他计算机的共享文件夹中，以便共享使用。

（4）单击"确定"按钮之后，终端网关管理器将创建自签名证书。

图 14-25　设置自签名证书信息

14.3.3　安装签名证书

终端网关管理器创建好自签名证书之后，可以将其分发给网络中的其他客户端计算机，接着用户在客户端计算机安装签名证书。以 Windows XP 操作系统为例，可以参照下述操作步骤安装签名证书。

（1）在客户端计算机双击该证书文件，此时将出现如图 14-26 所示的"证书"对话框，其中显示了该证书颁布机构和有效期等信息。如果确认安装证书，则单击下部的"安装证书"按钮继续。

（2）在"欢迎使用证书导入向导"对话框中，单击"下一步"按钮开始导入数字证书，如图 14-27 所示。

（3）在"证书存储"对话框中，选择"根据证书类型、自动选择证书存储区"单选按钮，如图 14-28 所示，并单击"下一步"按钮继续。

（4）系统会开始导入数字证书，并最终出现如图 14-29 所示的完成证书导入向导提示，在此单击"完成"按钮。

图 14-26　证书信息

图 14-27　证书导入向导

图 14-28　证书存储

图 14-29　完成数字证书导入

14.3.4　创建终端服务授权策略

为了确保远程客户端计算机能够顺利接入终端服务器，还需要在终端网关管理器中分别设置连接授权策略和资源授权策略。可以参照下述操作步骤进行相应的操作。

（1）在终端网关管理器中依次展开"TS网关管理器"→"策略"→"连接授权策略"选项，如图 14-30 所示，并选择"操作"→新建策略"→"向导"命令。

（2）在"为 TS 网关创建授权策略"对话框中，选择"创建 TS CAP 和 TS RAP"单选按钮，如图 14-31 所示。其中"TS CAP"表示终端服务连接授权策略，用于设置允许此终端网关服务器的用户；"TS RAP"表示

图 14-30　连接授权策略

终端服务资源授权策略，用于指定通过终端网络服务器远程连接的网络资源。

（3）单击"下一步"按钮，进入"为 TS 网关创建 TS CAP"对话框，在文本框中输入 TS CAP 的名称，例如此处输入"Remote Access"，如图 14-32 所示。

（4）单击"下一步"按钮，进入如图 14-33 所示的对话框，选中上部的"密码"复选框，同时还要添加用户组成员，例如在此单击"用户组成员身份"区域的"添加"按钮，并添加"NOS\Domain Admins"用户组。

（5）单击"下一步"按钮，进入如图 14-34 所示的对话框，选择"禁用除智能卡之外的所有客户端设备的重定向"单选按钮。

317

图 14-31　创建 TS CAP 和 TS RAP

图 14-32　设置 TS CAP 名称

图 14-33　设置 TS CAP 用户

图 14-34　禁用设备重定向

　　通过终端服务，客户端用户可以在远程会话中访问其本地设备和资源。用户可以访问本地驱动器、打印机、剪贴板和受支持的即插即用设备等资源，这通常称为设备重定向。对于 TS 网关，在选择了禁用特定设备类型的设备重定向或禁用除智能卡以外的所有设备类型的选项后，TS 网关服务器会将请求发送回客户端，同时发送回要禁用的设备类型的列表。此列表只是建议客户端可能会修改该列表中的设备重定向设置。只能对远程桌面连接客户端强制使用建议的设备重定向设置。

　　（6）单击"下一步"按钮，进入如图 14-35 所示的对话框，可以查看到授权策略所涉及的详细信息。

　　（7）单击"下一步"按钮，进入"为 TS 网关创建 TS RAP"对话框，在文本框中输入 TS RAP 的名称，例如此处输入"Remote Access"，如图 14-36 所示。

　　（8）单击"下一步"按钮，进入如图 14-37 所示的对话框，在此需要添加与此 TS CAP 关联的用户组，由于在创建连接授权策略时已经指定了"NOS\Domain Admins"用户组，所以在此可以使用此默认值。

　　（9）单击"下一步"按钮，进入如图 14-38 所示的对话框，在设置 TS 网关连接的网络资源时，建议选择"现有 TS 网关管理的计算机组或创建新组"单选按钮，这样远程客户端计算机将只能连接到 TS 网关管理的计算机组。

　　（10）单击"下一步"按钮，进入如图 14-39 所示的对话框，在此需要创建新 TS 网关托管的计算机组，如在此输入"Remote Access Group"，并在下部的文本框中输入"192.168.1.28"之类的 IP 地址，将相应的计算机添加为网络资源。

图 14-35 连接授权策略信息

图 14-36 输入 TS CAP 名称

图 14-37 设置与 TS RAP 关联的用户组

图 14-38 设置 TS 网关连接的网络资源

（11）单击"下一步"按钮，进入如图 14-40 所示的对话框，在默认情况下，终端服务客户端计算机通过 TCP 端口 3389 远程连接到网络资源，因此建议选择"仅允许通过 TCP 端口 3389 连接"单选按钮。

图 14-39 创建新 TS 网关托管的计算机组

图 14-40 设置终端服务端口

如果想使用其他端口，则可以选择"允许通过以下端口连接"单选按钮，在文本框中输入终端服务端口，如果有多个端口，则可以在端口之间以分号分隔，例如"3389；3390"，或者选择"允许通过任意端口连接"单选按钮。

（12）单击"下一步"按钮，进入如图 14-41 所示的对话框，可以查看到 TS RAP 设置的主要信息，确认无误后单击下部的"完成"按钮，开始创建连接授权策略和资源授权策略。

（13）稍等片刻，在如图 14-42 所示的对话框中查看到相关的授权策略创建信息，表示授权策略创建成功。

图 14-41　资源授权策略信息

图 14-42　成功创建授权策略

在授权策略创建完成之后，在终端网关管理器中分别单击左侧的"连接授权策略"和"资源授权策略"选项，就可以在中间区域查看到刚刚创建的授权策略信息，如图 14-43 所示。

图 14-43　在终端网关管理器中查看授权策略

14.3.5　使用远程终端访问

远程终端的服务器设置完成后，接着可以在客户端计算机通过远程桌面连接访问服务器。以 Windows XP 操作系统为例，执行"开始"→"所有程序"→"附件"→"通讯"→"远程桌面连接"命令，打开"远程桌面连接"对话框，如图 14-44 所示。从中输入终端服务器的计算机名、IP 地址或 DNS 名，单击"连接"按钮，输入终端服务器上的用户名和密码即可登录。

在图 14-44 中，单击"选项"按钮，还可以进一步配置远程桌面连接。

● 常规设置：如图 14-45 所示，在"登录设置"选项区域中，可以设置连接的计算机、用户名、密码和域名。单击"另存为"按钮，可以把当前的设置进行保存，以后直接双击保存的文件即可进行远程连接。

图 14-44 "远程桌面连接"对话框 　　　　图 14-45 "常规"选项卡

- 显示设置：如图 14-46 所示，可以调整远程桌面的分辨率、颜色以及全屏幕显示时是否显示连接栏等，最好不要将远程桌面的大小设为全屏显示，这样操作时可以更方便些。
- 本地资源设置：如图 14-47 所示，可以设置在远程桌面中如何使用本地计算机的资源。在"远程计算机声音"区域中，选择"带到这台计算机"，则如果在远程桌面中播放声音时，声音会送到本地计算机。选择"不要播放"则声音不能在终端服务器上播放，也不在远程计算机上播放。选择"留在远程计算机"时，则声音在终端服务器上播放。在"键盘"区域的下拉列表中，可以控制用户按 Windows 组合键时，例如 Alt+Tab 组合键是用来操作本地计算机还是远程计算机，或者只有在全屏显示时才用来操作远程计算机。在"本地设备"区域中，可以控制磁盘驱动器、打印机或者串行口是否可以在远程桌面中使用。

图 14-46 "显示"选项卡 　　　　　　　图 14-47 "本地资源"选项卡

- 程序设置：如图 14-48 所示，可以设置远程桌面连接成功后会自动启动的程序。该程序是在终端服务器上执行的，程序执行完毕后，会自动断开远程桌面连接。
- 高级设置：如图 14-49 所示，可以根据连接线路的带宽来优化连接的性能。实际上是在使用低速连接时关闭一些不重要的功能，例如"桌面背景"、"菜单和窗口动画"等，以减小通信量。

用户要结束与终端服务器的连接时，有两种不同的选择。

图 14-48　"程序"选项卡

图 14-49　"高级"选项卡

- 断开：直接关闭"远程桌面"窗口，或者在"远程桌面"窗口中选择"开始"→"关机"→"断开"命令即可。这种方法并不会结束用户在终端服务器已经启动的程序，程序仍然会继续运行，而且桌面环境也会被保留，用户下次重新从远程桌面登录时，还是继续上一次的环境。
- 注销：用户在"远程桌面"窗口中按 Ctrl+Alt+End 组合键，或者选择"开始"→"关机"→"注销"命令即可。这种方式会结束用户在终端服务器上所执行的程序，建议使用该种方法来断开连接。

14.4　任务 3——终端服务远程程序

【任务描述】

终端远程服务程序能够让客户端计算机直接登录到服务器上使用某个程序，这样该程序只需在服务器计算机上安装一次即可。该功能整合了 Web 远程管理模块，因而降低了网络中应用程序的更新成本和难度，可以作为企业内部应用程序部署的一种手段。

【任务目标】

掌握终端服务远程程序的安装与部署服务、创建与设置远程应用程序，以及如何使用终端远程程序。

14.4.1　安装终端服务远程程序

安装终端服务远程程序的步骤和安装终端服务基本一样，只是在如图 14-50 所示的选项中需要选择"TS Web 访问"复选框，然后安装角色服务的功能。

安装终端服务远程程序之后，依次选择"开始"→"管理工具"→"终端服务"→"TS RemoteApp 管理器"命令，打开如图 14-51 所示的管理器界面，表示终端服务远程程序已经安装成功。

图 14-50　选择 "TS Web 访问"

图 14-51　TS RemoteApp 管理器界面

14.4.2　远程程序部署服务

安装终端服务远程程序之后，在 TS RemoteApp 管理器中单击"终端服务器设置更改"链接可以针对远程程序的部署进行设置，主要有以下 4 个方面的内容。

1. 终端服务设置：在如图 14-52 所示的对话框中可以设置终端服务器的名称与连接端口，在此建议选择"需要服务器身份验证"复选框，以增加远程访问的安全性。另外，对于未列出的程序，建议设置为"不允许用户在初始连接时启动未列出的程序"。

2. 网关设置：选择"TS 网关"选项卡，其中可以设置网关服务器的名称和登录方法，一般采用默认设置即可，如图 14-53 所示。

3. 数字签名设置：如果需要对远程连接进行数字签名认证，则可以在"数字签名"选项卡中选择"使用数字证书签名"复选框，这有助于增强客户端连接的识别，如图 14-54 所示。

4. 通用 RDP 设置：在"RDP 设置"选项卡中可以设置用户在远程连接之后可以使用客户端

计算机中的哪些设备和资源，例如选择"打印机"和"剪贴板"复选框就允许远程计算机在远程连接的时候直接打印输出或者将文件粘贴复制，如图 14-55 所示。

图 14-52　终端服务器设置

图 14-53　网关设置

图 14-54　数字签名设置

图 14-55　通用 RDP 设置

14.4.3　创建远程应用程序

在使用终端服务远程程序之前，首先要在安装了终端服务的服务器上创建远程应用程序，并且将其分发给客户端计算机，这样客户端计算机才能够连接到终端服务器上使用相应的程序，具体的操作步骤如下。

（1）在 TS RemoteApp 管理器下部"RemoteApp 程序"区域中单击鼠标右键，并从弹出的快捷菜单中选择"添加 RemoteApp 程序"命令，打开 RemoteApp 向导对话框。

（2）单击"下一步"按钮，在 RemoteApp 向导列表显示了 Windows Server 2008 附带的一些程序，此时可以选择要使用的程序的复选框，将其添加到 RemoteApp 程序列表中，如图 14-56 所示。

（3）单击"下一步"按钮，进入如图 14-57 所示的"复查设置"对话框，可以查看到刚才添加的程序信息，确认将它们添加到 RemoteApp 程序列表中。

（4）单击"完成"按钮，返回 TS RemoteApp 管理器，可以看见刚刚添加的程序，如图 14-58 所示。这时选中某个程序并单击右键，在弹出的快捷菜单中选择"创建 Windows Installer 程序包"命令，打开向导创建远程程序发布包。

图 14-56　选择 RemoteApp 程序

图 14-57　确认添加程序

图 14-58　创建远程程序发布包

　　　　创建远程程序发布包的时候，可以创建.rdp 格式文件，也可以创建.msi 格式文件。其中.rdp 格式文件可以使用记事本工具打开编辑，而.msi 格式文件不能通过记事本等这样的工具来调整设置。可以根据需要来分别创建不同格式的远程程序发布包。

　　（5）进入如图 14-59 所示的"欢迎使用 RemoteApp 向导"对话框，此对话框简要介绍了将 RemoteApp 程序打包成为.msi 的相关基本设置。

　　（6）单击"下一步"按钮，进入如图 14-60 所示的"指定程序包设置"对话框，设置程序分发包的存放路径，同时可以针对终端服务器进行相应的设置。

　　（7）单击"下一步"按钮，进入如图 14-61 所示的"配置分发程序包"对话框，针对程序分发包进行配置。例如选择"开始菜单文件夹"复选框，可以将此程序发布包快捷图标添加在客户端计算机的"开始"菜单中。

　　（8）单击"下一步"按钮，进入如图 14-62 所示的"复查设置"对话框，显示了程序发布包的相关设置信息，确认之后单击"完成"按钮创建 MSI 格式的分发包，也就是.msi 格式的文件。

图 14-59 RemoteApp 向导

图 14-60 设置程序包存放路径

图 14-61 配置分发程序包

图 14-62 确认程序发布包信息

从安全角度考虑，一般终端服务远程程序用户都需要输入相应的用户名和密码才能够顺利建立连接，因此还要在终端服务器上设置相应的用户：选择"开始"→"管理工具"→"Active Directory 用户和计算机"命令，双击右侧区域中的"TS Web 访问计算机"选项，然后单击"添加"按钮，添加使用远程服务的用户到"TS Web 访问计算机"用户组中即可。

14.4.4 使用终端远程程序

在终端远程程序服务器设置完成之后，将创建的.mis 程序发布包通过邮件、QQ 或是 MSN 等方式传送给客户端计算机，然后客户端计算机即可参照下述步骤来使用终端远程程序。

（1）双击.msi 程序发布包，此时客户端计算机会出现程序安装的界面，安装完成后"所有程序"里会出现"远程程序"项目；运行其中的一个子项目，此时客户端计算机会出现如图 14-63 所示的连接界面，在 RemoteApp 提示对话框中提供了远程计算机的名称以及允许远程计算机访问自己计算机中的哪些资源。单击"连接"按钮之后，输入用户名和密码，登录远程服务器。

（2）与终端远程程序服务器建立连接之后，系统会自动调用 IE 浏览器，并且显示如图 14-64 所示的页面，其中列表显示了终端远程程序服务器允许访问的应用程序，例如在此就有磁盘碎片整理程序、画图、计算器和内存诊断工具 4 个应用程序。

图 14-63 远程连接窗口

图 14-64 远程应用程序页面

（3）单击"远程桌面"按钮，可以查看到当前远程桌面的设置信息，单击"选项"按钮还能够了解到更多的信息，例如，远程桌面的分辨率、远程会话时候使用的设备资源、是否使用远程计算机的声音和网络连接速度等。

（4）单击"配置"按钮进入页面，可以针对终端程序服务器提供的程序进行相应设置，一般使用默认参数即可。

（5）在"Remote APP 程序"页面中双击"画图"程序，则系统会激活终端远程程序服务器中的画图程序，这时就能够像在本地计算机中使用画图程序一样随意涂鸦。

14.5 实训——终端服务器的配置

一、实训目标

（1）熟悉远程协助的启用、邀请等操作。

（2）掌握终端服务的安装、数字证书的创建与安装、访问授权以及终端的设置。

（3）掌握终端服务远程程序的安装、部署及使用。

二、实训设备

（1）网络环境：已建好的 100Mbit/s 的以太网络，包含交换机（或集线器）、五类（或超五类）UTP 直通线若干、3 台及以上数量的计算机（计算机配置要求 CPU 为 Intel Pentium 4 以上，内存不小于 1GB，硬盘剩余空间不小于 20GB，有光驱和网卡）。

（2）软件：Windows Server 2008 安装光盘，或硬盘中有全部的安装程序。

三、实训内容

在安装了 Windows Server 2008 的虚拟机上完成如下操作。

（1）运行虚拟操作系统 Windows Server 2008，为虚拟机保存一个还原点，以方便以后的实训调用这个还原点。

（2）安装远程协助功能，创建一个远程协助邀请，将这个文件通过 QQ 或 MSN 发送给另一用户，对方使用此文件开始远程协助操作，并控制虚拟操作系统。

（3）安装终端服务器"终端服务器"、"TS 网关"、"TS Web 访问" 3 个角色，创建自签名证

书 "win2008.cer"，在客户端计算机中安装此签名证书，并分别在终端网关管理器中设置连接授权策略和资源授权策略，在客户端计算机通过远程桌面连接访问服务器。

（4）设置终端服务远程程序，利用 RemoteApp 向导将磁盘碎片整理程序、画图、计算器和内存诊断工具 4 个程序添加 RemoteApp 程序列表中；创建 Windows Installer 程序包，在客户端安装这个程序包，登录远程服务器使用终端远程程序。

14.6 习题

一、填空题

（1）_____是远程桌面和终端服务器进行通信的协议，该协议基于 TCP/IP 进行工作，允许用户访问运行在服务器上的应用程序和服务，无需本地执行这些程序。

（2）远程桌面是用来远程管理服务器的，最多只能连接_____，如果想让更多的用户连接到服务器，使用安装在服务器上的程序，则必须在服务器上安装终端服务。

（3）创建远程程序分布包的时候，可以创建_____格式文件，也可以创建_____格式文件。

（4）终端服务由_____、_____、_____组成。

（5）TS CAP 表示_____，TS RAP 表示_____。

二、选择题

（1）远程桌面协议 RDP 默认默认使用 TCP 协议端口（   ）。
  A．8000   B．3389   C．8080   D．1024

（2）下面（   ）不是远程协助邀请文件的格式。
  A．cer   B．msi   C．rdp   D．hlp

（3）从安全角度考虑，一般终端服务远程程序用户要添加到（   ）用户组中。
  A．TS Group Manage   B．TS Web Access Administrator
  C．TS Web 访问计算机   D．Terminal Server Computers

（4）远程桌面不能进行（   ）的设置。
  A．远程桌面的分辨率   B．远程会话时使用的设备资源
  C．是否使用远程计算机的声音   D．远程桌面计算机的内存大小

三、问答题

（1）终端服务的优点是什么？
（2）远程桌面连接时，断开和注销有什么差别？
（3）如何设置使得用户在远程桌面中可以看到本地的磁盘？
（4）创建的远程程序发布包有哪两种格式？这两种格式有什么区别？